新自由主義経済下の韓国農協

「地域総合センター」としての発展方向

柳 京熙
李 仁雨
黄 永模
吉田 成雄 編著

筑波書房

はしがき

　2011（平成23）年3月11日の東北地方太平洋沖地震発生による東日本大震災以降、それまで確固たるものと思われてきた日本社会の安心・安全神話は崩れてしまった。「失われた10年」さらに「20年」という冷笑的かつ自嘲的な社会観が蔓延していたとはいえ、それは先進国諸国が幾度となく経験してきた不況の1つを比喩的に捉えた視点にすぎず、社会全体の総体的危機を意味する言葉ではなかったと考える。しかし東日本大震災以降、すべてが変わった。この国または社会からこれもありかと思われるほどの醜態が一気に曝け出された。日本が誇る世界的作家である村上春樹氏は2011年6月9日（現地時間）、スペインのカタルーニャ国際賞授賞式のスピーチにおいて大震災で原発事故を起した東京電力を批判した。その内容を簡単に紹介しておこう。
　――唯一の原爆被爆国である我々は、どこまでも核に対する「ノー」を叫び続けるべきであった。それが、広島・長崎の犠牲者に対する我々の責任のとり方、戦後の倫理・規範の基本だったはずなのに、「効率」「便宜」という「現実」の前に、それらを敗北させてしまった。このたびの原発事故で損なわれた倫理・規範は簡単に修復できないが、自分は作家として、そこに生き生きとした新しい物語を立ち上げたい。夢を見ることを恐れてはならない。「効率」や「便宜」という名前を持つ「現実」に追いつかせてはならない。我々は力強い足取りで前に進んでいく「非現実的な夢想家」でなくてはならない――（村上春樹氏のスピーチ原稿から抜粋）
　言葉を補うまでもなく、この村上氏の言葉に今の日本で抜け落ちたすべてが表現されていると思われる。まさにいつの間にか、この社会にこびりついた「効率」と「便宜」が今の社会を滅ぼそうとしている。外見上の復興はすぐできるかもしれない。しかし日本国民それぞれの心に残った傷は癒されるだろうか。
　100年に1度くるかどうかの震災のためには、何の対策も講じていなかっ

たことが今回の大惨事を引き起こした。まさに人災である。いつの間にか、効率と便宜の名の下ですべての想像力を破壊してきた。何があっても「想定外」が1つの免罪符になっていたような気がする。テレビで見る残酷な姿が現実でなくただ映像の情報にすぎなかったのではないかという気えさする。私を含め、直接被害に遭わなかった者たちは何事もなかったかのように日常を過ごしているが、これは果たして本当に日常なのだろうか。もしかしたらこういう姿そのものが非日常なのかもしれない。

　「非現実的な夢想家」という言葉は村上流の文学的な表現であるが、この言葉を自分なりに捉え直し、少し大げさかもしれないが、私自らは「的」を取ってストレートに「非現実な夢想家」になろうと決心した。

　日本の社会に生きる外国人としてこれまでこの社会にうまく順応する道を選んできたが、東日本大震災を契機にもう「無賃乗車」は止めたいと強く思ったのである。国の枠を超えて、この日本社会で生きるために、これからはきちんと自分の意見を言おうと思う。

　その意味で本書は日本社会または日本の学者に向けて自分の意見を言ういいチャンスだと思う。たとえそれで「非現実な夢想家」と言われたとしても。

編著者代表　柳　京熙

■目　次■

はしがき　柳　京熙　iii

序章　執筆の基本方向と構成 …………………………………… 1
1. 執筆の基本方向 ………………………………………………… 1
2. 筆者たちの共通見解 …………………………………………… 5
3. 本書の課題 ……………………………………………………… 6
4. 本書の構成 ……………………………………………………… 7

第1章　韓国農協の「地域総合センター」の出現と展開過程
　………………………………………………………………… 11
1. はじめに ……………………………………………………… 11
2. 韓国農業の現況 ……………………………………………… 13
3. 農業構造変化に伴う農協の現況 …………………………… 20
4. 農協「地域総合センター」概念の出現と展開過程 ……… 30
5. 「地域総合センター」概念の発展過程と膠着点 ………… 37

第2章　韓国農協の「地域総合センター」の進化と理論的背景
　………………………………………………………………… 41
1. はじめに ……………………………………………………… 41
2. 農協「地域総合センター」概念の出現における協同組合の理論的背景 ……………………………………………………… 42
3. 新自由主義経済下における農業部門の変化に対する理論的背景 … 60
4. 新自由主義における地域農業と農業協同組合の対応戦略 ……… 73

第3章　地域農協の「社会的企業」と「地域総合センター」
　　　　としての展開 ………………………………………………… 83
　1．はじめに ……………………………………………………………… 83
　2．古三農協の現況 ……………………………………………………… 84
　3．古三農協の組織的特徴 ……………………………………………… 89
　4．社会的企業の意義と成果 …………………………………………… 98
　5．おわりに ………………………………………………………………107

第4章　地域農協の「事業連合」組織化と市場対応 ……………111
　1．はじめに ………………………………………………………………111
　2．産地流通の規模拡大戦略 ……………………………………………113
　3．事業連合の組織化と成長 ……………………………………………116
　4．事業連合の成果と意義 ………………………………………………124
　5．課題と展望 ……………………………………………………………132

第5章　住民共生型「地域総合センター」と地域活性化 ………135
　1．はじめに ………………………………………………………………135
　2．井邑農協の現況 ………………………………………………………136
　3．地方の都農複合都市農協運営の特徴 ………………………………140
　4．井邑農協運営の成果と住民共生型地域総合センター ……………149
　5．成功要因と政策的示唆点 ……………………………………………158

第6章　都市・農村連携ネットワーク型農協と販売戦略 ………161
　1．はじめに ………………………………………………………………161
　2．冠岳農協の現況 ………………………………………………………162
　3．大都市農協の形成過程と特徴 ………………………………………166
　4．冠岳農協農産物販売場の運営成果 …………………………………170

5．成功要因と政策的示唆点 ································176

第7章　地域農協の「連合事業団」と食品市場創出 ···········179
　　1．はじめに ··179
　　2．「連合事業団」現況 ···180
　　3．天日塩市場構造と「連合事業団」の特徴 ············183
　　4．農協「連合事業団」運営成果 ································193
　　5．成功要因と政策的示唆点 ································202

終章　総括と展望 ··207
　　1．総括 ··207
　　2．「地域総合センター」概念の発展方向 ···············216
　　3．「組合員の視点に立つ新たな農協づくり」への道 ··········222

あとがき ···227

序章
執筆の基本方向と構成

柳　京熙・李　仁雨・黄　永模・吉田成雄

1．執筆の基本方向

　本書は韓国で論議されている単位農協の発展方向のなかで、最も有意義と思われる方向について紹介するために企画された。編者代表である柳はすでに『韓国園芸産業の発展過程』(2009年)、『韓国のFTA戦略と日本農業への示唆』(2011年) を刊行しており、本書をもって韓国農業経済研究の3部作は完成となる。正直なところ、この3部作の構想は、最初の刊行物である『韓国園芸産業の発展過程』の執筆過程で、1990年代の韓国農業が生き返った背景として日本市場の存在が大きかったことに気づき、そこから日韓農業の相互的発展を探るなかで、全体の3部作の刊行を構想するまでに至ったものである。最初からきちんとした全体の構想があったとしたらさらに体系的な学術書になったとは思うが、3作目の本書の刊行に当たって各書を振り返ってみると、これはこれで価値ある学術書になったと自負できる。とくに農業経済的視点が貧弱だった第1作や第2作に比べ、本書は辛うじて共同編著の1人である韓国研究者李仁雨の力を借りて完成度を高めることができたと思う。
　冒頭でも言及したように、まだ不十分な点がたくさんあるとはいえ、本書は日本社会とりわけ日本の農業協同組合研究に対し一石を投じる、という点で価値あるものとなったと思っている。
　さて、先に掲げた「単位農協の発展方向のなかで、最も有意義と思われる方向」とは韓国「地域農協」[1]の「地域総合センター」への試みのことである。

本書は多様な学問的系譜と時代的背景を基にこの概念が成熟してきた過程を紹介し、そこからさらに進めて新しい学問的体系化を目指すなかで筆者たちの見解を提示しようとする。本書の企画に当たって編者代表である柳は、「農業生産者の視点に立つ新たな農協づくり」というシンプルな見解をともにする韓国の研究者と深い議論を交わしてきた。しかしそれは日本と韓国をまたがって行うには様々な障害が多く、実を結ぶまでは時間がかかりすぎることに気づいた。したがって本書は完成形というより、これからの農協に求める方向について、それを理論的体系にしようとする筆者たちの試みの過程を記したものとなっている。とは言え、その内容が中途半端であるということではない。これは完全に統一された学問的見解の一致のうえで書かれたものではないということである。したがって章によって用語の不一致などが見られるかもしれないが、柳はあえてそれを尊重した形でまとめたことを記しておきたい。

　また本書の理解を深めるために、それぞれの筆者の見解が形成されるまでの困難とそれに如何に立ち向かったのかを先に紹介しておきたい。極めて個人的な話かもしれないが、お許し願いたい。

　まず韓国農協を取り巻く経済状況から説明したい。

　韓国の単位農協のうち「地域農協」は日本の総合農協と同様に、総合農協の系統組織として営まれている。地域農協は信用、共済、購買、販売、指導事業を兼営しており、地域社会が求める多様な機能を総合的に提供（遂行）することが期待されている。ところが、最近では農業生産力の低下に伴い地域の経済的な弱体化傾向が見られるようになり、地域活性化において農協の力を積極的に発揮してほしいとする社会的要請が形成されている[2]。

　韓国の系統農協陣営はかつてこのような地域住民と農業生産者（組合員）のニーズに応える形で「地域総合センター」の育成計画を作成したことがある。しかし「地域総合センター」の概念があいまいで定立されておらず、さ

1　日本の総合農協に近い単位農協。詳しいことは第1章第3節（pp.20-23）を参照。
2　その一方で農協不要論が同時に起きていることに注意すべきである。

序章　執筆の基本方向と構成

らに設立と運営の指針が用意されないままであったため一部で試みられたものの、定着することはなかった。むしろ農協改革への要求が強かった時代的潮流に相応し、農協に対する社会的批判をかわす目的で使われたという側面が強かった。ただし農協組織が信用事業や共済事業だけに重点を置いているという社会的批判に対して、地域の多様な要求に応じるという多少体制擁護的論理ではあるものの、その概念である「地域総合センター」としての農協の役割を整理できたという点で意義があったことは否定できない。

　それにもかかわらず、農村現場では「地域総合センター」概念の定着やまたそれを実践する試みは本格的には行われなかった。しかしそれでも地域社会を総合的視点で支援する多様な活動を展開する地域農協が増加してきた。当たり前のことであるが、これら地域農協は自分たちの活動が協同組合理論のうえでどのような意味をもっているのかについて、明確な理論的背景を認識しているわけではない。むしろ目の前で崩壊しつつある地域社会の再建に向けて地域農協が何か寄与しなければならないという使命感を持って行動してきたところに共通点が多い。

　このような現実の取り組みを知ったことで、筆者らは理論的にそれを支援しないといけないという研究者的使命感を持ち、またその困難さに悩まされた。

　これまで地域の単位農協は法律的には職能的組合としての性格を維持するように要求されてきた。したがって地域の単位農協は農業生産者（組合員）ではない地域住民のための活動を積極的に推進することができなかった[3]。このような「地域組合」としての単位農協の展開方向に対しても現実的に理論的体系の提供が必要であるが、法律制度や規制の下で取り組まれてきたこれまでの農協の活動を超えて新たに「地域組合」としての活動ができるのかという大きな疑問を持った。事実、それを推進する体制を整え、「地域総合センター」を推進してきた地域農協は、目に見える成果を得るまでは様々な要因によってその取り組みを阻まれてきた。とくに経済的効率を求める社会

3　韓国は日本に比べて極めてその活動範囲が狭かったと理解すればよい。

的要請[4]は、農協経営における財務的リスクの評価の如何によっては農協の長期的展望を持つ余裕すら持っていなかった。仮に長期的視点に立って事業を推進したリーダーや職員たちがいてもその責任問題が大きな重圧となったのである。

　また、地域農協が地域社会活動をどのような方向で推進したらよいのかに対する内部指針と共通した認識がなかったため、事業を体系的に推進することができなかった。このような韓国の現実を目の前にし、編者たちはこれら地域農協の地域活動が協同組合の理論と符合し、経営資源の選択と集中においてもむしろ合理的であるという理論的根拠を提供する社会的必要性に迫られた。

　こうした現実に直面しつつ、事業領域と内部指針などについて体系的な概念化作業が必要だという共通点をやっと見つけた筆者たちはそれぞれの研究関心分野でこのような理論的体系づくりに取り掛かった。それが韓国の地域農協の地域社会への貢献活動すなわち「地域総合センター」としての農協発展モデル概念である。

　本書の中で詳しく紹介するが、まず現資本主義の発展機制（mechanism）として「新自由主義」の性格規定についての仮説設定を行い、それに向けて持続性を持つ運動体としての農協の存続についてそれぞれの視点で韓国の地域農協の取り組みを分析しようと考え、その成果の一部を本書でまとめるに至ったのである。

　筆者たちの見解はまだ理論的体系が完成したと主張するのには未熟なところがあると思うが、「新自由主義」といった昨今の資本主義の発展機制に対する性格規定（仮説）に基づき、地域農協の取り組みの理論化に挑んだところに本書の意味がある。それは読者ともっと活発で豊かな意思疎通の手がかりを共有しようとする筆者らの素朴な期待が込められている[5]。

4　この点については日本とも類似しているが、地域農協への社会的ニーズとその役割を強調する農協内の陣営こそ、性急にまた多くの成果を求める傾向が強い。その意味で農協不要論を主張する陣営より、強敵である。信用・共済事業への依存度が高い韓国においては「成果主義的」考えが強いことに注意したい。

序章　執筆の基本方向と構成

　編者代表である柳は本書の刊行を何回も止めようと思うほど切羽詰まった状況に遭遇していた。しかし東日本大震災を契機に、今の日本にない「非現実夢想家」こそが、非対称的他人である韓国であると強く思い始めた。文化や歴史が違う国であると考えれば無視してもいい話であるが、今の日本には時代を開く英知が必要であり、それを隣人から学ぶという考えに立つのであれば、まず現実を素直に受け入れ、評価すべきことは大いに評価し、批判することは愛情を持ちつつ厳しく評価すべきであろう。そうした態度こそが効率的で持続性を持ったアジア的先人の知恵ではないだろうか。

2．筆者たちの共通見解

　本書を執筆編集した研究者たちはお互いに異なる学問的背景を持った者たちである。まず編者代表である柳は日本に留学をし、日本の農業市場と農協問題を学んできた。また、共同編者の黄は大学時代に学生運動を通じて鍛錬された理念的素養を実践するために農村現場に跳びこんだ勇敢な実践的研究者である。もう1人の共同編者である李は韓国農協中央会に入会後に初めて農業・農協問題の理論的分析に取り組んだ。その後、アジア太平洋食糧肥料技術センター（FFTC for ASPAC）において農業経済専門スタッフを経て、韓国に戻ってからもその経験を基に、アジア地域の農業と農協に大きな関心を持って研究を進めてきた。本人曰く、農協理論を通じて農村問題の解明を試みる生計型研究者である、とのことである。また、共同編者の吉田は（社）JC総研の基礎研究部で柳と共に調査研究を行ってきた。農林水産省で農協行政に携わった経歴を持ち、転職して全国農業協同組合中央会に籍を置き日本の農協についての知見を有している。（社）JA総合研究所（現、JC総研）の設立に携わり、設立後は研究所に出向して農業や農協に関係する分野で研究を進めている。

5　このような考えは東日本大震災の発生という現実を通してより強く確固たるものに変わった。

筆者たちがお互いに接点を持ち始めたのは黄を通じてである。黄は韓国の南西部地域である全羅北道（以下、全北）の農業発展のために李と柳に協力を要請した。主に柳が韓国調査を行う際、議論の場を設け、共同の関心事を形成するようになった。筆者たちの共同関心事はそれぞれの領域に対するお互いの好奇心に端を発している。柳は日本の農業・農協研究を通じて形成した視点を通じて韓国の農業・農協問題を解明しようと苦心しており、黄は全北地方の農業組織化の必要性に注目し、地域農業リーダーの育成活動を通じて地域の農業問題を解明しようとした。李は現代社会と農業の弱体化現象に対し、巨視的原因を重視し、農業・農協・地域問題の解決について様々な理論的枠組みづくりに努力していた。

　何回かの議論を通して、筆者たちはやっとお互いの関心領域を1カ所に集め整理することを決めた。これは柳の提案で始まり、ある意味で筆者たちの議論をさらに広げるための中間的まとめであるという認識であった。まだ学問的・現実的見解は未熟であるが、敢えて自分たちの視点と認識を中間まとめとして整理すると決めた理由は、究極的には自分の課題をより深く掘り下げたいという研究への貪欲さである。執筆を決めて以後、筆者たちは共同執筆の主題を定め、それぞれの視点をよく整理できるような執筆方向と構成を論議し、次のように整理した。

3．本書の課題

　筆者たちは執筆に当たって時間的制約があることを認識しており、まず筆者らの関心事項と想定される読者との関心事項が交差する共通点に対して考えをまとめることとした。そしてその共通点は韓国農協の変化過程、とくに地域農協の変化過程であるとの結論を下し、現段階の韓国農業・農村・地域問題を解いて行くために、欠かせない地域農業組織化に注目し、とりわけその過程で農協の役割が重要であるとの共通認識を持った。

　柳は資本主義の発展過程において地域の単位農協が担うべき役割について

関心があり、黄は農業生産者のリーダーシップを通じる地域農業組織化に単位農協がどのような影響を及ぼすのかに関心があった。また、李は農食品産業体制（food regime）において地域農業組織化を通じて農家が自分たちの資産価値流出を如何に防御していけるか、またそのための単位農協の役割とその変化が農業生産者・地域に及ぼす影響について関心があった。そして吉田は、急激な経済成長を遂げる韓国の経済・社会のなかで韓国の単位農協が直面する困難とそれへの挑戦が、日本の総合農協にとって有益な示唆をもたらすと確信した。

したがって本書は新自由主義下における韓国の単位農協（地域農協）の変化過程について地域農業組織化の観点からそれが持つ社会・経済的意義を明らかにし、今後の韓国の単位農協の1つの発展方向としての「地域総合センター」としての地域農協についてその理論的枠組みを提示することを目的とする。

4．本書の構成

本章は以上のような課題に答えるために、以下の構成で分析を行う。

第1章は韓国農協の予備的知識を提供する目的で、韓国の農協体制について簡単に紹介すると同時に、「地域総合センター」としての地域農協についてその概念の概要と展開過程について分析を行う。

第2章は韓国単位農協の転換モデル[6]の1つとして「地域総合センター」概念の新しい進化過程について考察を行う。これに先立って、「地域総合センター」概念の進化過程がどのような性格を持ち、またどのような方向性を持っているかについて巨視的な視点から理論的分析を行う。この過程で韓国の単位農協（地域農協）が進むべき方向として「地域総合センター」を想定し、それを確認できる事例の選定や分析のフレームについて説明を行う。

6　モデルという表現を巡っては編者たちのなかで最も意見が分かれたが、適切な言葉がなかったので本書ではモデルという表現を暫定的に用いることにした。

第3章から第7章までは韓国単位農協の変化事例を紹介する。第3章は資源が貧弱な農村地帯の小規模農協である古三（コサム）農協の事例を紹介する。この農協の事例はGATTウルグアイラウンド農業交渉（UR交渉）が妥結した直後の1994年から2010年まで古三農協がどのような組織、事業、経営を変化させてきたかについて注目する。

　第4章では古三農協の1つの成功の要因である地域連合（アンソンマチュム組合共同事業法人）について分析を行う。

　異質化しつつ組合員への要求を如何に受け入れ、またその経済性（規模）が発揮できるような地域農協が如何に連携を図り、市場対応に成功しているかについてその展開過程を詳細に分析する。

　第5章は都市化された農村地帯の中規模農協である井邑（ジョンオプ）農協の事例を紹介する。この農協の事例は1995年に都市・農村統合複合都市建設が開始されて以後、井邑農協がどのようにして自分のポジショニングを市場と地域社会とで再確立したかに注目し、その取り組みについて分析を行う。

　第6章は大型農協である冠岳（カンアク）農協の変化事例を紹介する。この農協の変化事例は大都市が近隣地域に向かって膨張し始めた1980年代から、冠岳農協が韓国の首都であるソウルに編入された後、どのように自らのポジショニングを市場と地域社会で再確立したかに注目する。

　第7章は複数の単位農協による経済事業推進方式の1つである連合事業事例を紹介する。地理的に分散している島嶼地域の農協が新規に急速に形成されつつある天日塩食品市場に参入するために連合事業を推進したことで自分たちの経済事業をどのように革新しているかに注目し、分析を行う。

　終章は事例分析から得られた知見を基に、単位農協（地域農協）の転換モデルの1つである「地域総合センター」概念と実際の地域農協の変化事例を関連付けながら要約し、これら概念と事例とが整合性を持つ理論として定立できるか、その理論的示唆点について整理を行いたい。特に、新自由主義時代の地域農業と単位農協の共同対応について単位農協の地域組合化または地域地主組合化の出現可能性についても言及するとともに、組合員制度の多様

化の必要性について考えたい。同時に、単位農協に残された信用事業と経済事業の事業統合の必要性と「地域総合センター」の役割分担の必要性について今後の課題と関連づけて分析を行いたい。

　こうしたことを踏まえたときに、日本の総合農協と韓国の地域農協の相互の視察や経験交流が、単に儀礼としての交流ではなく、実際の必要性と意義を持っていることに気づいていただけると思っている。

第1章
韓国農協の「地域総合センター」の出現と展開過程

李　仁雨・黄　永模・柳　京熙

1．はじめに

　本章は、韓国における農業協同組合（以下、農協）の理論的原則に沿って、農協の実態と発展方向について論じることを目的としているが、その前に、韓国の農協を取り巻く農業の現況と展開過程および今後の課題について若干の説明が必要と考える。なぜなら本来農協組織は農業との相互的作用によって持続的にその存立根拠を獲得しないといけないからである。
　本章は地域における単位農協の変化にその焦点を絞って考察を行いたいが、なかでも特に韓国における地域農協の「地域総合センター」モデルへの転換に関連する事例に注目する。
　農協の成立と変遷過程は農業構造、政策環境、市場環境の変化に大きな影響を受ける。ときには農業内部で発生する様々な内部的変化の影響を受ける。あるいは政策環境および市場環境のように農業内部で統制できない外部的変化から影響を受けることもしばしばである。近年はこれらの内部的要因と外部的要因が密接に関連しあうために峻別して論じることは困難であるが、現実の市場対応の戦略上、内部・外部要因を峻別し、それに合わせて対応を考える必要性が生じる。
　本章においては新たな理論的展開を試みながらも、現実問題として、マクロ的変化およびミクロ的変化の複合的現象の1つとして単位農協が「地域総合センター」へ転換した事例をとりあげ、転換の契機と意義および今後の展

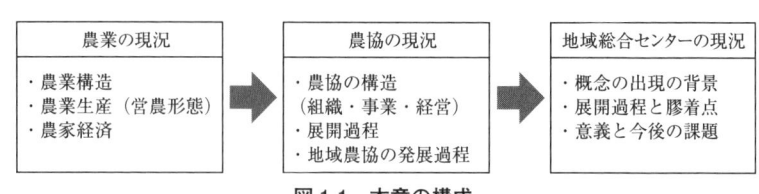

図 1-1　本章の構成

開方向について、その内部的要因と外部的要因を分け、詳しく考察を行うことで、今後の新たな農協像の提示が可能と考える。

　農協分析の視点としては、実態と法や制度との整合性に注目し、農協の変化現象を考察するよりも、農協を構成する組合員農家の視点に立ち、農協事業への参加要因とその展開に注目し、農協組織がどのように変化していったかについて考察を行う。後者の視点に立って農協を考察すると、構成員である組合員としては経済生活を営む以上当然のこととして利潤最大化を追い求める性格を有しており、組合員は法律・制度に影響を受けながらも、同時に農業構造の変化に敏感に反応し、農協への参加などを決定する。

　こうした分析視点から、本章では韓国における「地域総合センター」としての農協（概念）の出現、発展過程、課題について説明を行いたい（**図1-1を参照**）。

　そのためにはまず韓国の農業と農協の現況について簡潔に整理する必要がある。次節では、韓国の農業の現況を農業構造、営農形態、農家経済の側面から整理する。

　次いで、韓国における農協の現況については農協の構造、展開過程、地域農協の発展過程に区分して紹介するとともに、「地域総合センター」としての農協像の概念の発展過程と膠着点について整理し、最後に「地域総合センター」の概念が持つ意義と今後の課題について考察を行いたい。

第 1 章　韓国農協の「地域総合センター」の出現と展開過程

2．韓国農業の現況

1）農業構造

　狭義の農業構造は農家の生産要素の現況を通じて見ることができる。農家の生産要素は企業の生産要素と同様に、土地、労働、資本に区分できる。**表1-1**は韓国の国土面積と耕地面積、利用面積と農家1戸当たり耕地面積を年次別に示したものである。表で示している通り、韓国の国土面積は2009年現在で999万haである。そのうち耕地面積は173万7,000haで、全体国土面積の17.4％を占めている。耕地面積の変化率を見ると1970年の229万8,000haから2009年の173万7,000haへ約40年間で24.4％が減少しており、年間0.7％ずつ減少してきたことが分かる。また、耕地利用率は1970年の142.1％から2009年には106.5％まで低くなった。

　また、農家1戸当たり耕地面積は2009年には145.4 a となっており、このうち、水田が84.6 a、畑が60.8 a を占めている。1970年以後から2009年まで農家1戸当たり耕地面積は、1970年の92.5 a、2009年の145.4 a で年間1.2％ずつ拡大してきた。水田と畑に区分してみると、水田は1970年の51.3 a から

表1-1　韓国の国土面積と農家1戸当たり耕地面積

区分年	国土面積千ha	耕地面積		利用面積		農家1戸当たり耕地面積		
		千ha	増減率％	千ha	利用率％	a	水田	畑
1970	9,848	2,298	−0.6	3,264	142.1	92.5	51.3	41.2
1975	9,848	2,240	0.1	3,144	140.4	94.1	53.6	40.5
1980	9,899	2,196	−0.5	2,765	125.3	101.8	60.6	41.2
1985	9,912	2,144	−0.4	2,592	120.4	111.3	68.8	42.5
1990	9,926	2,109	−0.8	2,409	113.3	119.4	76.1	43.3
1995	9,927	1,985	−2.3	2,197	108.1	132.3	80.4	51.9
2000	9,946	1,889	−0.5	2,098	110.5	136.5	83.0	53.5
2005	9,965	1,824	−0.6	1,921	104.7	143.3	86.8	56.5
2006	9,968	1,800	−1.3	1,860	102.0	144.6	87.1	57.5
2007	9,972	1,782	−1.0	1,856	103.1	144.8	86.9	57.8
2008	9,983	1,759	−1.3	1,834	103.0	145.1	86.3	58.8
2009	9,990	1,737	−1.3	1,873	106.5	145.4	84.6	60.8

資料：『農林水産食品主要統計 2010 年版』、農林水産食品部、2010。

表 1-2　韓国の総人口と農家人口

区分 年	全体世帯数 千戸	総人口			農村人口 千人	農家戸数		農家人口		
		千人	増加率 %	1戸当たり 人		千戸	構成費 %	千人	構成費 %	増加率 %	1戸当たり 人
1970	5,857	32,241	2.21	5.4	-	2,483	42.4	14,422	44.7	-7.5	5.81
1975	6,754	35,281	1.7	5.1	17,910	2,379	35.2	13,244	37.5	-1.6	5.57
1980	7,969	38,124	1.57	4.6	16,002	2,155	27.0	10,827	28.4	-0.5	5.02
1985	9,571	40,806	0.99	4.2	14,006	1,926	20.1	8,521	20.9	-5.5	4.42
1990	11,355	42,869	0.99	3.8	11,102	1,767	15.6	6,661	15.5	-1.8	3.77
1995	12,958	45,093	1.01	3.5	9,572	1,501	11.6	4,851	10.8	-6.1	3.23
2000	14,312	47,008	0.84	3.3	9,381	1,383	9.7	4,031	8.6	-4.2	2.91
2005	15,887	48,138	0.21	3.0	8,704	1,273	8.0	3,434	7.1	0.6	2.70
2006	16,158	48,297	0.33	3.0	-	1,245	7.7	3,304	6.8	-3.8	2.65
2007	16,417	48,456	0.33	3.0	-	1,231	7.5	3,274	6.8	-0.9	2.66
2008	16,673	48,607	0.31	2.9	-	1,212	7.3	3,187	6.6	-2.7	2.63
2009	16,917	48,747	0.29	2.9	-	1,195	7.1	3,117	6.4	-2.2	2.61

資料：『農林水産食品主要統計 2010年版』、農林水産食品部、2010。
注：1）農村人口は、「人口住宅総調査」の邑面単位人口であり、2000年の農村人口合計は特・広域市の邑面単位人口を含む。
　　2）全体世帯数は集団および外国人世帯は除く（1990、95、2000、05年は総調査資料である）。
　　3）総人口は「人口住宅総調査」とは関係なく、年央推計人口資料を用いた。

2009年の84.6aまで年間1.3％ずつ広がり、畑は同じく41.2aから60.8aへと年間1.0％ずつ広がっており、農家1戸当たりの水田の耕地面積が畑と比べて相対的に早いスピードで広がってきたことが分かる。

　表1-2は韓国の総人口と農家人口を年次別に示したものである。2009年の農家戸数は119万5,000戸で、農家人口は311万7,000人である。農家戸数の割合は全世帯1,691万7,000戸のうち7.1％であり、農家人口の割合は全体人口4,874万7,000人のうち6.4％となっている。農家1戸当たり人口は1970年の5.81人から2009年には2.61人へと半分以下まで減少し40年間で農家と農家人口はそれぞれ年間1.9％、3.9％ずつという早いスピードで減少してきた。

　表1-3は1990年から2009年まで韓国農業部門における資本投入額と資本集約度の変化を示したものである。産業化の影響により農家人口減少、農村労働力減少、人件費上昇に対応して土地生産性の増大と労働生産性向上のために農業機械化が促進された。一方、1990年代以後にGATTウルグアイラウンド農業交渉（UR交渉）が妥結しWTO体制が整ったことで、農業競争力を高

第1章　韓国農協の「地域総合センター」の出現と展開過程

表1-3　韓国の農業資本投入額と資本集約度（全国平均農家）

区分 年	農業資本 投入額 ウォン	農業 付加価値 ウォン	耕地面積 10a	営農時間 時間	資本 生産性 1）	資本 集約度 2） ウォン/10a	資本 構成度 3） ウォン/ 時間	資本 係数 4）
1990	10,815,339	7,573,699	12.12	1,535.48	0.70	892,355	7,044	1.43
1994	19,217,322	12,543,974	13.50	1,439.44	0.65	1,423,505	13,351	1.53
1995	21,323,318	12,919,474	13.54	1,376.25	0.61	1,574,839	15,494	1.65
1997	25,782,346	13,146,098	13.55	1,219.44	0.51	1,902,756	21,143	1.96
1998	29,056,901	12,138,224	13.80	1,226.46	0.42	2,105,573	23,692	2.39
1999	30,046,563	14,064,709	13.69	1,248.75	0.47	2,194,170	24,061	2.14
2000	31,425,235	14,762,005	14.05	1,253.40	0.47	2,236,672	25,072	2.13
2001	32,661,061	15,287,251	14.24	1,259.16	0.47	2,293,614	25,939	2.14
2002	32,144,716	15,426,613	14.45	1,186.94	0.48	2,224,548	27,082	2.08
2003	45,019,145	16,723,372	16.29	1,504.71	0.37	2,763,101	29,919	2.69
2004	48,117,814	18,478,949	16.24	1,513.43	0.38	2,963,329	31,794	2.60
2005	49,720,501	18,075,262	15.85	1,469.89	0.36	3,137,691	33,826	2.75
2006	51,184,175	18,647,974	16.07	1,393.30	0.36	3,185,526	36,735	2.74
2007	51,418,069	17,381,031	16.13	1,353.77	0.34	3,187,209	37,981	2.96
2008	53,930,636	16,174,431	13.72	1,229.34	0.30	3,929,472	43,869	3.33
2009	52,516,563	16,646,839	13.39	1,171.13	0.31	3,921,015	44,843	3.19

資料：『農林水産食品主要統計2010年版』農林水産食品部、2010。
注：1）資本生産性：農業付加価値/農業資本額
　　2）資本集約度：農業資本額/耕地面積
　　3）資本構成度：農業資本額/営農時間
　　4）資本係数：資本集約度/土地生産性

めるための農業部門に対する資本投資が拡大された。

　平均農業資本投入額は1990年の1,000万ウォン台から2009年には5,200万ウォン台へ急上昇した。これは、19年間で年間8.7％ずつ投入額が増加したことを示している。農業付加価値は同期間で757万ウォンから1,646万ウォンレベルまで上昇した。農業付加価値は年間4.2％ずつ上昇したが、資本投入額に比べてその増加率が相対的に低く、資本生産性は低下している。

　耕地面積当たり農業資本投入額を見ると、10aを基準に1990年の89万ウォン水準から2009年には392万ウォンで資本集約度が年間8.1％ずつ上昇した。営農時間当たり農業資本投入額は1時間当たり4万4,843ウォンとなっている。以上の内容から、韓国の農家を取り巻く環境である農業構造は、1農家当たりの耕地面積が増大する一方で、農家人口の減少、農業の競争力強化に対応するための資本投入が続いている状況であると把握される。

2）農業生産の推移

　前述した農業構造の変化をさらに農業生産状況について見てみよう。これは、営農形態別の農家構成、作物別生産額、農家階層別販売比重の分布現況を通じて把握することができる。

　図1-2は韓国農家の営農形態別分布を年度別に示したものである。農家戸数の減少推移によって営農形態別農家戸数も全般的に減少すると予想される。しかし、図で示されているように、農家戸数の減少形態は営農形態によって異なることが分かる。稲作、畑作、畜産、その他分野では従事農家戸数が減少した一方で、野菜、特用作物、花卉分野はむしろ従事農家戸数が増加した。

　総合的に見ると、農家戸数の全般的な減少傾向のなかで、稲作と畑作、その他農家が営農活動を中止または他の作物へ転換したことが読み取れる。

　最も大きく減少した分野は稲作分野であり、1985年の159万戸から2009年には57万戸まで減った。これは1985年を基準として64.2％の農家戸数が減少したことであり、年間4.2％ずつ減少したことになる。最も大きく増加した分野は果樹、野菜、花卉分野であった。1985年から2009年まで果樹は7万戸から14万戸へ、野菜は12万戸から25万戸へ、花卉は1990年の6,000戸から

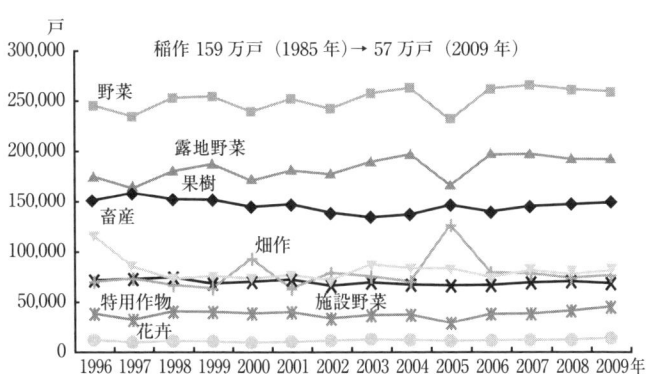

図1-2　韓国の営農形態別農家戸数の変化（1996年〜2009年）
資料：韓国統計ポータル（http://kosis.kr/）。

第1章　韓国農協の「地域総合センター」の出現と展開過程

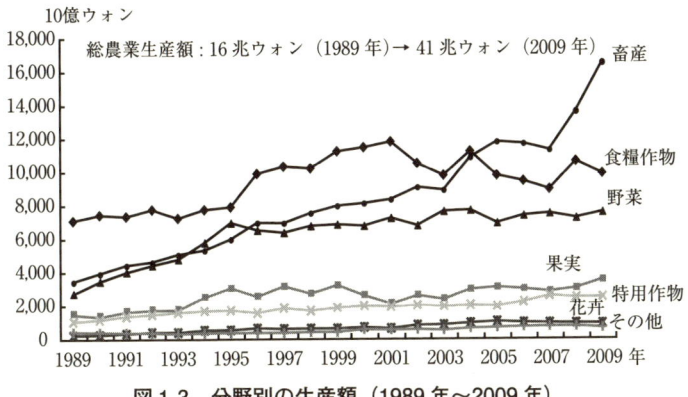

図1-3　分野別の生産額（1989年～2009年）
資料：韓国統計ポータル（http://kosis.kr/）。

2009年には１万2,000戸にそれぞれ２倍増となった。なお、これら３つの分野で増加した農家戸数は20万戸以上である。

図1-3は韓国の農業生産額を分野別に区分して年次別推移を示したものである。2009年の総農業生産額は41兆ウォンにのぼる。これは1989年のおおよそ16兆ウォンから年間4.8％ずつ増加した金額である。生産額の分野別比重の変化を見ると1989年には食糧作物の比重が最も大きく、次いで畜産、野菜であったが、2009年には畜産の生産額比重が最も大きく、次いで食糧作物、野菜の順となった。図に示されているように、こうした状況は2005年に畜産生産額が食糧作物生産額を追い越してから変わっていない。

分野別の全般的な生産額変化の推移を見ると、特用作物分野を除く全ての分野で生産額が増大している。1989年から2009年まで20年間で最も高い生産額の増加率を見せた分野は畜産であり、次いで花卉、野菜、果実の順で高かった。これらの生産額は年間それぞれ畜産8.2％、花卉7.2％、野菜5.3％、果実4.6％ずつ増加したことになる。野菜、果実、花卉分野は農家戸数と生産額が全て増加し、農家戸数増加率に対し生産額増加率が高くなっている。こうしたことは、これらの分野が新たな農業の「付加価値分野」として成長したことを意味する。他方で、畜産分野は農家戸数が年間0.8％ずつ減少する

一方で、生産額は年間8.2％ずつ増加したことで、畜産分野農家の経営規模が拡大したことを表している[1]。

3）農家経済の推移

農業所得の推移を見ると**図1-4**のとおりである。農家の平均農業所得は2009年現在で970万ウォンである。年次別には2006年に1,200万ウォンを記録した以後、下落の傾向にある。1993年から2009年までの農業所得増加率を見ると、1993年の843万ウォン水準から2009年の970万ウォン水準まで年間0.9％ずつ増加したことが分かる。これは名目金額ベースであり、その間のインフレーションを考慮すると、農家の平均農業所得は1993年の水準から実質的に増加せず、むしろ減少したことを示している。

分野別の農業所得が最も高い分野は畜産の3,200万ウォン規模であり、次いで特用作物2,400万ウォン、花卉1,900万ウォン、果樹1,400万ウォン、野菜1,200万ウォンの順となっている。農業所得が全国平均より低い分野は稲作800万ウォン、畑作400万ウォンであった。また、農業所得の増加幅が大きい分野は花卉（3.1％）で、次いで畜産（2.7％）、特用作物（2.1％）の順となった。一方で、農業所得の減少幅が最も大きい分野は畑作（－6.0％）で、次いで稲作（－1.6％）、果樹（－1.6％）、野菜（－0.6％）の順となっている。

こうした結果を前述した農業生産現況と合わせて見ると、花卉は作目生産額とともに農家戸数、農業所得も増加した分野であった。これに対して、畜産は農家戸数が減少したが、生産額と農業所得が増加していることから、大規模化した農家を中心に農業所得が増加している特徴を見せている。しかし、果樹と野菜は農家戸数と生産額は増加したが、農業所得は減少を見せている。

---

[1] 柳・吉田『韓国のFTA戦略と日本農業への示唆』2011年、pp.120-121、によると、稲作では21.4％の上位農家の販売額比重が稲作農家全体の販売額の75.3％、果樹は17.8％の上位農家が果樹農家全体の65.9％、野菜は16.3％の農家が野菜農家全体の70.9％、畜産は25.1％の上位農家が畜産農家全体の77.3％を占めている。このような作物別の上位農家の販売額比重は韓国農業部門における大規模農家とその他農家という両極化が進行していることを意味しており、農業生産における構造変化が進行したことを表している。

第1章　韓国農協の「地域総合センター」の出現と展開過程

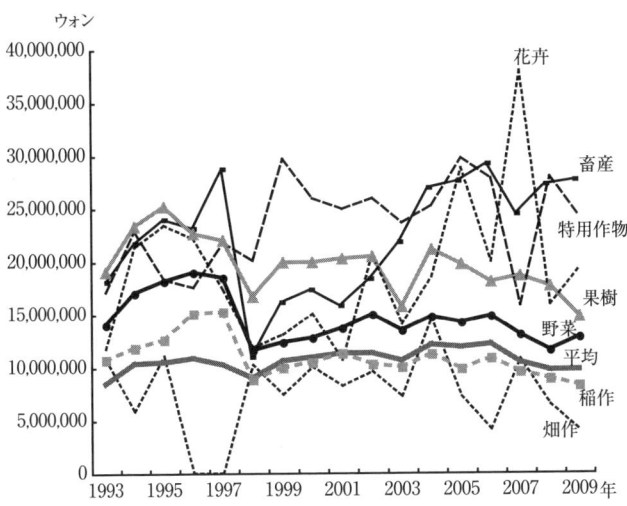

図1-4　営農形態別の農業所得変化（1993年～2009年）
資料：韓国統計ポータル（http://kosis.kr/）。

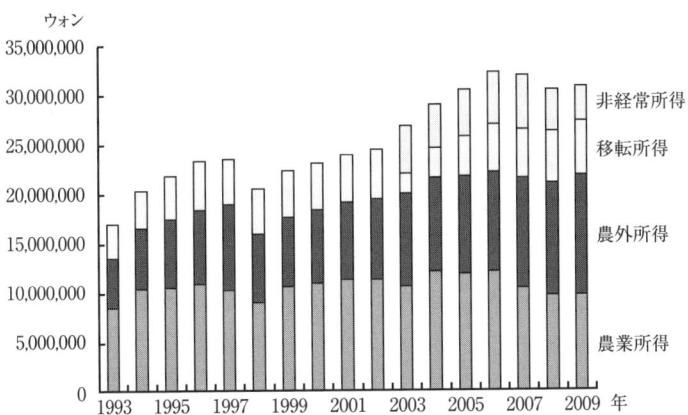

図1-5　農家所得における構成要素の比重の変化（1993年～2009年）
資料：韓国統計ポータル（http://kosis.kr/）。

このことは果樹と野菜分野の高付加価値分野としての特性が薄れていることを反映している。こうした分野別農業所得の規模と変化推移は農協の変化に影響を与える要因としても作用するようになる。

図1-5は農家所得の現況を構成要素別に示したものである。2009年の農家

所得は3,080万ウォン規模となっている。農家所得は2006年に3,200万ウォンを記録した以後、下落している。1993年から2009年までの農家所得増加率は1993年の1,700万ウォン水準から2009年の3,800万ウォン水準へ年間2.3％ずつ増加した。これは農業所得増加率（0.9％）に比べて高い水準を示しているが、同期間における農家の農外所得増加率が5.6％と非常に高かったことによるものといえる。農家所得の構成要素別の比重を見ると、2009年の農外所得が1,200万ウォン（39.4％）と最も大きく、次いで農業所得970万ウォン（31.5％）、移転所得548万ウォン（17.4％）、非経常所得350万ウォン（11.4％）の順となっている。このような農家所得の現況は農家の活動が農業だけに集中されず、農外所得分野へ拡散していることを表している[2]。

3．農業構造変化に伴う農協の現況

1）韓国における農協の組織・事業・経営

韓国の農協は2段階の系統組織体系で構成されている。図1-6は韓国農協の系統組織体系と構成を表したものである。単位農協（primary unit cooperative）は農民が直接個人組合員として加入するか、あるいは法人組合員として間接的に加入することができる。2009年度末現在、単位農協に245万人の組合員が参加している。これは農家人口311万人の78.6％に相当するもので、事実上、すべての農家が加入しているとみなすことができる。

また、単位農協は大きく3つに、細かくは5つにそれぞれ区分される。まず、地域組合は地域を業務区域として設立した組合を指すもので、地域農協と地域畜産協同組合（以下「畜協」）に区分される。品目組合は品目を中心

---

[2] 柳・吉田『韓国のFTA戦略と日本農業への示唆』2011年、pp.122-123、によると、農業経済の総体的状況を表す農家交易条件は2005年度を基準とした場合、2009年の農家交易条件指数は83.9となっている。農家の交易条件は2005年以後から持続的な下落を見せている。これは2005年以後から農家が経済活動を営むためにモノを購入する価格がモノを販売する価格に対して高く形成される傾向が深刻化し、農家経済の再生産条件が悪化していることを示している。こうして農家経済の構造的変化は農協の活動にも影響を及ぼすことになる。

第1章　韓国農協の「地域総合センター」の出現と展開過程

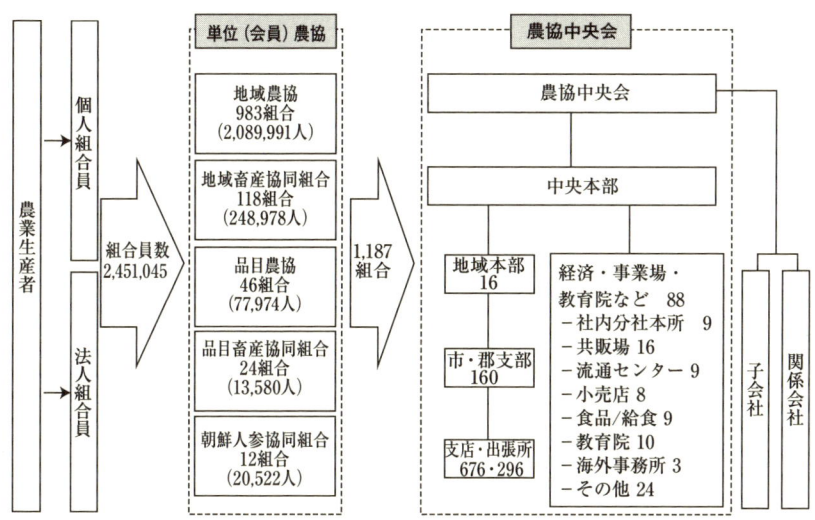

図1-6　韓国農協の系統組織体系と構成（2009年末現在）

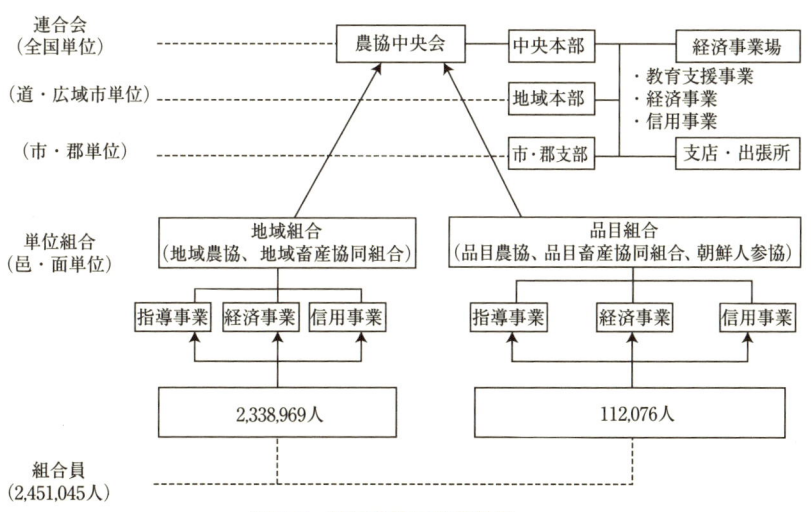

図1-7　韓国農協の事業体系

に設立した組合を指すもので、園芸・花卉系の組合で構成される品目農協と養豚・養鶏・酪農・牛乳・養蜂・養兎・養鹿などの組合で構成される品目畜協に区分される。その他に朝鮮人参協同組合がある。2009年末現在、地域農

協は983組合、208万9,991人の組合員、地域畜協は118組合、24万8,978人の組合員、品目農協は46組合、7万7,974人の組合員、品目畜協は24組合1万3,580人の組合員、朝鮮人参農協は12組合、2万522人の組合員を有している。

農協中央会はこれら1,187の組合によって構成された全国単位の連合会である。農協中央会は組合長総会と代議員会、取締役会を設けている。連合会の機能を遂行するために、傘下に中央本部1カ所、地域本部16カ所、市・郡支部160カ所を設置し、676カ所の支店、296カ所の出張所、88カ所の経済事業場および教育施設、その他、子会社と関係会社などを運営している。

農協の事業体系は図1-7で示されているように、韓国農協の事業体系の特徴は、単位農協と中央会が総合農協事業体制を取っていることである。ただし、単位農協と中央会は行政区域上で事業区域を区分している。

中央会は全国単位と市・郡単位で、単位組合は邑・面単位[3]で事業を展開する。信用事業は中央会の場合、第1金融圏と同様な業務を扱うが、単位組合の場合は、第2金融圏と同様な業務を扱っているものの中央会の信用事業

---

[3] 韓国は実効統治する領域を16の第1級行政区画（1特別市・6広域市・8道・1特別自治道）に区分している。基本的には、第2級行政区画に当たる市・郡、および特別市・広域市管下の区が基礎自治体である。特別市・広域市の下には区・郡が、道の下には市・郡が置かれている。基本的にはこれらが韓国の基礎自治体である。

　市と郡は公選の首長（市長・郡守）と議会（市議会・郡議会）を持つ。なお、1995年に行われた地方行政制度の改編によって、広域市の中に郡が属することができるようになった。

　特別市・広域市に属する区は、一般の市と同等の基礎自治体であり、公選の区長と区議会が設けられている。これは、日本の東京の特別区と同様である。

　人口50万人以上の市にも区が設けられているが、これは日本の政令指定都市の区と同様、自治権を持たない（公選の区長や区議会を置かない）行政区である。

　また、特別自治道の下にある2つの市は「行政市」である。特別自治道が基礎自治体であるため、行政市は自治権を持たず、市長は道知事が任命する。

　市・郡・区の下位行政区画には基本的に、市・区の下には洞が、郡の下には邑・面がある。都市部に置かれた洞は日本の市町村内の町や大字に相当する。支所・出張所と公民館の機能を併せ持った「洞事務所」が置かれている。郡部に置かれた邑・面はそれぞれ日本の町・村に当たるが、自治権は持たない。邑・面にもそれぞれ、「洞事務所」と同様の機能を持つ「邑事務所」「面事務所」がある。なお、1995年以後に市と郡が合併してできた市、人口規模の大きな郡を丸ごと昇格させた市を「都農複合形態市」と呼び、同じ市の中でも都市的な地域には洞が、農漁村部には邑・面が置かれている。

第1章　韓国農協の「地域総合センター」の出現と展開過程

表1-4　韓国農協の系統組織の財務状況（2009年末）

(単位：億ウォン)

区分	総資産	自己資本	出資金	売上総利益 経済	信用	共済	小計	当期純利益	出資配当	利用高配当	赤字組合数
地域農協	1,785,901	111,127	40,439	15,520	44,221	3,747	63,488	9,546	2,413	2,105	20
地域畜産	287,002	16,274	5,677	4,561	5,562	528	10,651	1,676	334	356	0
品目農協	68,118	4,544	1,508	1,807	1,421	116	3,344	338	85	79	1
品目畜協	73,060	5,726	2,178	4,048	1,192	106	5,346	675	135	88	0
朝鮮人参協	9,228	647	334	296	102	7	406	50	10	6	0
組合小計	2,223,309	138,318	50,136	26,232	52,498	4,504	83,235	12,285	2,977	2,634	
中央会	2,714,057	122,606	60,517	38,887 4,547*	283,852 23,554**	103,283 1,370***	455,493	4,451	1,633	544 210****	

資料：農協中央会『第10期 2009年度決算報告書』2010、農協中央会『組合経営係数要覧』2010。
注：*　畜産経済、**　相互金融、***　農作物保険、****優先出資配当。

を代理する形で第1金融圏の業務を扱っている[4]。

　経済事業は単位組合と中央会の市・郡支部系統組織体系を通じて組織される系統購買・販売事業を主軸に展開され、中央会で別途に設立した「経済事業場」を通じて全国単位の販売事業が行われている。

　農協系統組織の経営は単位組合と中央会でそれぞれ別途の法人として独立的に行われている。**表1-4**は単位組合と中央会の財務状況を整理したものである。まず単位組合の全体的な財務状況を見ると、総資産は222兆ウォン、自己資本が約14兆ウォン、そのうち出資金は5兆ウォン規模である。

　売上総利益は経済事業で2兆6,000億ウォン、信用事業で5兆2,000億ウォン、共済事業で4,000億ウォン、合計8兆3,000億ウォンの規模を見せている。2009年末の当期純益は1兆2,000億ウォンを記録し、出資配当と利用高配当をそれぞれ2,900億ウォン、2,600億ウォン規模で実施した。中央会の総資産は271兆ウォン、自己資本が12兆ウォン、そのうち出資金は6兆ウォン規模

4　第1金融圏は銀行を指す言葉で特殊銀行、普通銀行、地方銀行に分けられており、日本の銀行とほぼ同じ意味で理解してよい。
　第2金融圏とは保険会社（生命保険/火災保険）、証券会社、投資信託会社（投資信託運用社/資産運用社）、与信金融会社（信用カード会社/キャピタル会社/分割払い金融社/ベンチャー金融社）、相互貯蓄銀行などを指す。第2金融圏という言葉は銀行と区分するために使われる非公式的な用語であることに注意したい。

であり、その他の財務状況については表で示しているとおりである。

2）韓国農協の展開過程

　韓国農協の展開過程については**図1-8**で示されているように、近代的な形態の農協システムが形成された時期は、1900年代初期の日本占領時から1945年の解放に至るまでの期間である。この期間に韓国では農業組合、同業組合、金融組合、農会、産業組合、協同組合運動社、朝鮮農民社、農民共生組合、農民組合など多様な農業関連の協同組織が設立されたが、終戦を迎える頃には日本の戦時動員政策によって金融組合と農会だけが農業関連の協同組織として残された。

　その後、植民地から解放された1945年から1961年までの期間は、政府主導の農協システムの胎動期と言える。韓国ではアメリカの軍政後の1948年に政府が樹立されたが、朝鮮戦争後の復旧事業が進行している状況下で、日本占領時代のなごりである金融組合と農会に替わる新たな農協システムを模索するための様々な議論と立法活動が行われた。その後、1956年には金融組合連合会を一般銀行法による「株式会社農業銀行」に再編した。また、1957年の農協法と農業銀行法の制定により、1958年から農協と農業銀行が発足した。しかし、このときまでは中央単位の農協システム組織を法律で制定しただけに過ぎず、地域の単位農協に対する明確な組織フレームの提示までは至らなかった。なお、1958年に出帆した農協と農業銀行の2元体制は政府主導の新たな農協システムの完成を成し遂げていたが、組織自らの目標設定の欠如とそれに伴う組織力が発揮できず、様々な問題に遭遇した。

　そこで、1961年に、このような農協システムの内部問題、地域単位農協の組織フレーム、農協の運営体系等が全面的に見直されることとなった。既存の農協と農業銀行を統合し、新たな農協を設立し、既存の金融組合連合会と農会資産を中央会、郡組合、里洞組合が承継する形で、3段階の系統組織体系を整備した。また、中央会と郡組合が信用事業と経済事業を兼営できることとし、信用・経済事業の有機的な連携を可能とした。これで中央会、郡組

第1章　韓国農協の「地域総合センター」の出現と展開過程

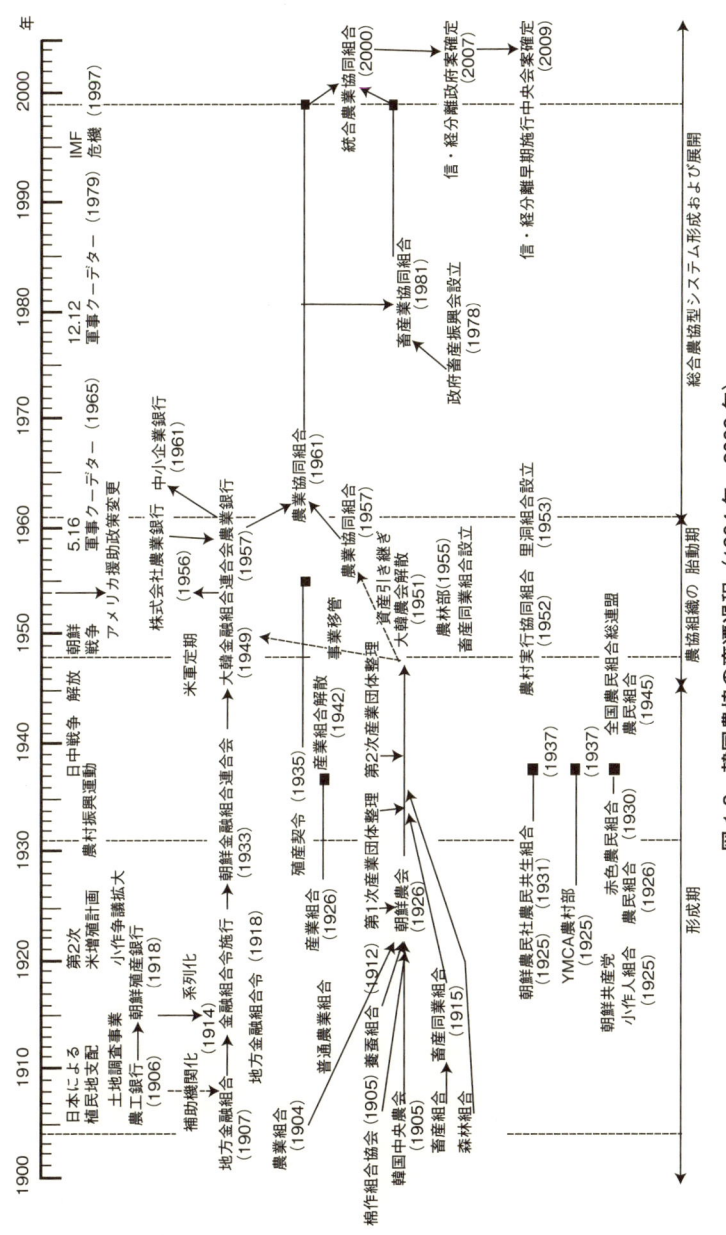

図1-8　韓国農協の変遷過程 (1904年～2009年)

資料：農協関連資料より筆者作成。

合、里洞組合の3段階の総合農協系統組織の体制が整った。

　その後、韓国の総合農協系統組織体制は再び3度目の変化を経験した。1980年に、農協の系統組織体系が3段階から2段階へ縮まった。郡組合は中央会に編入され、中央会の郡支部へと切り替えられる一方、経済的力量を増してきた単位農協は直接、中央会の会員になるように系統組織体系の転換を図った。このとき、韓国では畜産業協同組合（畜協）が農協から分離し、独自の畜協系統組織体制を形成することとなった。

　組織体系の整備とともに1988年からは民主化の進展に伴い、単位農協組合長と中央会会長に対する直接選挙制が施行されることとなった。これによって農協系統組織体制内部の意思決定構造に大きな転機を迎えた。いわゆる「民主的農協」の到来である。したがって組合員、取締役会、総会、会長それぞれの対内的権限が強化される時代に突入する。一方、対外的には形式的でありながらも民主的権利とともに義務が強調されるようになり、これまで一方的に与えられた農政代行組織としての農協組織の社会的位置づけから新しいアイデンティティーの確立が求められた。

　1994年からは市場自由化の攻勢が一層激しくなり、農協系統組織は農業構造の変化に伴い大きく変化する時代に突入した。同年の信用事業と経済事業の分離を盛り込んだ農協改革方案が政府から初めて提案され、1995年から独立事業部制が施行された。また1999年には農協改革の一環として農業部門における業種別協同組合統合が推進され、農協系統組織、畜協系統組織、朝鮮人参協系統組織が新たな統合農協系統組織として再出発した。

　2007年には政府が農協中央会の信用・経済事業の分離方案を定め、2008年の新政府発足以後から現在（2011年）まで政府が農協中央会の信用事業の金融持株会社化を通した農協中央会の信用・経済事業分離方案を再び確定した。国会では1年以上も法案審議が続いていたが、2011年3月11日国会の本会議で議決され、2012年3月2日より信用事業と経済事業は分離されることとなる。

第 1 章　韓国農協の「地域総合センター」の出現と展開過程

3）地域農協の発展過程

　地域農協の発展を考えるうえで一番重要なことは、外部・内部環境の変化要因に対し明確な戦略を如何に立て、経営力や組織力を培養し集中させるかである。

　次は韓国農協の系統組織のなかで最も大きな割合を占めている地域農協を中心に単位農協の組織、事業、経営現況と課題を見ることにしたい。

　図1-9は地域農協に加入している組合員数の推移を示したものである。地域農協の組合員数は1961年の170万人から2009年には244万人まで増加（74万人増加）した。1961年に比べると43.5％増である。また、農家人口の年間減少率（3.9％）に照らすと未だに多くの組合員が地域農協に参加していることがわかる。ところで、1980年代後半以後に組合員が200万人未満にまで減少するなかで、1995年6月から1戸複数組合員制度が導入されている。その結果、2000年以降に組合員数が増加し、200万人を超えるようになっているが農家戸数が増加しているわけではない。今後の動向が注目される。

　地域農協の推移を見ると**図1-10**のとおりである。韓国農協は1961年、設

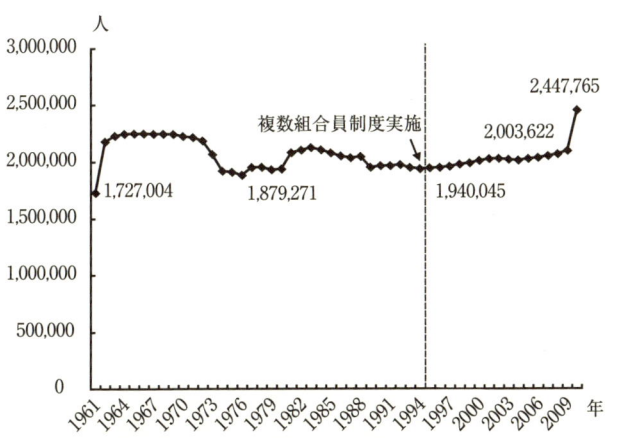

図1-9　韓国地域農協の組合員数の推移（1961年～2009年）
資料：農協関連資料より筆者作成。

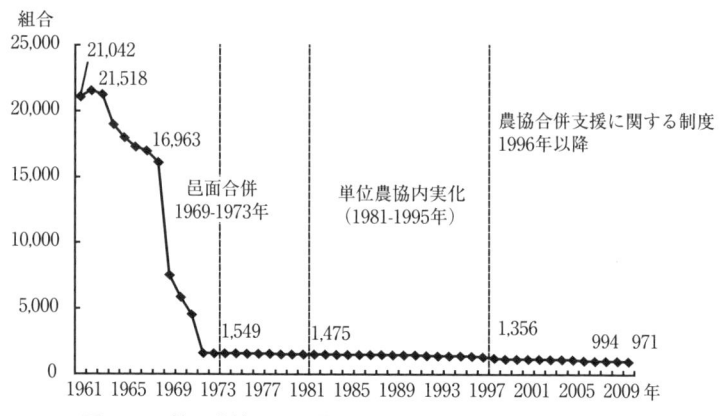

図1-10 韓国農協の地域農協推移（1961年～2010年）
資料：農協関連資料より筆者作成。

立当時2万1,042組合から2010年末には971組合で95.4％も減少しており、1組合当たりの組合員数は82人から2,500人と大きく拡大した。その過程を振り返って説明すると、韓国農協は設立以降「里洞組合開設」を奨励して1962年に2万1,518組合まで育成したのち、その経営基盤を強化するため1964年から1967年まで「里洞組合合併4カ年計画」を推進した結果、里洞組合数は1万6,963組合へと半減した。

その後も1969年から1973年までに管内の行政区域を従来の里洞から邑面単位まで広げる計画を進め、1973年には1,549組合へさらに大きく減少した。

1組合当たり組合員数は1,331人で、12年間に16倍以上も増えた。その結果「1邑面1組合」時代に入り、単位組合での相互金融の取り扱いが可能となり、それから経済成長のための農漁村1兆ウォン貯蓄運動の出発の契機となった。

1981年に、畜産協同組合系統の組合が分離されたが、1981年から1985年までは合併による規模拡大から「単位組合内実化5カ年計画」を推進し、自立した組合基盤を目指した。その結果、1973年から1995年まで193組合が合併され消滅した。

1996年からはUR交渉妥結とWTO体制下において地域農協の生き残りをか

第1章　韓国農協の「地域総合センター」の出現と展開過程

けた対策の必要性から「農協合併支援に関する法律」が制定され、規模拡大路線が強調されるようになり、再び地域農協の合併が推進され始めた。その結果、地域農協は1995年の1,356組合から2010年末に971組合と減少した。

　次は地域農協の経営状況について考察を行いたい。農協の経営状況を見るためには、資産、事業、損益、財務と幾つかの経営指標を通して、計量的現況の把握が可能である。

　農協の総資産は2002年時点で103兆ウォン規模から2009年には178兆ウォン規模へと、年間8.1％ずつ増加した。同期間の経済事業の取り扱い量は16兆ウォン規模から23兆ウォン規模へ年間5.0％ずつ成長し、相互金融預金の平均残高は73兆ウォン規模から137兆ウォン規模へと成長した。一方、相互金融貸出金の平均残高は44兆ウォン規模から99兆ウォン規模へ年間12.2％ずつ、共済金は4兆ウォン規模から5兆ウォン規模へ年間3.6％ずつそれぞれ増大した。

　売上総利益は、経済事業8,000億ウォン規模から1兆5,000億ウォン規模へ年間9.7％が、信用事業では2兆8,000億ウォン規模から4兆4,000億ウォン規模へ年間6.5％が、共済事業は2,000億ウォン規模から3,700億ウォン規模へ年間6.3％ずつ増大した。当期純収益は4,000億ウォン規模から9,500億ウォン規模へ年間12.7％ずつ増大し、それに応じて出資配当と利用高配当も増大した。

　図1-11は韓国地域農協における主要経営指標を示したものである。純資本比率は2001年の5.31％から2009年には7.64％である。同期間の総資産利益率（ROA）と自己資本純利益率（ROE）はそれぞれ0.29％から0.56％、7.18％から9.77％へ引き上がったことによる結果である。こうした経営指標のみに基づいて、地域農協の経営状態を判断するのは軽率であろう。そこには数値に表れない諸問題や、経済外的諸要因の影響も考慮すべきであろう。とくに昨今の韓国の地域農協は政府の政策代行業務の縮小とともに農協自体の経済事業の見直しなど、非常に大きな変革を迫られつつある過渡期に置かれているためである。もっとも根本的な問題としては、これまで政府主導の農業構造改善政策の実施以後、組合員の経営規模拡大に伴い経営状況が一変した

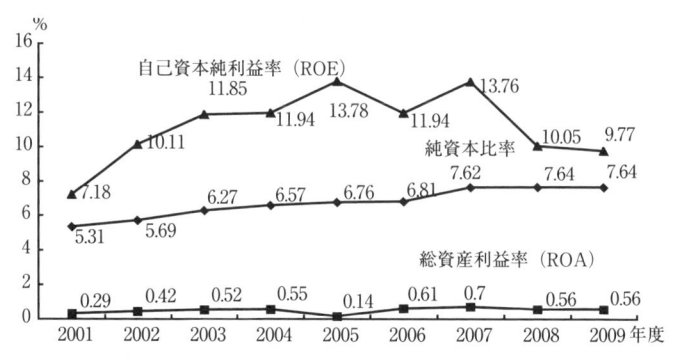

図1-11　韓国地域農協の主要経営比率の推移（2001年～2009年）
資料：農協中央会資料より筆者作成。

ことである。これに対し農協はどのような対応をしていくかが大きな課題となっている。そこで登場したのが「地域総合センター」としての新たな農協像である。

4．農協「地域総合センター」概念の出現と展開過程

1）農協「地域総合センター」概念の出現

「地域総合センター」概念は、2000年代以後韓国の農協系統組織の中で、邑面単位の地域農協の新たな組織モデルとして提示された概念の中の1つである。

それを簡単に整理すると、変化した農業構造・市場・政策環境・組合員に対応し、邑面単位の地域農協に期待される新たな役割について提示されたものであり、基本的方向性は地域農協が慣行的に行っている事業領域だけに留まらず、地域（集落）営農、経済、文化、福祉の中心軸の役割まで担うという内容までを含んでいる。ところが、こうした内容の「地域総合センター」概念は農協中央会が計画として提示しただけであって、農協系統組織体系の会員組織内部でも一般化されず、組織に根付くこともなかったのが実情である。

第1章　韓国農協の「地域総合センター」の出現と展開過程

　その大きな理由としては、非常に些細でありながら複雑に絡んでいる現実的問題がそこにあるが、ここでは詳しく言及しない。ただ、この概念が持っている肯定的な意義までも否定することはできないと考える。したがって、本書では現実的背景はともかくこの概念が持つ肯定的な意義を積極的に再解釈すべきであると考えている。

　「地域総合センター」概念の出現の背景には農協が置かれた厳しい状況を切り開くための時代的要請があった。しかしながら、様々な政治的思惑が飛び交うなかで、解釈次第によっては誤解を招くこととなる可能性があるために議論は慎重に進められたが、結局はダブルスタンダード的立場をとらざるをえなかった。したがって概念整理にも実在論的背景と名目論的背景が同時に反映され、概念整理に両方が混じり込む結果となった。実在論的背景とは、地域の単位農協が慣行的業務領域から脱して地域社会から期待される新たな役割に積極的に応えるという考えである。しかしこれについてはなかなか明文化しにくい性質のものであった。これに対し、名目論的背景とは現場の混乱を避けるために「地域総合センター」概念を簡素でなお明示的に提示し、その概念に沿って個別・具体的な事業を展開していくことであった。

　それではなぜ韓国農協は新たな農協づくりにダブルスタンダード的立場をとらざるをえなかったのだろうか。まずその時代的背景を覗いてみよう。

　韓国は2000年を前後に農村社会における農協の役割に対する期待が大きく変化し始めた。2000年以前までの農協に対する改革要求は組合員の民主的権利の回復、組合と中央会の透明な経営、農協買上価格の引き上げ、経済事業の活性化が主要な内容であったが、1997年末韓国経済の外為流動性危機によって起きた衝撃（IMF危機）によって景気低迷が続くなか、多くの企業は倒産または整理された。これによって大量の失業者が増え、都市はもちろん農村でも貧困問題が深刻化した（イ・ホングギュ、2003）。こうした環境下において農協は従来の業務以外に地域社会の緩衝役としての役割も求められるようになった。

　他方、1990年代初盤から展開してきた農業構造改善政策を推進した結果、

31

大規模農家と農業関連法人はIMF危機以後資本市場の変動性によって経営成果がさらに大きく影響を受けるようになり、農協の適切な対応や組織の効率性が強く求められた。負債対策、飼料・肥料・農薬・油類など資材価格の引下げ対策、農業機械供給および運用費用節減対策、流通構造効率化など大規模農家からの厳しい要求が噴出し始めたのである。

また一方で、地域を単位として農産物を商品化し、供給能力を拡充し、流通体系を整備していくための地域農業の組織化が展開されるようになり、地域農協もその取り組みに応えることが求められた。すなわち農業・農村・農業生産者を巻込んだ形で農協へ厳しい注文を突きつけた格好となったが、かつて日本の農協が生産者と一緒に組織化を進めた経験とはまるで正反対の展開である。これはある意味で韓国農協の歴史的特徴として説明できるが、そのうえ、昨今の経済状況が新自由主義政策を推し進め、農業市場の自由化の促進や国際金融市場の変動性の増幅によって世界経済を不安定な構造に変えたことに対する、農業分野の不安と苛立ちでもあった。したがって農業生産者による大規模なデモ行為が広範に広がり、政府や農協に対し根本的な対応策を注文するほどの政治的脅威となったのである。そのような一連の動きは1990年代末から激しくなり、2000年代初盤からその対応の一部を農協に担わせるような政治的判断がなされた。また農協の役割が従来とは異なり、広範にわたり拡大する方向で議論されはじめた。ただし、政府としては農業陣営への要求に対し、農協へ責任を転嫁させる目論みがあったことも認めざるを得ないが。いずれにせよ、韓国農協がまじめに生産者のために、経済事業に取り組んでこなかったことは確かである。

「地域総合センター」概念の名目論的な背景はこのように、農業・農村・農業生産者に関わるほとんどの立て直しに関する広範な要求に対し、何らかの答えを出さないといけなかった事情がそこにある。それほど農協への社会的批判が厳しかったのである。農協陣営（実質的に農協中央会）の対応としてはまず地域単位の緊急的要求と農協組織の改革要求に応えないといけなかったため、農協系統組織としての公式な立場と実際の事業推進方向が相互に

第1章　韓国農協の「地域総合センター」の出現と展開過程

相当複雑に絡み合う形として現われた。しかしそれにも関わらず、根本的な対応について組織全体として取り組んだことである程度の具体的な戦略が検討されたことは非常に重要な意味を持つ。それを整理すると以下のとおりである。

　これまで農協は農業界と現場の新しい要求に既存の慣行どおり組織的対応に終始してきた。つまり現場で新しい要求が提起されれば、単位組合を通して中央会に支援を要請し、中央会はそれに対する支援計画を樹立し、既存の事業体系に付け加える（additive）方式で新しい要求を横断的に拡大していった。「農村愛運動」、「1社1村運動」、「都農交流運動」などを農外所得拡大のための新しい事業として配置し、「地域文化福祉総合センター」の設立計画などを発表した。

　しかし、事業を横断的に追加・拡大する方式は中央会の財源問題を招いた。横断的事業の拡大は認めつつ、中央会そのものが縦割り組織の頂点として安住していたため、この問題を単純に財源問題としてしか認識せず、組織の再編策など根本的な対応策を用意するまでには至らなかった。その背景には、当時の農協改革の方向が農協系統組織体系において信用事業と経済事業を分離する方向へと進行していたため、農協陣営としてはこの対応を優先しないといけないという見解が支配的であったことがある。

　しかし当時の経済状況がちょうど国内資本市場が活性化される時期であったため中央会の信用事業が好調となり、中央会は収益センター（profit center）機能を通じて収益を確保し、地域農協に配分することで緊急的に中央会批判を和らげることに成功した。しかしそれはあくまで臨時的対応にすぎず根本的な対応には至らなかったことは自明である。しかし農協の収益センター機能を活かした対応は、系統組織体系に沿って会員組合内部でも農業・農村・農業生産者問題への新たな対応策として定着することとなった。

　これは新自由主義的経済政策に対する危惧を持っていた農業生産者に対し、むしろ新自由主義にあやかって農協中央会と農協系統組織が「収益センター」として機能強化へと舵取りを切ったことを意味する。このような戦略は一見、

理にかなった行動に見える。すなわち農協中央会が収益を多く上げ、農村・農業・生産者を支援するという純粋な論理とも取れるが、それによる組織の行動様式が新自由主義的資本の行動様式と何の違いもなく、利潤を追求することが果たして農協の存在意義かどうかについて真剣に考察を行ったかというと、はなはだ疑わしい。むしろ時代の環境変化にまともに対応できる最後のチャンスを失ったのではないかと考える。これは結局世間的には農協系統組織が自らの生き残りのみを捜しているという非難を浴びるようになった[5]。しかしIMF管理体制以降、韓国政府は一貫して新自由主義的経済政策を採択していたことを考慮すれば、筆者としては非常に矛盾に満ちているように考える。つまり農協批判にはある意味で政治的判断が多く作用していると思われる。これについては日・韓の農協ともに同じ境遇にあるといえる。

　結局、世間の批判が一層強くなるにつれ、再び提起された農協改革への要求に対して、農協陣営は農協創立46周年を迎え2007年に発表した「農協2015年ビジョン」の一部に「地域総合センター」の概念を公式的に採択した。このように農協内部で初めて公式化された「地域総合センター」概念は、財源確保の問題から従来の「収益センター」機能の強化論とともに、支援事業を拡大するという内容を主要骨子として提示されたものであった。

2）「地域総合センター」概念の発展過程

　農協系統組織体系内で地域農協の「地域総合センター」モデルの概念が公式的に展開される過程を時間軸と空間軸で分け考察してみよう。まず時間軸に従って見ると、「農協ビジョン2015」を通じてこの概念が初めて公式提示され、引き続き2009年の「農協中央会事業構造改編（案）」で再び確認された。一方、空間軸として地域の単位農協の発展方向として「地域総合センター」概念が如何に変化してきたかについて見ることにしたい。

　図1-12は農協系統組織において「地域総合センター」概念の発展過程を

5　パク・ジンド「農協中央会の信用事業と経済事業の分離と農協法改訂」韓国協同組合学会『韓国協同組合研究』2004年、pp.17-42。

第 1 章　韓国農協の「地域総合センター」の出現と展開過程

```
                2007年
             「農協ビジョン2015」
             「地域総合センター」概念の登場
                  ↑
    ┌─────────┐
    │ 2005年以後       │
    │ 新農村・新農協運動  │
    └─────────┘
                              収益センター機能拡大
                              支援事業拡大
  農業構造変化、農協危機
  根本的対応への転換
                        ┌─────────┐
                        │  2008年       │
                        │ 農村地域「総合支援 │
                        │ センター」概念化   │
                        └─────────┘
                               ↓
                         2009年
                    農協中央会事業構造改編（案）
                    「地域総合センター」概念
```

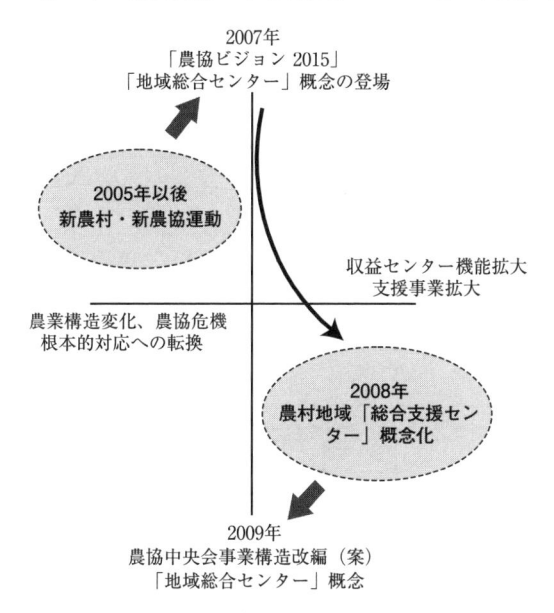

**図1-12　韓国農協系統組織内部における
「地域総合センター」概念の展開過程**

資料：筆者作成。

図式化したものである。図で示されているように、2007年に発表された「農協ビジョン2015」での「地域総合センター」概念は2005年に農協中央会が主唱した「新しい農村・新しい農協運動」を土台として提示されたものである。

　この運動の基本主旨には、農村の活力を増進させるために、新しい農村を建設しなければならず、そのためには新しい農協が必要であるという論理が込められていた。これは農協改革の方向としても提示され、従来の追加・副次的事業展開ではなく、農業構造変化と農協危機に根本的に対応できるように農協体制を改革し、流通事業体制と自立経営体制を両立すべきという方向性を明確に志向するものであった[6]。

　こうした背景をもとに「農協の2015年度ビジョン」のうち、「農協の進む道」として「国民の信頼の中で社会的責任を果たして農民と顧客の幸せのため最

---

[6]　シン・ギヨップ「農業・農協危機と新農村、新農協運動」農協中央会『農協調査月報』2005年3月号（通巻第573号）、pp.1-20。

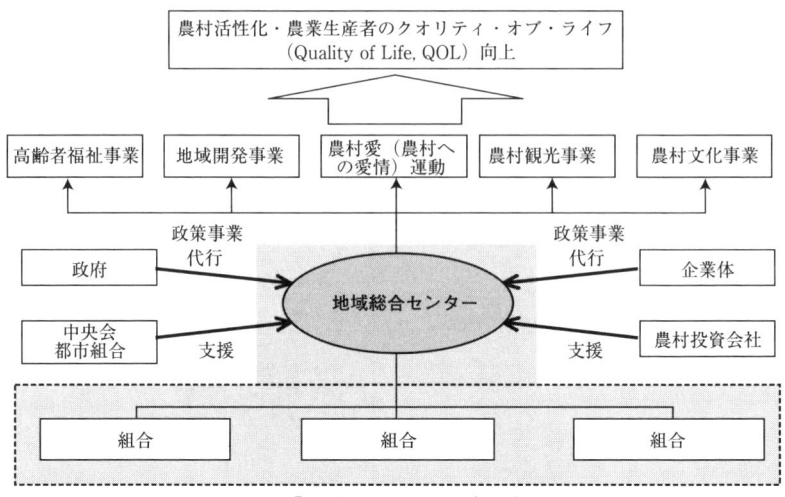

図1-13 「地域総合センター」の概念図
資料：韓国農協中央会「農協ビジョン2015」

高の財貨とサービスを提供し、人間と自然の調和を目指すことで人類のクオリティ・オブ・ライフ（Quality of Life, QOL）の向上に貢献する農協グループになる」と提起した。また、このビジョンを具現化するために事業部門別に3大目標が設定され、その中の1つが「地域総合センター」である。すなわち、教育支援事業部門は「地域総合センター」、経済事業部門は「超一流農畜産物流通グループ」、信用事業部門は「大韓民国金融リーダー」を各々の目標として設定した。

図1-13は「農協ビジョン2015」で提示された「地域総合センター」の概念図である。図から分かるように、組合を地域社会の農村開発・福祉・文化・観光・都農交流事業を主導する「地域総合センター」として発展させ、農村の活力と農外所得を創出することを提示している。ところで、このような提示にも相変らず、農協中央会の基本的な考えとしては、信用事業部門の収益極大化を背景として成立しうる概念であるという点では、当初の組合員を中軸に置いた「新しい農村・新しい農協運動」の基本的な主旨を正確に反映できていない。むしろ「農協の収益センター」の機能論が依然として根強く、

第1章　韓国農協の「地域総合センター」の出現と展開過程

むしろ強化に傾く余地を残していた。一方で、2008年に「地域総合センター」の概念を新しく定立しようとする試みが農協中央会内部から起きた。これは「農村地域総合支援センター」というモデルとして具体化された。このモデルは従来の「地域総合センター」をむしろ下位概念として据え、これに加えて「地域農産物の流通主体」、「健やかな経営体」を置いた。このモデルが目指そうとした目標を簡単に整理すると、地域農協の自立経営を志向したものである。しかし、農協組織内部の公式的見解としては採択されなかった。

しかし、2009年農協中央会は2008年に発足した李明博新政権が掲げた農協改革案（信用・経済分離の実施）に触発され、自らの農協改革案である農協中央会の事業構造改編（案）のうち、教育支援事業のビジョンと基本方向として「地域総合センター」概念を導入した。農協中央会の事業構造改編（案）の基本内容は農協中央会の事業部門のうち、信用事業部門を金融持株会社として分離する方案である。

農協中央会はこうした構造改編（案）後を睨んで、事業部門別事業推進計画も同時に発表しているが、そのうち、教育支援事業部門として地域の営農・文化・福祉の中心的役割を「地域総合センター」に担わせるため、各種農村開発事業の遂行主体として育成するという計画が提示された。

5．「地域総合センター」概念の発展過程と膠着点

「地域総合センター」概念は、国際金融市場中心の経済秩序（新自由主義経済）が形成され国民経済と農業構造の変動性が拡大するなかで、とくに農業分野からの強い要求に応える形として出現したものである。図1-14はその展開過程を図で表したものである。

図で示したように、マクロ経済の環境が高度経済成長期から新自由主義時代に転換することで農業が縮小再生産するなかで農業陣営からの要求も変化してきた。まず農村貧困問題、大規模農家の出現、地域農業の組織化に対する対策が農業陣営から提議された。農協はこれに対する対策として地域農協

```
                    マクロ経済環境変化
    ┌─────────┐ ──────────────→ ┌─────────┐
    │高度経済成長期│                  │新自由主義経済│
    └─────────┘                  └─────────┘
              ↓
         ╭──────────╮
         │ 農業政策変化 │
         │農産物市場変化│
         │農業・農村・農家変化│
         ╰──────────╯
         ↓              ↓
┌─────────────────┐  ┌──────────┐
│農業・農村・農業生産者のニーズ│  │ 農協変化過程 │
│   農村貧困対策      │  │  内部革新  │
│ 大規模農家営農対策    │  │  外部改革  │
│ 地域農業組織化対策    │  │ 海外農協研究 │
└─────────────────┘  └──────────┘
              ↓
      ┌──────────────┐
      │農協「地域総合センター」│
      │    概念誕生     │
      └──────────────┘
              ↓
         ╭──────────╮
         │  膠着状態   │
         ╰──────────╯
              ↓
      ┌──────────────┐
      │農協「地域総合センター」│
      │ モデル概念の具体化  │
      └──────────────┘
```

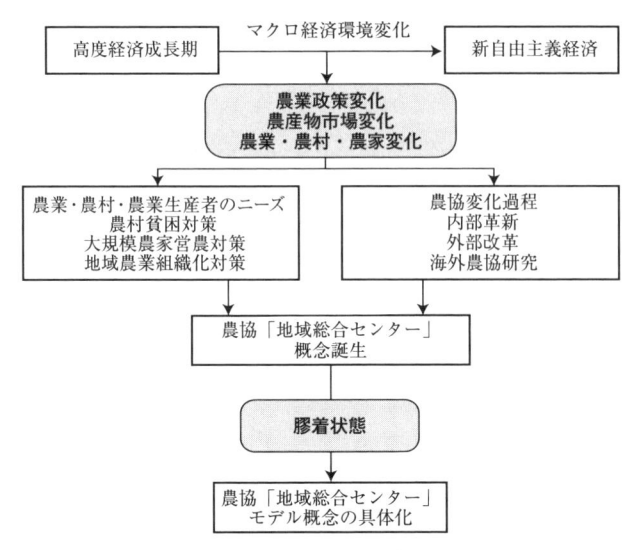

図 1-14　農協「地域総合センター」概念発展過程と膠着点
資料：筆者作成。

の「地域総合センター」モデルを提示し、政府は2004年「農業・農村総合対策」にこのモデルを採択したが、本来農業陣営が提議した核心的な問題に切り込むことができなかったことが事実である。

　農協の「地域総合センター」モデルが展開過程において膠着してしまった背景を、地域農業の組織化の視点から以下のように分析できる。2000年以後、新たに農業陣営から提起されたものは、農村と地域問題と農業と貧困問題など非常に包括的な性格を有していた。

　ところで、これに対し、農業生産者、農業関連団体、政府各々が用意した対策は問題に接近する視点が異なるうえ、せっかくの農業予算が確保されていたにもかかわらず当時の政治的力学関係でそれぞれの立場が尊重される現象が起き、1つの目標に集中的に投入することができなかった。また時間が経つにつれ、その弊害に気づいたときにはすでに農業を取り巻く新たなインセンティブ関係が形成され膠着し始めた。農業者、農業関連団体、政府は全て地域農業の組織化戦略が農業問題に対する解決策となることを強調したに

第1章　韓国農協の「地域総合センター」の出現と展開過程

も関わらず、その方向に対する既存の暗黙的な仮定を認めるなど根本的な解決に向けての横断的な役割を果たす中間組織の形成には失敗したといえる。

地域農業組織化に対する理論的仮説については、本書では詳しく論じるつもりはないが、「地域総合センター」モデルの議論当初明確な概念整理に失敗した理由とその後の成り立ちを理解するうえでは重要である。

簡単に説明すると、1990年以降、韓国農業問題はいわゆる市場（卸売市場）問題の解決が一番の問題であり、生産から市場までのアクセスを如何に効率的に遂行するかが大きな課題であった。

政府としては個別農家または法人を基本単位とし、競争力のある経営体を一定数以上確保した上で、これらの経営体と現代化された流通体系を繋げる方向こそが地域農業組織化であるとした。この政策的理念は初期段階においてはある程度成功したとはいえるものの、組織化の基礎を限定してしまったことや、政策手段がどうしてもハード事業に終始してしまったことがそれ以上の発展を妨げる要因であったといえよう。政府に批判的な立場に立つさまざまな政界・学界・農業関連団体の理論的背景についてはここではとくに論じないが、いずれにせよ、2000年以降、あらゆる関係者に共通する問題としては、韓国農業問題を韓国農業の内部要因から把握しようとした傾向が強い。言い換えると、これらの仮説は韓国農業の内部で地域農業組織化が成り立てば韓国の農業問題が解決されるという見込みを暗黙的に仮定してしまっているという点である。

しかし、韓国農業問題の背景としては、次章で詳しく論じる新自由主義経済の誕生以後に現われた市場の変動性拡大が主要要因として作用している点を考慮すると、政府と農業関連団体（学界）、そして農協系統組織の対応戦略と認識は巨視的な変動要因を見逃した点で共通している。これは資本の移動が国家政策によって遮断されており、市場の変動性も相対的に低かった成長時代の政策理念と手段では構造的に限界があったことを意味する。

農協系統組織に限っていえば、地域農協の「地域総合センター」概念を提示したにも関わらずモデルとして概念を定立することができず、また改革・

発展するチャンスがあるにも関わらず、「収益センター」機能強化論と支援事業拡大論を繰り返して行ったことは韓国の農業問題をさらに膠着状態にさせたといえる。農協系統組織がそうした膠着状態から脱するための１つの方向性としては、現代社会における新自由主義的市場の失敗の特徴と農業に与えた影響に注目することである。これはかつて政府をはじめ農業関連団体・学界まで巻き込んで議論してきた地域農業組織化戦略、地域開発戦略はもちろん農協の「地域総合センター」概念の肯定的意義を新たに立証するきっかけになるであろう。

　次章では協同組合に対する理論的理解を深め、現代社会における農村貧困問題と、大規模農家出現による営農・流通体系、地域農業組織化への転換の進展に伴う協同組合の役割について考察を行う。とくに近年新自由主義経済の進展が強まるなかで「新自由主義経済 vs. 協同組合組織」の対立構図に重点を置いてその分析を進めたい。

参考・引用文献
農協中央会『韓国農業金融史』1963年。
農協中央会『相互金融30年史』2000年。
文定昌『朝鮮農村団体史』日本評論社、1942年。
ムン・ジョンチャン『韓国農村団体史』チルジョガック、1962年。
パク・ジンド「8.15以後韓国農業政策の展開過程」韓国農漁村社会研究所編『韓国農業・農民問題研究Ⅰ』研究史、1988年、pp.221-247。
パク・ジンド「農協中央会の信用事業と経済事業の分離と農協法改訂」韓国協同組合学会『韓国協同組合研究』22(2)、2004年、pp.17-42。
シン・ギヨップ・他『韓国農協論』、農協中央会、2001年。
シン・ギヨップ「農業・農協危機と新農村、新農協運動」農協中央会『農協調査月報』2005年３月号（通巻第573号）、2005年、pp.1-20。
イ・ウゼ『韓国農民運動社』ハンウル、1986年。
イ・ウゼ「8.15直後農民運動研究」韓国農漁村社会研究所編『韓国農業・農民問題研究Ⅱ』研究史、1989年、pp.189-287。
イ・ジョンファン『農業の構造転換その始まりと終り』韓国農村経済研究院、1997年。
イ・ホングギュ「農業人世帯の貧困規模の推計」農協中央会調査部『CEO Focus』第114号（2003年４月７日）、2003年。
ジョン・チャンギル『韓国協同組合の発展』韓国農村経済研究院、1983年。
ファン・ヨンモ「農業生産者組織コンサルティング、どうすべきであるか。農業経営コンサルティング事業の検討と発展のため」第８次地域農業研究院、定期セミナー主題発表文書（2008年５月）、2008年。

第2章
韓国農協の「地域総合センター」の進化と理論的背景

李　仁雨・柳　京熙・吉田成雄

1．はじめに

　本章では2000年以後に提示された韓国農協の「地域総合センター」概念の出現とその意義、進化方向と示唆点を明らかにすることとし、理論的な側面からアプローチする。前章では韓国農業および農協という特殊な環境下で「地域総合センター」概念が出現した社会・経済的な背景とその限界について見たが、本章では韓国農協の発展方向に焦点を置き、2000年以降の韓国農協の展開方向を見る視点を時間軸から空間軸に移して分析を行いたい。
　一見すると、「地域総合センター」の概念とモデル化への試みは韓国社会に限られた現象と思われるかもしれないが、実は、1980年代以後、世界の協同組合陣営が進めてきた運営戦略の転換と組織再編の流れの中で、理解すべき性質のものである。
　韓国農協系統組織における単位農協の1つ「地域農協」では、「地域総合センター」への取り組みが見られる。これは協同組合陣営に生じている世界的潮流に対応した農協運営の戦略の一種であり、かつ韓国的モデルとしての形態であると言える。
　したがって韓国の地域農協の「地域総合センター」化への取り組みの理論的背景を明らかにすることは、比較論的な視点からより豊かな農協理論の基礎を提供するという意味で非常に有意義であると考える。
　ただし、本章で分析を行ううえで必要となる理論的フレームは、韓国国内

協同組合の理論的背景	新自由主義の理論的背景	農協の新自由主義への対応
－協同組合思想・理論的系譜 －実証論的分析方法の特徴 －地域総合センター概念の特徴	－新自由主義の特徴 －農業部門への新自由主義の拡散 －新自由主義経済下の農業への影響	－新自由主義経済下の市場の失敗の特徴 －海外農協の市場対応への事例 －農協の「地域総合センター」への進化方向

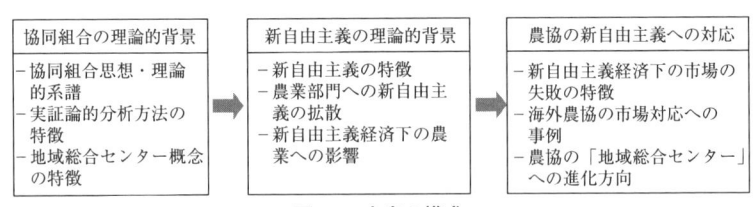

図2-1　本章の構成

の生産力・生産関係に規定されるために、多少韓国固有の独自の視点が必要である。また新自由主義がもたらした新しい世界経済秩序へと向かう変化によって引き起こされた政治的対立の構図を理論的に解明することも必要である。

そこで、本章ではミクロ的分析フレームとマクロ的分析フレームを用いて、農業・農村・農業生産者が直面することとなった新たな対立構図を理論的に再検討する。ミクロ的分析フレームでは実証論的経済学の協同組合理論（実証論的協同組合理論）を用いて分析する。一方マクロ的分析フレームでは新自由主義経済下における産業界の新たな利益確保を目指す構造変化と、それに伴い変化しつつある韓国農協の戦略・構造転換が持つ意義について考察を行う（図2-1を参照）。

2．農協「地域総合センター」概念の出現における協同組合の理論的背景

1）協同組合思想の系譜と実証論的アプローチの理論的意義

地域と農業、さらに国家と農業の発展方向に関する対策や政策を論議する際、必ず登場する経済主体が農業協同組合である。他の協同組合に比較しても、その社会的役割について大きな期待が持たれる傾向が強い。ところが、その期待には協同組合とりわけ農協に対する思想や理論またそれが社会に貫徹する支配構造の原理および生産力、生産関係といったものまでを一貫して全体を考慮しないまま、「農協は地域と農業の発展において、その経済活動一般から生じる弊害を補う組織であるべき」という単純な仮定が前提されて

第2章　韓国農協の「地域総合センター」の進化と理論的背景

いる。

　近年、韓国社会において生じている農村の貧困問題、大規模農家の出現と地域農業の組織化の問題に対しても同様な仮定が先行し、農協が必ず'何か'または'何でも'足りない部分を補うべき組織であることが期待される。

　経済成長時代の農業近代化政策は、農業部門を国民国家体系（nation-state system）内で国が目標として設定した食料を調達する部門として認識し、このために農協にその一部を遂行する役割を課し、資源配分を行ってきたことは日韓の農協の歴史的展開を見ても明らかである。したがって、農業政策が農村貧困、大規模農家の出現、地域農業の組織化対応の方向へ切り替われば、農協も当然それに沿って内部資源を動員し、資源の配分体系を切り替えることが期待されてきた。しかし、農協はこれまでの農業近代化政策の資源配分体系のなかで政策代行を円滑にすすめるために、農業・農村・農業生産者との暗黙的な生産関係を形成し、ある種の運命共同体的事業体を結成し運営してきたため、政府の政策転換に従って内部の資源動員・配分体系を効率的に切り替えることが直ちには行いづらい状況に置かれている。

　むしろ農協は内部の経済活動主体がこれまでの国の政策とは違う新しい政策によって激しい動揺を経験した。つまりこれまで国から与えられた農村社会におけるインセンティブを巡る一種の協調関係から対立構図への変化を目の当たりにしたのである。

　協同組合理論のうち実証論的経済学のアプローチは、ミクロレベルで農協の変化理論を提示してきた。現代社会において農協が直面した新しい経済環境の実体とそれに対する農協の対応を客観的に比較し、実際の農協内部で行っている資源動員・配分体系を明らかにすることは、実践的含意を得るうえで重要である。なぜなら新たな農協の資源動員・配分体系を自ら構築していくうえで、実証論的協同組合理論の理論的意義と限界の把握なしでは到底成し遂げられないからである。それではまず協同組合の理論的意義について見ることにしたい。そのために協同組合の思想と理論の系譜とそこから派生してきた実証論的協同組合理論の位相について考察を行う。

表 2-1　協同組合の概念化努力の区分

区分	基準	協同組合類型	代表事例および特徴
歴史的概念化	歴史的名称	－普遍的意味の協同組合	・共同体的協業・協同
		－封建制末期の協同組合	・修道院、共同体など ・協同組合共和国思想の起源
		－資本主義的協同組合	・消費者協同組合（ロッチデール組合） ・労働者協同組合 ・生産者協同組合
		－社会主義的協同組合	・団体の名称の否定、所有の形態（国有と私有の過渡形態）
政派的概念化	会員組織のアイデンティティー	－協同組合団体のアイデンティティー提示	・ICAの協同組合概念 ・団体加入要件
法律的概念化	法律的整合性	－法律的認可・規制・税制上で協同組合基準提示	・米国独占禁止法など ・韓国、日本農協法など
実証論的概念化	類型化および変異の研究	－非経済学的協同組合概念	・広義の概念提示
		－経済学的協同組合概念（会社理論を適用）	・新古典派の経済学的概念 ・新制度主義の経済学的概念

　協同組合は歴史的に多様な団体が組織されてきた。これらの団体の協同組合としての結束における原則は、協同組合思想あるいは協同組合原則として整理され、多様な団体によって支持あるいは廃棄されてきた。

　協同組合理論とは、これら団体とその活動を支えた思想や原則、その展開過程および結果を学問的観点から客観化し、その因果関係を明らかにしようとしたものである。これらの学問的努力の一環として協同組合の概念を類型・区分したものが**表2-1**である。

　まず、1つ目は歴史的概念化の視点である。歴史的概念化は特定時点に出現した組織について協同組合の概念を歴史的に遡って適用したものも含まれている。したがってこの概念を使って協同組合をモデル化しまたはそれを適用するのには難しいという短所がある。

　2つ目は、政派（政治的派閥や信条）的概念化の視点であるが、特定の時代において団体を結成し自らのアイデンティティーを人為的規範で決めたことで生まれた協同組合について概念化した視点である。これは国際協同組合同盟（ICA: International Co-operative Alliance）が1995年に「協同組合のアイデンティティーに関するICA声明」を発表した事例が代表的である。この概念も団体の利害関係によっては普遍的な適用の限界があり、価値志向

第2章　韓国農協の「地域総合センター」の進化と理論的背景

（value oriented）の概念であるため実証的分析の尺度として活用するには限界がある。

　3つ目は国の法律体系において協同組合の法人格を規定したことから生まれた視点である。ところがこの概念も当該国の固有の歴史を色濃く反映しているため、世界各国の協同組合に適用し、類型と特性を区分する指標として使用するのには限界がある。

　4つ目は、実証分析を基に概念化を試みる視点であるが、協同組合の現状と変化、類型の変異を因果的な方法で概念化しようとするのである。この視点は、協同組合とは「経済活動を組織する第3の道（way）[1]」という広義の概念と「'取引活動に携わる人々の結合形態（assembly）'…（中略）…'事業の一形態（business form）'」[2]という狭義の概念を提示してきた。

　この実証論的概念化の視点は先に述べた3つの概念化に比べて概念適用の普遍性の側面から相対的に安定的なフレームを提供する。それにも関わらず、この視点も「協同組合が保持する二重的性格（dual nature）」である価値志向の結社体（association）と特殊事業形態（business form）の2つの性格のうちどちらを強調するかについて、理論的に混乱を招くことになるため（Hanel, 1994: 272-273）、安定的な協同組合の概念フレームを提供しているわけではない。

　協同組合思想ないし理論の系譜が重要な理由としては、今日の絶対的な指針として知られている協同組合思想ないし理論がこれらの多様な系譜のうちの1つに属するにすぎないという点である。これは農協の変化を規範的に説明するに当たって1つの象徴とされてきたロッチデール公正先駆者組合（消費者協同組合）の視点というものにおいてさえ、それが絶対的な指針ではなく、相対的に購買市場での「市場の失敗」[3]が蔓延していた時代的特徴を反映した1つの系譜であるということを意味しているからである。

1　Victor Pestoff（1991）．
2　LeVay, C.（1983）．
3　Market failure：独占や寡占、不完全競争、情報の非対称性の存在などにより市場メカニズムが働いたとしても効率的な資源配分（パレート最適）が不可能である事象。

実証論的経済学的アプローチは、協同組合の構成・作動・支配構造原理、潜在力、制約要素、市場成果を考慮するうえで、現代社会の農協が直面する新たな経済環境の実体とそれに対する農協の対応が比較できるミクロ的理論モデルを提示したという点で理論的意義がある。

2）実証論的農協理論の展開過程と成果

①協同組合構成理論モデル

　実証論的ミクロ経済学から導き出される協同組合理論（実証論的協同組合理論）は、現代社会において農協が変化する現象をミクロのレベルで理解できるように様々な理論モデルを提示してきた。これら理論モデルを協同組合の構成・作動・支配構造理論モデルに再構成すると次のとおりである。

　フィリップス（Phillips）は、協同組合の構成原理を図2-2のように概念化した。図で示されているように、実際の協同組合の運営体系は別途の生産施設を保有しない単純運営体である点Aに概念化され、協同組合の実体は参加組合員の経営体（enterprise unit）であるABCに概念化される。組合員経営体は、形式上では協同組合Aに結合した'共同作業場（common plant またはjoint plant）'としてみなされる。この関係において協同組合は、組合員経営体の結合体であり、協同組合運営体は組合員経営体が個別的に運営してい

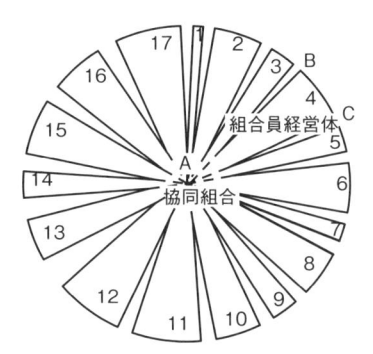

図2-2　フィリップス（Phillips）の協同組合の構成原理
資料：Phillips（1953：69）．

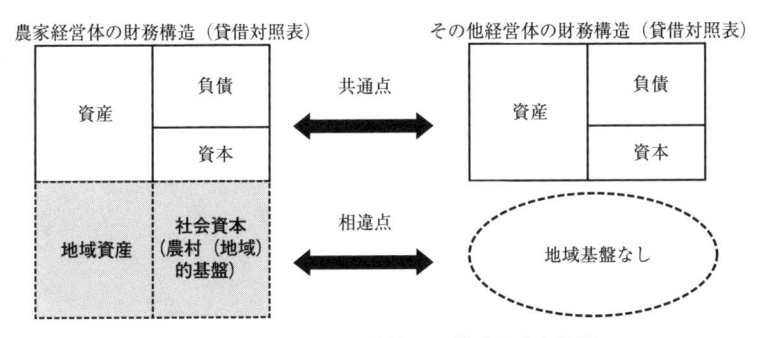

第2章　韓国農協の「地域総合センター」の進化と理論的背景

図2-3　農家経営体の経営資源の構成要素と特徴

資料：筆者作成。

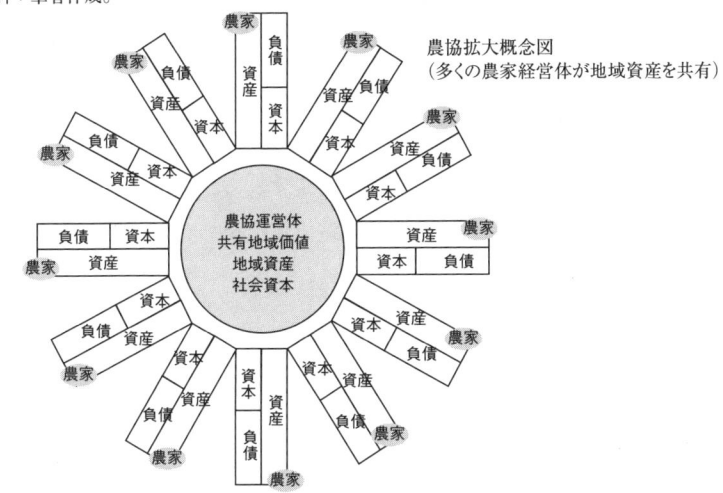

図2-4　農協の構成理論モデル

資料：筆者作成。

る複数の結合作業場を補佐する機能を遂行することになる。このような仮定の下で、協同組合運営体の成立および持続可能性の均衡点に対する理論モデルは、契約体である協同組合Aの限界要素生産性（marginal productivity of each resource allocated to the cooperative plant）と組合員の個別経営体の限界要素生産性（marginal productivity of that resource in the individual plants of that member firm）が一致する点で形成されると考えられる。

このようなフィリップスの協同組合の構成理論モデルは農協の構成理論と

47

して応用できる。

　まず、組合員農家の特徴をその他経営体と財務構造の比較を通じて**図2-3**のように示すことができる。図で示したとおり、農家経営体とその他経営体は表面上では同一の財務構造であるように現われるが、実際には、農家経営体とその他経営体の一番の大きな違いは、地域資産（農村）という社会的資本が財務構造として編入されているか否かの差である。

　こうした農家の財務構造をフィリップスの協同組合構成理論モデルに適用すれば、**図2-4**で示しているように、さらに具体的な理論モデルが導出される。図で示したように、農協は農協運営体として他の経営体に比べて安い費用で活用できる地域資産を保有すると同時に全国的な規模での広がりをも持つことが可能である。

　図2-5は、農協系統組織の戦略と構造再編の類型を概念化したものである。

　これに基づいて農協の再編目標を設定すれば、農協は農家経営体の地域資産価値を極大化し、競争相手との地域価値活用の費用格差を極大化する方向へ推進すべきであるということになる。

②協同組合の作動理論モデル：意思決定理論モデル

　協同組合の成立以後、市場成果を上げることで、組合員が自己の経営体を協同組合に結合するように動機付けを行う必要がある。これは農協組織が組合員と市場の間で持続的な取引を成立させることを意味する。前節で見てきたとおり、協同組合の理論モデルは限界要素生産性の側面から農協と組合員との持続的な均衡条件が必要である。これに対して、実証論的経済学理論の協同組合は、農協の生産費用を最適化する側面から、組合員と市場の間で取引条件の均衡点を理論モデルとして提示しようとしている。

　協同組合の作動理論モデルは、系譜論的考察から見てきたように、絶対的な協同組合の典型（prototype）がないために、経験論的な観察のなかで帰納的に抽出したいくつかの原則を演繹的に拡張させ、理念型的典型（ideal type）を導出して、形態論的アプローチ（morphological approach）を用い

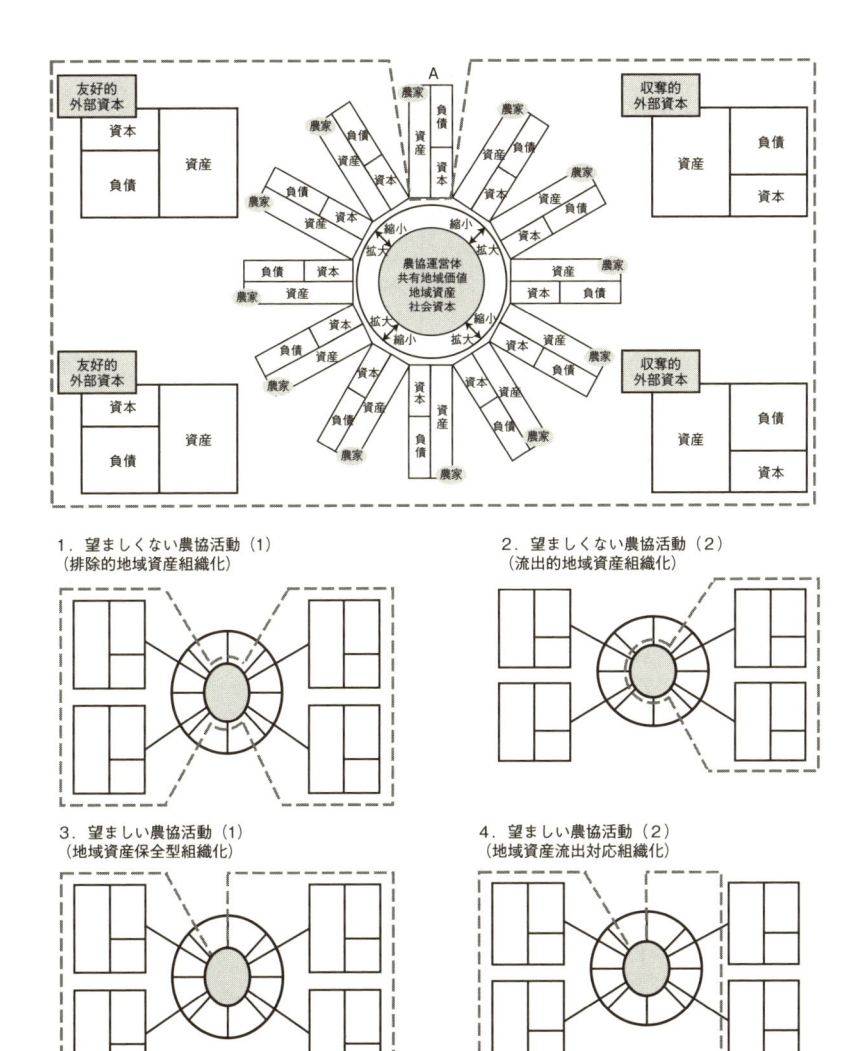

第2章　韓国農協の「地域総合センター」の進化と理論的背景

1．望ましくない農協活動（1）
（排除的地域資産組織化）

2．望ましくない農協活動（2）
（流出的地域資産組織化）

3．望ましい農協活動（1）
（地域資産保全型組織化）

4．望ましい農協活動（2）
（地域資産流出対応組織化）

図2-5　農協の理想的目標モデルと望ましくない事例

資料：筆者作成。
注：Aは農家Aを表す。破線で囲んだ範囲は、農家Aの立場で、農協が地域資産として活用できる潜在価値の大きさを表している。

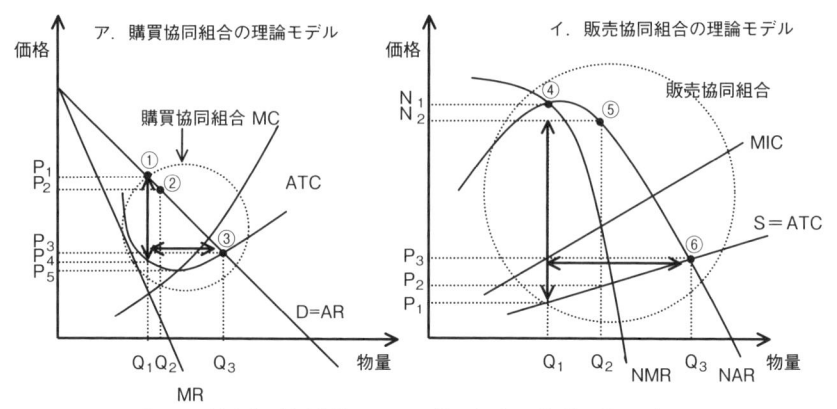

図2-6 新古典派経済学における協同組合の作動理論モデル

資料：LeVay（1983）；Schmiesing（1989）．
注：〈英略号の意味〉
　【図ア】MR：限界収入曲線、MC：限界費用曲線、ATC：平均総費用曲線、D＝AR：需要曲線＝平均収入曲線、【図イ】N：農協の販売価格、NMR：農協の限界収入曲線、NAR：農協の平均収入曲線、MIC：限界投入費用曲線、S＝ATC：供給曲線＝平均総費用曲線

て協同組合の典型を実証論的に仮定する[4]。

　図2-6は、実証論的協同組合の作動理論モデルを示したものである。実証論的協同組合の作動理論モデルは、協同組合の絶対的な均衡点を提示するよりは「会社理論（theory of firm）」を応用して協同組合が追い求める取引条件の均衡点の特徴を表している。

　図で示しているとおり、協同組合は大きく購買協同組合（**図2-6-ア**）と販売協同組合（**図2-6-イ**）の2つの類型の生産単位からモデル化される。これらは協同組合の個別組織、すなわち、組合員の合意（目標）によって市場における価格と取り扱い物量の取引条件を多様な形態で運営することができる。そうした取引条件を営利企業体（投資者所有会社：Investor-owned Firm（IOF））の利潤極大化均衡点を基準から区分すると、協同組合が追求できる均衡点は**図2-6**と**表2-2**のように理論的に6つの形態で表れる[5]。

　協同組合の作動原理の特徴は、営利企業の均衡点と比較する際に現れる。

4　Fehl, Ulrich and Jürgen Zörcher（1994）．
5　LeVay, C.（1983），Schmiesing, Brian H.（1989）の2論文。

第2章　韓国農協の「地域総合センター」の進化と理論的背景

表2-2　新古典派経済学理論モデルから導出される協同組合の基本類型

区分（物量、取引価格）		協同組合組織目標（Organizational object）		
		協同組合収益極大化	中間	組合員便益物量極大化
協同組合組織形態（organizational form）	購買協同組合	①利潤追求企業型 図2-6（ア）Q_1、P_1	②組合員最低価格型 図2-6（ア）Q_2、P_2	③組合員最高物量型 図2-6（ア）Q_3、P_3
	販売協同組合	④組合員最高収入型 図2-6（イ）Q_1、P_1	⑤利潤追求企業型 図2-6（イ）Q_2、P_2	⑥組合員最高物量型 図2-6（イ）Q_3、P_3

資料：筆者作成。

営利企業は利潤極大化を追求するため限界収入曲線（MR）と限界費用曲線（MC）が一致する数量に対応する需要曲線（D）上の価格である図2-6の①と⑤均衡点のみを選択する。一方、協同組合はそれ以外にも4つの均衡点をさらに選択できるという作動原理の特徴を持つ。

図2-6-アで、購買協同組合が組合員に相対的に安い価格で最も多くの物量を提供する協同組合になるためには、X軸のQ_3物量をY軸のP_3の価格で提供する協同組合になろうとするだろう。一方、同じ購買組合でも組合員の収益を最大に重視する協同組合になるためにはP_1価格でQ_1物量を提供する協同組合になろうとする。組合員が最大の収益が得られる理由は、組合員が現金で取り引きする際に、P_1の価格を支払うが決算時点で平均費用P_4を超過した営業利益（P_1-P_4）を利用高配当として返してもらうためである。他方で、組合員に最も安い価格で提供する協同組合になるためには（P_2、Q_2）の均衡点を取引条件として選択する協同組合になるだろう。しかし、協同組合という「人的結合組織：結社、社団」がこうした合意（consensus）を維持するためには組合員が他の均衡点に移さないように運営における戦略と組織構造が必要である。

図2-6-イの販売協同組合の場合もこれと類似した運営戦略が必要である。しかし、販売協同組合と購買協同組合は産出物を生産するために投入物を調達する原料供給先が根本的に異なる。購買協同組合は組合と関係のない第3者から購買する。しかし、販売協同組合は投入物を組合員から購入して産出物を第3者に販売する。これによって販売協同組合と購買協同組合は営業利益の決定メカニズムが根本的に異なる。販売協同組合の営業利益は、組合員

に支給する価格と第3者に販売する価格の差である。

　販売協同組合において組合員の行動と組合の収入は組合員が組合に自分の生産物を販売して受け取る金額である供給曲線（S）と組合が第3者に販売して受け取る金額である農協平均収入曲線（NAR）によって示される。組合員が生産した産出物を一番多く売ってくれる協同組合になるためには図2-6-1イのX軸Q_3、物量をY軸P_3価格に販売する協同組合にならざるを得ない。一方で、組合員の収益を最大にする協同組合になるためにはQ_1物量をP_1価格で組合員から買い取ってN_1価格（農協の販売価格）で販売する協同組合になろうとする。組合員が最高の収益が得られる理由は組合員が現金取引の際に、P_1の価格を受け取るが、決算時点で平均費用P_1（平均総費用曲線（ATC）＝供給曲線（S）上で物量Q_1に対応する価格）を超過した営業利益（$N_1 - P_1$）を利用高配当として返してもらうためである。

　ところで、これら2つのモデルの重要な示唆点は利潤最大化を追求する営利企業に比べて協同組合の取引条件の均衡点が非常に不安定である点である。このような不安定性は基本的に組合員が利潤最大化を追い求める営利事業体であることから生じる。組合員は規模と技術条件によって費用条件が異なり、利潤最大化の均衡点が変わる。これは費用条件が同質な時点から出発した協同組合においても組合員間の費用条件が変われば、協同組合組織そのものの変化が現われる可能性が高いことを意味する。

　例えば、大規模農家が形成され始めれば、零細農家と費用条件が異なるようになり、低い出荷価格でも農産物を出荷できるようになり、図2-6-イの④取引条件で農協が運営されることが期待できる。一方、零細農家は費用条件が不十分であるためP_3の価格を受け取ることができ、⑥の取引条件下で運営されることが期待できる。これに対応して農協は運営戦略と組織構造を改編することができる。新古典派経済学の実証論的協同組合作動理論を用いることで、こうした現代社会における農協の戦略と構造変化の現象をミクロ的なレベルから説明できる。

第2章　韓国農協の「地域総合センター」の進化と理論的背景

③協同組合の支配構造理論モデル：協同組合の性格決定モデル

　実証論的協同組合理論はミクロ的なレベルで農協の変化現象を理解できる理論的分析フレームを提供する一方、これを演繹することで協同組合の支配構造理論モデルを導出する手掛かりを提供する。その手掛かりとは協同組合の性格概念（nature of cooperative）である。現実の協同組合は組合員、経営者、勤労者（職員）の他にも政府など多様なステークホルダー（利害関係者）が参加し、自らの利害関係を協同組合の活動に結合させることで非常に複雑な形態として発展する（Kyriakopoulos, 2000：33）。こうした協同組合の性格は**図2-7**のように協同組合の所有権構造、運営構造（資源動員（mobilization）・運用）、目標市場（サプライチェーン、バリューチェーン）で構成された支配構造形態として概念化することができ、協同組合の政治・経済・社会的役割と潜在力が比較可能となる分析フレームを提供する。

　まず、協同組合の支配構造の特性は協同組合の資産形成過程で表れる。協同組合は組合員の所有資産を結合した組織であるため、どの程度まで組合員資産を動員（投入）するかに対して組合員から同意を得なければならない。これは運営構造のどの部分を中心に事業計画を樹立させ資源を動員（投入）するかを見ることで把握できる。

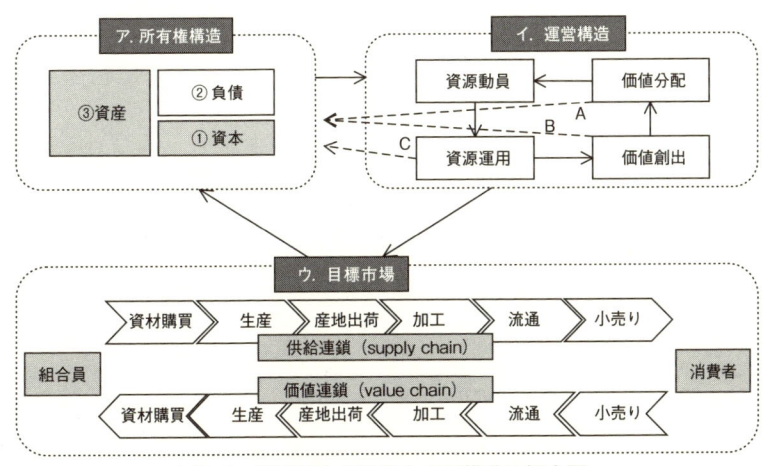

図2-7　協同組合の性格と支配構造の概念図

資料：筆者作成。

仮に、**図2-7-イ**のように運営構造のAを基に事業計画を樹立するとすれば、組合員配当を目標として事業計画を立て、事業規模においても組合員に配当ができる事業規模を設定して、協同組合はそれに相応する資源を動員する運営構造となる[6]。

　ところで、Bを基に事業計画を立てるとするならば、市場において価値を創出できる事業規模を設定して、協同組合は市場での競争ができる規模だけの資源を動員する運営構造となる。他方でCを基準として事業計画を立てるとすれば、協同組合は条件に合わせた規模で事業計画を立て、事業規模と資源動員規模を設定することになる。Aをベースとする場合は現行組合員を満足させる協同組合、Bをベースとする場合は市場競争志向協同組合、Cの場合は組合の収支を優先とする協同組合になりがちとなる。

　そしてこのように資源の動員（mobilization）規模を決めた後に、実際に資源を動員（投入）してそれを運用する所有権構造も協同組合の支配構造の特性をよく反映する。協同組合が経済活動に参加するためには資産が必要となるが、資産は**図2-7-ア**のように組合員の出資金と外部主体からの借入金で造成される。資産が造成された以後には運営資産に対する財産権が重要となる。所有権の側面から見ると、協同組合では、組合員は出資金に対する固定利子（出資配当）だけを受け取り、資産運用収益に対しても固定割合の配当のみを受けるという特徴がある。これ対して、営利企業では出資者が出資金（株式の購入）に対する利子をあきらめる代わりに、資産運用収益の全部（またはできるだけ多く）を配当として受け取るという特徴がある。非営利団体では出資者が出資金に対する利子や配当収益を受けるか否かとは関係なく、配当収益権者が資産運用統制権を行使しないという特徴があるなど、主体それぞれの特徴から区分される[7]。

6　なおこの「組合員配当を目標」とすることについては、日本の農業協同組合法第8条では、農協は組合員のための奉仕（助成）を目的として事業を行い、営利（配当など）を目的として事業を行ってはならないと規定されている。ただし、組合員の組合事業の利用に応じてする剰余金の利用割戻しとして事業分量配当を認めている。
7　Hansmann, Henry（1996）.

第2章　韓国農協の「地域総合センター」の進化と理論的背景

資産運用に対する統制権は次のように配分される。

　第1に、資産構造の構成比重が大きい方が行使したがる傾向がある。出資金が借入金より大きい場合は組合員が資産運用統制権を保有できるが、借入金の方が大きい場合は債権補填に関心の大きい債権者が資産運用統制権を保有するようになる。

　第2に、資産運用統制権の確保に所要される費用より利益の方が大きい集団の方が統制権を保有したがる。

　第3に、協同組合内部において所有権と経営権が分離されることで専門経営者が統制権を所有しようとする[8]。これはまた次の3つの状況に区分される。1つ目は、協同組合の歴史が古くなり出資金より共同積立金が多くなった場合、全体資産に対する組合員の統制権が弱体化し、債権者、監督政府、専門経営者など外部主体の統制権が強化される状況である。2つ目は、専門性の不足により組合員が実質的に統制権を行使することができなくなる状況である。3つ目は、組合員内部での異質性が高まり、統制権から得られる収益よりも費用が増大した状況である[9]。これは総合農協の場合、信用事業の資産が大きく、そのうち借入金の比重が大きく、さらに総合農協の歴史が古く積立金が多い上に、新自由主義の投機的金融市場で資産が運用される場合、協同組合の資産に対する組合員の財産権の行使範囲が大きく制約されるようになり、単なる所有権と受益権を確保するレベルに留まりやすいことが示唆される。

　資産に対する実質的な統制権が決定されてからは、協同組合の支配構造に影響を与える領域は資産が運用される目標市場である。**図2-7-ウ**のように目標市場は供給連鎖（サプライチェーン）と価値連鎖（バリューチェーン）の2つの種類に区分される。

　協同組合はこれら市場領域に如何なる形態で参加するかによって社会的役割と成果が相当変わってくる。協同組合が参加する市場領域は組合員の期待

8　Vitaliano, Peter（1983）.
9　Cook M. L. and M. J. Burress（2009）.

と一致することが望まれるが、参加形態によって成果が大きく変わってくるために、なかなか難しいのが現実である。

　組合員の経済的利益を志向する側面において、協同組合は組合員が個別的に対応しにくい「市場の失敗」領域、すなわち独占商人の強い市場支配力の横行が生ずる独占市場領域に進出することが期待できる。またはバリューチェーンにおいて組合員の所得を増大できるように他の競争相手とは違う付加価値をつけるような事業を開発することが期待できる。しかし、現実の協同組合はこうした規範論的に仮定される期待とは異なり、独占商人の強い市場支配力の横行が生ずる独占市場領域に進出して、資産を結集させて交渉力を発揮することはなかなか困難である。むしろ産地で収集した農産物を独占資本である大型流通業社に納品することで、流通段階での「市場の失敗」を強める可能性もある[10]。これは農産物の流通環境が変化し、物流と商流の市場の失敗領域が産地から消費者へ、原料商品（commodity）から付加価値製品（value-added product）領域へ移動したにも関わらず、依然として産地で卸売業者（産地商人や仲買人など）に対してのみ購買力と販売力を結集し、限定的に市場交渉力を発揮しているに過ぎない。よって協同組合は組織全体の競争力を低下させることになり、組合員が協同組合から離脱する事態を招く。

　協同組合の支配構造の理論モデルは、目標市場において、如何なる形態として参加し、事業規模を定め、如何なる方法で資源を動員・運用し、価値を創出・分配するかを見ることで協同組合の変化現象を説明しようとしているところにその意義がある。これは新自由主義経済下に目標市場の変動性が拡大し、結果的に協同組合を取り巻くミクロ的均衡体系が総体的に変化している状況を反映できる利点がある。またマクロ的視点から協同組合の変化理論を構築することを可能とする糸口となる。

3）現代社会における農協の変化現象に対する実証論的アプローチの示唆点

　ミクロレベルから現代社会における農協の変化現象を実証論的に分析する

10　Hansmann, Henry（1996）.

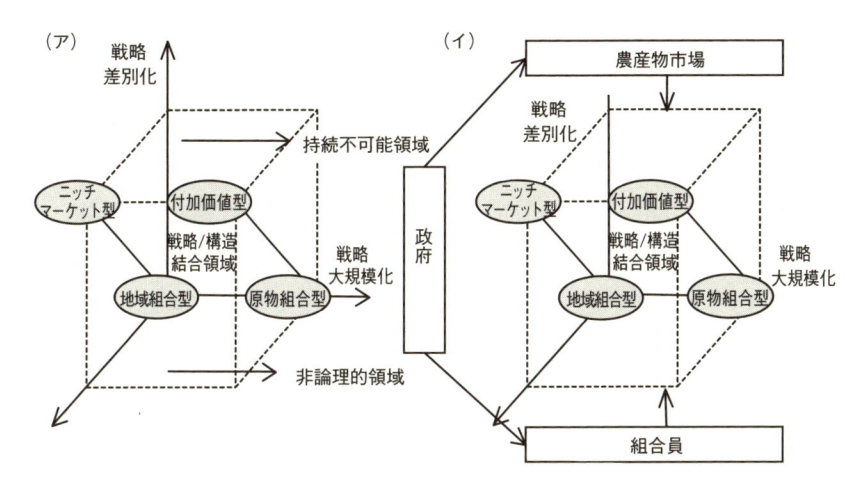

第 2 章　韓国農協の「地域総合センター」の進化と理論的背景

図2-8　ベックム（Bekkum）の協同組合の変化モデル
資料：Bekkum（2001）。

仮説は様々な形態で提示されてきた。

こうした実証論的ミクロ経済学の協同組合理論モデルの1つとしてベックム（Bekkum）が提示した農協の仮説がある。ベックムはヨーロッパとオーストラリア、ニュージーランドなどの農協の経済事業の変化に関する研究を通して、農協の変化過程は、事業戦略と組織構造の結合関係の変化によって生じる現象として理論化を図っている。

彼の概念は2段階に分けて説明できる。**図2-8**の左側（ア）のように、農協が採択できる事業戦略には、大規模化（cost leadership）、差別化（differentiation）、集中化（focus）戦略が存在する[11]。

ベックムの理論モデルによれば、X軸は大規模化戦略、Y軸は差別化戦略、そして組織構造は組合と組合員との間に取引関係（受益権）、投資関係（所有権）、支配関係（統制権）の側面から「集団化構造（collective structure）」と、「個別化構造（individualized structure）」に区分し、Z軸に配置した[12]。

11　Bekkum, Onno-Frank（2001），p.45.
12　Bekkum, Onno-Frank（2001），pp.46-48..

座標軸の交差から協同組合の変化類型は導出されるが、実際には**図2-8**（ア）のように、持続不可能な形態（non-sustainable）および非論理的形態（non-logical）を除いて、**図2-8**（イ）のように、地域組合型農協（village co-op）、ニッチマーケット型農協（niche co-op）、または、原料農産物型農協（原物組合型農協）（commodity co-op）、付加価値型農協（value-added co-op）へ変化していく経路を辿るという仮説を提示している。

これ以外にも現代社会における農協の変化現象を財産権理論モデル（Feng & Hendrikse, 2007）、不完全契約理論モデル（Hendrikse & Veerman, 2001）、ライフサイクル（life cycle）仮説（Cook, 1995; Cook & Buress, 2009）、取引費用仮説（Ménard, 2007; Desrochers & Fischer, 2003）などを用いて説明しようとした。

このような試みは結局、現代の農協内部におけるインセンティブを巡る葛藤要因が増大しており、農協運営に大きな支障を来していることの反映でもある。ところで、これら実証論的ミクロ経済学の協同組合理論モデルは欧米の専門農協を主に取り上げたものである。このモデルを日本や韓国のような総合農協に適用する場合、さらに考慮する項目が増え、複雑になる。

例えば、農協に結合された組合員が事業別に階層化された場合、農協の対応は非常に複雑になる。

韓国農協の経済事業を中心に説明すると、農協に結合した組合員は大規模農家と零細農家に区分できる。これを前掲（p.50）の**図2-6**（イ）から見ると、大規模農家経営体は農協が④上の取引条件を採択して閉鎖型付加価値を目指す農協への変化を期待する。一方、組合員の大多数を占めている零細農家は農協が⑥上の取引条件を採択して開放型原料農産物を取り扱う農協を期待する。このように協同組合内部で組合員が分化される場合、農協組織は選挙を意識して⑥上の取引条件を維持しようとし、その結果、大規模農家の農協離れは一層加速化することが考えられる。

信用事業においても同様な説明が可能である。組合員は最も低い金利で借り入れを行うために、農協が②上の取引条件を採択するように要求する。し

第2章　韓国農協の「地域総合センター」の進化と理論的背景

かし、信用能力が低いその他の組合員は高い金利にも関わらず、農協が③上の取引条件で物量を拡大することを要求することが考えられる。もちろん、農協組織は選挙を意識する場合③上の取引条件を維持する方が最も効率的であろう。

　韓国の総合農協はこれ以外に、政策代行事業を行っているために、政策代行事業の物量に比例して事業量を決める可能性がある。例えば、政府が費用を補填する政策事業を農協が代行する場合、その費用によって物量が固定されれば、他の事業も政策代行事業の生産性に準じて事業量と価格水準を決めることとなる。その結果、農協組織は協同組合の長期平均費用曲線の左側である非効率的な領域で事業構造を維持するようになり、結果的に組合員が最も安い費用で共同資産を運用することが困難となる。

　このように実証論的ミクロ経済学の理論モデルを用いれば、総合農協の内部利害関係や政府と農協組織との関係を経済学的に説明することができる。しかし、韓国農協のように2000年代以後提起されている農村の貧困、大規模農家の出現、生産者の組織化問題などに関して組合員自らが農協組織に要求する場合には、この理論モデルは、総合農協の対応を予測できる分析フレームとして活用することは当然ながら困難である。なぜならそれが韓国の政治・経済の特殊な時代的背景まで考慮に入れて構築されたモデルではないからである。したがってこれら諸問題に対応して、新たな分析ツールを開発する必要がある。それは第1章で指摘した韓国農協が置かれた状況からも緊急性を要する。つまり筆者としてはこれまで韓国農協組織が行った横断的な事業拡大に伴う信用事業強化論、支援事業拡大論を止揚する必要に迫られているからである。

　次節ではこうした横断的事業拡大論が持つ限界を明らかにし、それを止揚するために実証論的マクロ理論を用いた分析フレームについての考察を行いたい。

3．新自由主義経済下における農業部門の変化に対する理論的背景

　協同組合とりわけ農業協同組合は、組織の理念やその使命から当然、組織運営や経営意思決定といったガバナンスの側面などで一般企業とは異なる様々な制約条件がある。しかしそのことが協同組合への無理解から批判の対象となることがあったとしても、歴史的に見て１つの組織形態として非常に優れた実績を伴いつつその存在意義を実証してきた。すなわち一般の企業との競合のなかでも、農業協同組合に対する社会的要請（農業者の経済的社会的地位向上と食料供給）に応えるなかで、一定の政策的支援も受けつつ強固な組織を構築し、生産（生活）・販売（購買）・金融・共済の事業を兼営する総合農協組織として農業と地域を支える社会的基盤となっているといえよう。

　しかし、農業協同組合に課された様々な制約条件と政策的支援とはいわば車の両輪として運用されてきた面があり、しばしばそのバランスが農業協同組合陣営に有利または不利に変化する場合がある。近年では、政策的支援が薄れるなかで、むしろ制約条件のみが厳しく問われるようになりつつあるといえよう。

　本節では1980年代以後、すなわち、国際金融資本が世界経済を席巻するようになったいわゆる新自由主義経済下の地域、農業、協同組合を取り巻く環境の変化について注目し、その変化が如何なる性格を持つものであるかについて考察を始めることとしたい。そのために、まず「新自由主義」と呼ばれる世界経済の支配的思潮とその下での秩序が現代市場経済にどのような影響を与えているかについて明らかにしたい。

1）新自由主義の系譜

　それではまず「新自由主義（Neoliberalism）」という用語の定義的な考察を行いたい。

第2章　韓国農協の「地域総合センター」の進化と理論的背景

　新自由主義という用語は近年では「グローバリゼーション（Globalization）」という意味で使用される場合があるが、正確に経済思想史の学問的系譜に従うと、1800年代の重商主義政策の弊害を指摘し、市場経済の優秀性を強調した「古典的自由主義（Old liberalism）」に端を発している。

　その後1929年に起きた世界大恐慌を克服するなかで、国際貿易における自由主義経済（自由貿易の促進）と一国内の福祉国家（大きな政府）の実現という一見矛盾したような経済思想を実現しようとした試みがあった。それが、埋め込まれた自由主義（Embedded liberalism）と呼ばれ、1970年まで現実の政治・経済に大きな影響力を持っていた。この経済思想とそれに基づく理論の中で最も経済学者に影響を与え、先進国の政治・経済政策に影響力を持ったのがケインズ主義である。

　しかしこの経済思想を実現するためには、経済政策に及ぼす政治的影響の排除困難性などがあり、どうしても慢性的な財政赤字とインフレーションが付きまとうことになる。さらに不況下においてさえスタグフレーションが生じるなど長らく先進諸国を苦しめた。これはドルという基軸通貨を持つアメリカにおいてとくに酷く、極めて巨額の財政赤字が経常収支赤字を引き起こし「双子の赤字」と呼ばれた。

　1981年にロナルド・レーガンがアメリカ大統領に就任し、既存の経済政策との決別を告げた。それが市場中心の経済政策（レーガノミックス）であり、「古典的自由主義」の新たな復活という側面から「新自由主義」と呼ばれる経済思想であった[13]。その後、市場中心の経済政策は、大きな政府から小さな政府への政策転換の理論的バックボーンとして、先進諸国の重要な政治・経済政策の決定において大きな影響を与えるようになり、急速に全世界に広がった。その結果、ケインズ主義はすっかり影をひそめることとなった。

2）国際金融資本と新自由主義

　「新自由主義」の特徴は、「古典的自由主義」時代や「埋め込まれた自由主

13　Harvey, David (2005).

義」時代とは異なり、国際金融資本が世界経済秩序の主軸を形成していることである。それは、一国の国内政策そのものが国際金融資本の大きな影響の下に抑えられることを意味し、国内における経済政策は通貨政策に大きく収斂されるような単調な政策の実現でしかないことであるとともに、資本の価値増殖過程が金融資本のグローバルマネー・コントロールによって完全に主導されていることを意味する。国際金融資本によって世界経済秩序が変化し、一国の政策主権が萎縮させられ、いわゆるグローバルスタンダード受け入れやそれとの国内政策の調和が必要とされるなかで、国内の市場といえども大きな影響を受けざるを得ない。国民経済や産業構造自体が大きく変動し、それによって地域経済も、農業構造（農家経済）も、さらに協同組合などの極めてドメスティックな組織すらもが連鎖的に影響を受けることとなった。

　新自由主義経済の到来を歴史的に概観すると、その背景には世界基軸通貨であるドルを動かす力を持った国際金融資本が登場してからである。それを可能としたのは、1971年8月に起きたニクソンショック（アメリカによるドルと金との交換停止）によってブレトンウッズ体制が崩壊し、1973年には各国が外国為替を固定相場制から変動為替相場制へ転換し、世界通貨体制に構造変動が生じたことである。これは歴史的にも極めて大きな転換点であった。

　アメリカは、金とドルの義務的交換（兌換）の負担から外れたものの、なお基軸通貨国として新たな地位を確保した。地球上でアメリカだけが外国通貨や金の保有の裏付けがなくても国際決済通貨であるドルを発行できる国となったのである。言い換えれば、アメリカを除くすべての国が自国通貨の為替相場の安定を脅かす事態から自国通貨を防御するためにアメリカ通貨を保有し続けなければならないことを意味する。

　こうして新たな世界通貨体制が始まるとともに、世界経済そのものがアメリカ経済の購買力や景気変動に左右されつつも一層緊密に統合されたことを意味する。

　1973年10月の第4次中東戦争とともに生じた第1次オイルショックが発生する以前にも、アメリカドルを最も多く保有する国は、全世界へ原油を供給

第2章　韓国農協の「地域総合センター」の進化と理論的背景

して代金をドルで受け取っていた中東の産油国であった。産油国の多くは巨額のいわゆる「オイルマネー」をアメリカではなく、ヨーロッパの金融市場で運用していた。しかし中東の産油国は、アメリカの財政赤字と貿易赤字が増えるにつれヨーロッパ金融市場でのドル（ユーロダラー）相場が下落し、運用する資産の価値が為替変動により大幅に減価することを目の当たりにしたのである。これを挽回するために、中東産油国が原油価格を急激に引き上げたことが、1973～74年に起きた第1次オイルショックであった。

　オイルショックを宗教的な民族主義の観点から解明しようとする試みもあるが、経済的な側面から見れば、第1次オイルショックは、ブレトンウッズ体制の崩壊以後、新たに試みられた基軸通貨ドルを中心とした変動為替相場制が内包していた矛盾が一気に噴出したことである。第1次オイルショック以後、世界各国の政府と産業資本は、変動為替相場制に適応するために新しい資本の蓄積体制を整備した。それは自国内産業の一部を途上国に移転し、それらの国の安い労働力を使って利潤を確保するという体制（新国際分業）として現れた[14]。しかしこうした国際分業体制の構築にも限界が生じていた。それは1979年に再び劇的な転換点を迎えるようになった。

　1978年に中東産油国は、再び原油価格を引き上げ、第2次オイルショックが発生した。その背景としては、依然として一向に改善が見られないアメリカ経済への反発でもあった。アメリカは1970年代を通じてインフレーションとドルの価値下落の苦しみから脱することができなくなっていた。第2次オイルショックはアメリカ経済にさらに大きな打撃を与え、インフレーションはますます深刻化し、ドルの価値はさらに下落した。また産業資本は、工場の海外移転をさらに進める一方、金融資本はインフレーション抑制対策として、金利引き上げと金融自由化を強く求めた。この結果、金融資本市場では、アメリカドルへの信任度が急墜した。こうしたなかアメリカのジミー・カーター政権は1979年にポール・ボルカーを連邦準備制度理事会（FRB）議長に任命した。ボルカーはドルの信任を回復するために金利を大幅に引き上げ

14　Chomsky, Noam（1999）、イ・インウ（2009）。

るとともに、ケインズ主義の通貨政策との決別を告げ、通貨主義的緊縮政策を展開することでアメリカの経済を急転換させた[15]。また、以前から金融資本が要望していた資本移動に対する規制を撤廃することでドルの信任の回復に努めた。

国際金融資本市場におけるドルの信任度を回復するために、アメリカ政府の高金利政策と通貨主義的緊縮政策の実施は、結果的にアメリカ経済と緊密に連動することとなった世界経済を大きく動揺させた。

まずドルの流動性不足が生じた。このためアメリカの金融資本市場でドルを調達し第3国に投資していた投資家は、急激に高まった金利負担を減らすため、債務国から投資資金を回収する行動に走った。その結果、外国債（外債）を発行し資本を調達してきた債務国では、返済のためのドルを調達せざるを得ず、自国通貨のドルに対する為替相場が下落することになり、ドル建ての債券償還負担金額が急増した。1982年にはメキシコに続きアルゼンチンとブラジル、ベネズエラなどの南米国が外債危機に陥り、ポーランドとユーゴスラビア、ルーマニアなど東ヨーロッパ諸国もそれに続いて外債危機に陥った。

国際金融資本市場において世界の基軸通貨であるドルの為替相場が決定する。多くの国は変動相場制を採用していることから為替レートの不安定性を経験することとなった。こうしたなかで、1979年にイギリス、1981年にアメリカ、1984年にフランス、1980年代半ばに西ドイツと日本、1989年にOECD加入国が短期資本市場を含むすべての金融資本市場の自由化に合意した。

国際金融資本は、資本の自由な移動と価値増殖が保障される「新自由主義政策」を求め、これを多くの先進国に受け入れさせた。その結果、1971年以降、混乱し続けた世界経済は国際金融資本による新たな秩序の下に編制された。

この一連の国際金融資本の影響力の高まり―いわば表舞台への登場により、これまでのように単なる経済思想（思潮）に同感し、実践する経済活動主体

15　イ・ビョンチョン（1999）。

第 2 章　韓国農協の「地域総合センター」の進化と理論的背景

としてのレベルに留まらず、国際金融資本がグローバルで強力な規範体系を確立する形態まで発展していくこととなった。具体的には、主要国で資本自由化政策を実施させたことで、資金を瞬時に集中させることができる一方、各国の金融監督当局の規制を緩和させ、資産を簡単に流動化させられる商品販売を可能とした。また、資産の担保価値以上の大規模な借入金を活用し、資産を流動化することで、既存の一国では対抗できないほどの資金動員能力を保有することができたのである。

これで国際金融資本は世界経済にますます大きな影響と威力を発揮することとなり強力な資金流動性基盤を背景に、IMFの「構造調整プログラム（SAP）」を通じて債務危機に陥った旧ソ連、東ヨーロッパ、第3世界の新生民主国、南米、アフリカ、アジア諸国において、短期間での経済安定化を支援するという名目のもとで、これらの国が蓄積してきた資本を安値で買い取る仕組みを構築させた。またすべての産業部門で中核となる事業部門を買い取り、リストラクチャリング（構造調整）により資産価値を高めた後に株式市場で資産を流動化させ、さらに資産価値を増殖するという手法を確立させた。

こうした状況の下では、各国政府は国民主権の代表機関という役割や機能を果たすことが極めて困難になっている。とりわけ新興国などでは国際金融資本の撤収を懸念する単なる財政機関となり、「国際金融機関」の末端組織としての役割にまで転落したとの批判がなされている。

以上のような歴史的経緯を経て、ここでは十分に見ることはできなかったが、「新自由主義」に基づくグローバル化の流れのなかで、今日では、各国の経済・産業・流通が国際金融資本によって徹底的に編制されることとなったといえよう。

3）新自由主義経済下の農業

新自由主義経済下において国際金融資本は新たな利潤確保のため、農業部門にも進出してきた。その影響は、農業部門における単なる生産構造の変化

ではなく、それ以上の大きな変化をもたらした。つまり、既存の産業資本が農業内部で自らが「市場編制」（たとえば一国内で説明すると、量販店の進出による農業生産の囲い込みや原料確保のために、量販店主導で生産構造を変えていく様相が、ここでいう市場編制に当たる）を通して自分に有利な方向で取引を進めているような調整ではなく、農業部門に進出した産業資本それ自体を国際金融資本が「編制」するに至っているのである。1980年代以後の研究においては、国内市場における資本対農業の関係だけに焦点を絞った分析が進められてきたが、資本そのものの正確な解明なしに、資本が農業に及ぼす影響のみでの研究のアプローチでは、現代社会の農業・農村・農業者が直面している対立構図を明確に把握することはできなかった。

　こうした問題意識は、産業資本と国際金融資本の価値増殖メカニズムの差を明らかにすることで、部分的ではあっても解消できると思われるが、それはまた今後の研究の大きな課題でもある。

　ここでは、まず産業資本による「市場編制」と国際金融資本による「編制」との差について考察を行いたい。

　「産業資本による市場編制」の特徴を見ると、産業資本は農産物の生産・流通構造を分割し、分割された領域においてまず技術的に標準化させることで、農産物の生産・流通構造において統制権限を高めようとする。産業資本は、原料加工→農業資材加工の段階に該当する種子、種畜、農業機械、肥料、農薬、飼料部門を対象とする育種技術開発、植物品種保護法の制定、化学肥料、農業機械、遺伝子組み換え農産物（GMO）の開発などの過程を通じて、当該段階の技術的な不確実性を減らす一方で、大規模農企業を該当段階に進出させることで、農業生産段階を支配するようになった。

　産業資本の農業部門への進出が農家経済に及ぼした結果は、地域と資本の蓄積程度によって若干の差はあるものの、農民が直面してきた伝統的な「市場の失敗」（Market failure）の領域である「農業資材→農業生産→食品加工」の市場の失敗領域を後方（原材料生産→原料・加工→農業資材加工）または前方（食品加工→食品卸売→食品小売または→食品・サービス業）（図2-9

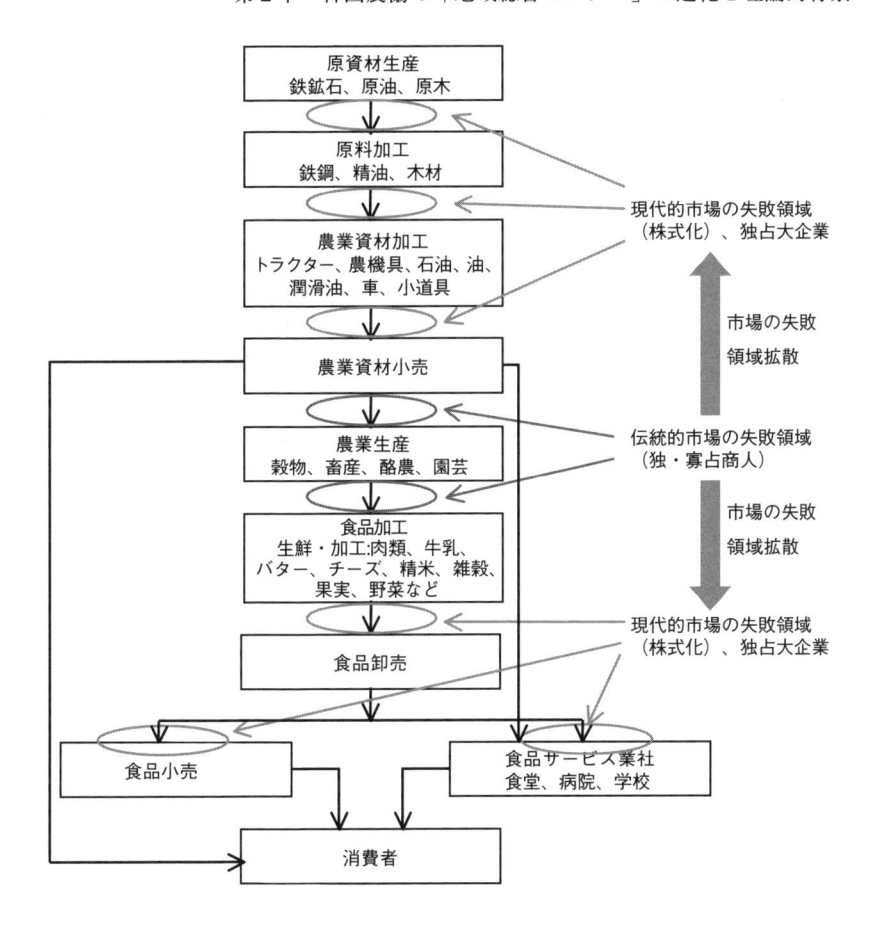

第2章　韓国農協の「地域総合センター」の進化と理論的背景

```
原資材生産
鉄鉱石、原油、原木
    ↓
原料加工                    ← 現代的市場の失敗領域
鉄鋼、精油、木材               （株式化）、独占大企業
    ↓
農業資材加工
トラクター、農機具、石油、油、
潤滑油、車、小道具
    ↓                          ↕ 市場の失敗
農業資材小売                     領域拡散
    ↓
農業生産                    ← 伝統的市場の失敗領域
穀物、畜産、酪農、園芸           （独・寡占商人）
    ↓
食品加工                         ↕ 市場の失敗
生鮮・加工:肉類、牛乳、              領域拡散
バター、チーズ、精米、雑穀、
果実、野菜など
    ↓
食品卸売                    ← 現代的市場の失敗領域
    ↓                          （株式化）、独占大企業
食品小売   食品サービス業社
          食堂、病院、学校
    ↓         ↓
    消費者
```

図2-9　現代社会における市場の失敗領域の拡散

資料：Sexton and Iskow（1988：2）を基に作成。

参照）へとさらに拡張した。本来、農民と農民の人的結合体である農業協同組合は、こうした資本主義の発展過程のなかで必ず生じることとなる市場の失敗を補う存在としての役割があり、それは歴史的使命であったといえよう。とはいえ、現代的な「市場の失敗領域」が拡張された結果、その対応能力には限界があることは明らかである。

それは先述したとおり、新自由主義的なグローバリゼーションの流れのなかで国際金融資本の影響力が強まってきたのに対し、1国の内部での政府の役割（市場の失敗の是正）が非常に制約されてきていることがその背景にある。

　他方、「国際金融資本による編制」は間接的ではあるが、さらなる利潤追求のためにあらゆる手段を用いて国境を越えて農産物の生産・流通構造に進入してくる。その手段は、世界的農産物の生産・流通構造において支配的地位を強化してきた既存の産業資本を支配・掌握するものである。

　この方法は、新自由主義経済下に入って急速に進んだ国際金融資本市場の自由化に伴い各国内の金融規制が緩和されるようになったことを契機に、金融工学を駆使したデリバティブ（金融派生商品）などさまざまな金融商品を用いて全世界の資産市場での資産価値の変動性を極大化していくことで可能になった[16]。例えば、ヘッジファンド（Hedge Fund）、プライベートエクイティファンド（Private Equity Fund）、不動産投資信託（REIT：Real Estate Investment Trust）等がより一層大きな規模で広範に行われている。

　このような極めて大きな規模と額の投機資金は全世界の資産市場を攻略し、各国の産業構造と流通構造に破壊的とすらいえるような影響を与える事態を招いてきた。

　ヘッジファンドなどは、調達金利が高い短期投資資金を動員し、攻略対象となる企業を資産価値だけで評価する形で次々に買収していた。具体的には、短期の高金利資金を途方もない規模でかき集めた後、攻撃的なM&A（企業買収）を仕掛け、流動性不足に陥った企業の経営権を譲渡させたのち、調達金利以上の収益が創出されるように再び売却するなどの方法で莫大な利益を得てきた。企業として本来目指すべき、安定的収益性の確保や長期的成長とはまったくかけ離れた行動であるが、これがまさに国際金融資本の行動様式ともいえよう。

　農業生産に関わる原料、資材、卸売（貿易）、加工、小売の各部門におい

16　Crotty, James（2000）.

第2章 韓国農協の「地域総合センター」の進化と理論的背景

ても、先物市場を通じてヘッジファンドの投資対象となるものがあるとともに、資材や加工の部門では農業化学、種子、製薬、生命工学関連の多国籍企業によって次々と買収・合併の対象となった。また、小売部門においても投資会社への経営権の譲渡や売却の対象となった。この過程で、既存の農産物の生産・流通構造を前提として進出していた農業関連産業企業は、さらに大きな農業関連産業金融複合企業へと進化していたのである。特に種苗・農薬・肥料関連の多国籍企業が顕著であった。

その結果、新自由主義経済下における農産物の生産・流通構造は、世界的な規模で独占市場化しつつ、本来、農業生産物から派生するあらゆる価値を生みだすため営為する「人類」に代わり、商品市場など資産市場における相場の投機的変動を利用して利益を生み出す一部の多国籍企業の利潤追求の対象となった。また、その利潤追求の動機や行動様式が、既存の農産物や食品流通で構築されてきたバリューチェーンにせよサプライチェーンにせよ、長期的により良い条件で供給と需要が最適にマッチングできる状況を作り出すためではなく、短期的な利潤確保のみが優先するようになった。これによって、正常な企業活動や需要側の要請とは別の、本来あるべき論理とは大きくかけ離れた形で、市場の失敗の領域が大きく広がる結果となった。しかしそれは単に市場の失敗の領域拡大の問題ではなく、その歴史的性格が既存の資本主義の発展レベル（価値増殖）とは質的に大きく変わっていることに注目する必要がある。

4）新自由主義経済下における地域・農業協同組合

新自由主義経済下の国際金融資本は金融資本市場の自由化を促し、さらに金融資本市場の自由化は資産価値の変動性を拡大させた。資産価値の変動性が拡大されると、資産保有階層は、自分たちが保有している資産の相対的価値を極大化させながら下落幅を最小限に抑えるため、すべての資産の流動化（債権の証券化など）を推し進めた。

その結果、流動化されて集められた資産（証券化された債権など）は様々

なルートを通じて農業部門すらも投機対象に巻き込み、ときに破壊的な影響を及ぼした。農業を通じて経済的価値を創出する源泉である、高齢化農村（地域）、農業基盤施設、さらには農家人口といった農産物の生産・流通構造のすべてが投資の対象と見なされ、それらがデリバティブ取引の場としての資産市場によって相対的価値も急激に変動させられることとなった。

現代社会において、農業生産を含め地域経済疲弊化の背景に、このような新自由主義経済下の資産市場における相対的価値の変動性の拡大が少なからぬ影響を与えていることに注意を向ける必要がある。

そこでまず、地域経済が低迷するメカニズムを事例から見てみよう。

2005年5月フィンランドのトゥルク（Turku）ではリーフ（Leaf）製菓工場が閉鎖された。この工場を持つ会社は1999年、フタマキ（Huhtamaki）社がグローバルな包装専門会社へ切り替わるときにオランダの総合食品大手CSM（オランダ中央精糖）に売却され、その後の2005年3月に2つの投資ファンドであるノルディック・キャピタル（Nordic Capital）社とCVCキャピタル・パートナーズ（CVC Capital Partners）社に再び売却された。その直後、この会社は工場閉鎖を発表し、労働者460人を解雇した。しかし、この会社の閉鎖をめぐっては、会社の生産性と収益率には何ら問題がなくむしろ高い水準を維持していたにも関わらず、工場の閉鎖が決定されたことで大きな社会問題となった。この決定は、新たな経営権を持つノルディック・キャピタル社とCVCキャピタル・パートナーズ社の資産の単なる分散投資（ポートフォリオの調整）の決定によるものにすぎなかったのである。ノルディック・キャピタル社は、15億ユーロの資産でバイオ技術、有料TV、製薬、家具、3つの食品会社など21社の会社に投資した。そして1990年以降25社の売却を繰り返してきた。CVCキャピタル・パートナーズ社は、1981年から220の会社の経営権を取得した後にそれらの会社を処分しており、当時は7つの食品会社を含む38の会社を保有していた。この2つの投資会社の投資原則は、生産性と収益率が高い資産であってもその会社が所定の価値実現（利潤追求）が見込めないと、工場を閉鎖するという極端な方法はもちろんのこ

第 2 章 韓国農協の「地域総合センター」の進化と理論的背景

と、最終的には他の事業や業態に変更し売却することもしばしばであった[17]。

これは、単に資産市場の論理によって農業・食品企業が生産する食品の供給体系が歪曲され、さらに地域経済も低迷した典型的な事例である。

また、食品市場の規模が拡大されることによって、地域経済と農業が低迷するケースもある。食品製造業者が原料農産物から特定の食品成分を抽出して商品化する場合、食品市場の規模は原料農産物の市場規模と比べて非常に大きい規模へ拡大する。しかし、食品製造業者が購入する原料農産物の物量は、利潤極大化原理に従い限界収益（MR）と限界費用（MC）が一致する価格を満たすレベルで留まることになる。これによってこの物量を超過した原料農産物の生産地と生産農家は、価値が低下した農産物を生産する産地と生産者となり、農家は生産の中止にまで追い込まれることになる。原料農産物を海外から購入する場合は最も深刻で、食品製造業者の技術力の格差と原料購入先の変更によって地域経済と農業の競争力が共に低下することもしばしばある。FTA（自由貿易協定）やTPP（環太平洋経済連携協定）はまさにこのような構図を地球規模で行おうとする試みである。

次に、農業関連会社が農業関連産業金融複合企業へ転換される場合にも地域経済と農業はその衝撃を避けられない。イギリスでは量販大手のテスコ（Tesco）社とセインズバリー（Sainsbury）社が、王立スコットランド銀行（Royal Bank of Scotland（RBS））とハリファックス・バンク・オブ・スコットランド（Halifax Bank of Scotland（HBS））との共同持ち株会社であるHBOS（ロイドグループ傘下の英国の金融保険グループ）を通じて、新たに銀行を設立した。

その後、2008年後半の金融危機が到来したときに、テスコ社はRBSの持分を安値で買い取った。これにより、テスコ社は量販店内で銀行業を営めるようになる一方、供給業者に対しては代金の決済期限（サイト）を延長した。その結果、物品の引き渡しと代金支払いの間の期間が1998年の20～30日から2008年には88日へ延びた。2006～2007年にテスコ社は470億ポンドの売上高

17　Rossman, P. and Greenfield, G.（2006）.

を上げ、25億ポンドの収益を記録した。と同時に88日の代金後払い制を適用したため、テスコ社が運用できる資金の規模も154億ポンドへ増えた。これを企業の内部銀行において名目金利5％で運用し、2億9,500万ポンドの所得が発生した。この会社が世界各国で運営している支店の運用資金を加えればその収益規模はさらに増大する。

テスコ社は不動産の開発ファンドも運営し、営業外収益を高める一方、競争相手企業に比べて低い価格で消費者に農産物を提供しているが、そのツケは結局農産物価格を全般的に引き下げさせる結果をもたらした。供給業者は決済期間の延長に伴う増加資金コストの圧迫を農業生産者に転嫁して農産物出荷価格を引き下げることとなり、結局は農業生産者の納入価格の引き下げにつながった。さらに、テスコ社は豊富な営業外収益を使い、海外の原料農産物を直接調達することで農産物価格がさらに引き下げられた。

その結果、農産物のサプライチェーンとバリューチェーンが攪乱され、農業経営収益を圧迫する価格引き下げの負担に耐えられない限界生産農家が増加するようになり、その結果、地域経済と農業、また農業の協同組織が共に疲弊していく結果を招いた。

また、ヘッジファンドや穀物メジャー企業も原料穀物市場の占有率を高めるようになり、原油、肥料、飼料用穀物、食用穀物価格が現物需給とは無関係に商品先物市場と連動され、価格が急騰・急落する現象が現れた。その結果、経営費上昇の圧迫に耐えられない農業経営が続出した。しかしこれは農産物の生産・流通構造の不完全性によるものではなく、資産市場の変動性に起因するものなのである[18]。

このように、新自由主義経済下の資産市場変動性拡大による地域と農業の競争力低下、産地と農家の間の格差の拡大は図2-10のようにも説明できる。この図は小売段階で農産物需要拡大要因が発生したとしても、国内産地による供給拡大が行われず、海外からの輸入に頼る現状をよく反映している。結果的に輸入量の増加は国内生産および流通体系が攪乱され、地域と農業の競

18　Wahl, Peter（2009）、ソン・ドゥハン（2008）。

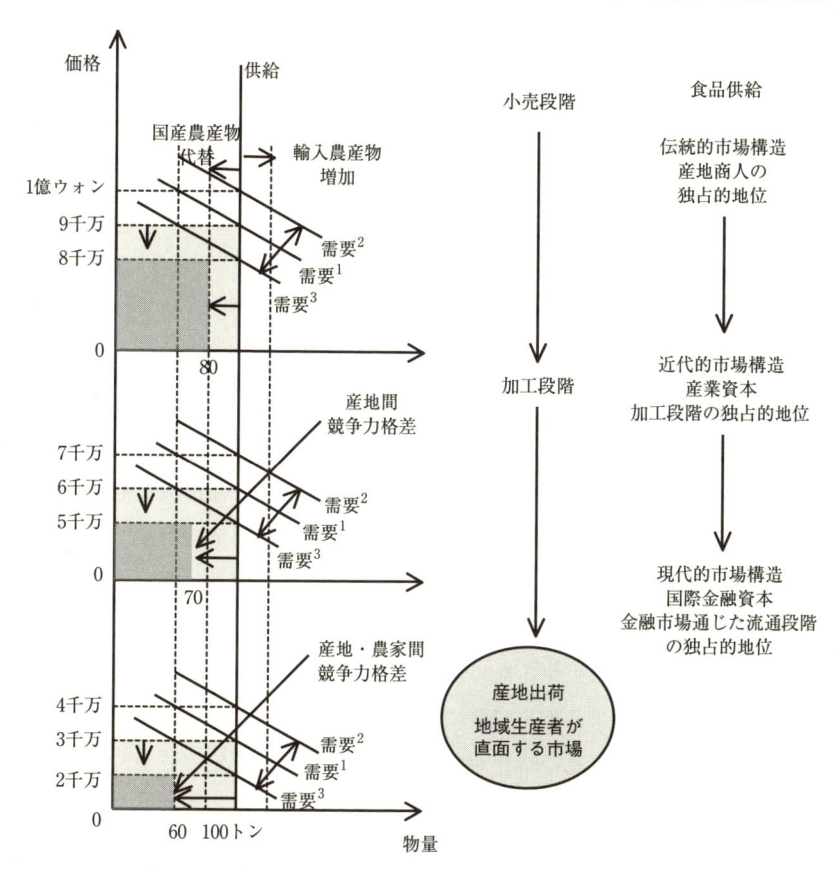

第2章　韓国農協の「地域総合センター」の進化と理論的背景

図2-10　農産物流通段階の重層的市場構造と市場構造の概念図
資料：筆者作成。

争力低下、ひいてはその疲弊が起きている現象を示している。

4．新自由主義における地域農業と農業協同組合の対応戦略

1）「地域総合センター」概念の新たな進化

　海外農協の新自由主義経済下の対応戦略および変化過程を地域と農業の資産価値の維持または遺失の側面から見ると、フランス信用農協の資産市場へ

の進出戦略は時代に符合した事例として評価できる。アメリカの場合、信用農協売却における政府の介入と新世代農協設立の事例は新自由主義経済下における地域の資産価値流出を抑制し資産の結合方式を革新させた事例として評価できる。韓国農協の対応戦略を考える際に参考となる日本の総合農協がよい事例ではあるが、筆者の個人的見解としては、日本農協の大型合併は必ずしも当初の目的を達成したとは言えない状況である。

それでは、次は韓国農協に限定し、地域と農業との関わりについて見てみよう。

まず韓国の農業生産の状況について見ると、産地と農家規模によって市場競争力の格差が相当広がっており、産地の立地条件によってはその格差を一層広げる要因となっている。産地の立地条件は大きく大都市隣接地域、中小都市隣接地域、農村地域に区分できる。さらに産地の経済的条件で分けると成長型、衰退型地域または主産地、非主産地地域に区分される。これに相応する形で、韓国の農産物流通業においても新自由主義経済に対応して、相対的資産価値の下落を防止するために経営効率化を図っている。近年はソウル市への人口集中による新都市開発に伴う大型マンションが数多く建設されており、立地条件としては効率化が図れる状況なので、一定の成果を上げている。一方、これに対応して農協としては最大消費地である首都圏市場を狙うようになり、年々競争が激しくなり、流通業者による産地の垂直的統合が図られるような状況となりつつある。

このような状況のなかで相対的に窮地に追い込まれた産地が増加しており、新たな産地の変化が見られるようになった。ここではそのなかでも注目すべき事例について説明を行いたい。

1つ目の事例は、2004年に2つの農協で組合員らが自主的に組合を解散した事例である。慶尚北道亀尾長川農協は2004年3月20日に、京畿道坡州交河農協は2004年4月2日に、それぞれ解散を決議した。事情は少々異なるが、この事例は組合員が農協組織に結合された資産の財産権（出資金等の持ち分権）を解散という法的手段により組合を清算し持ち分の払い戻しなどを行っ

第2章　韓国農協の「地域総合センター」の進化と理論的背景

た珍しい事例である。

　2つ目の事例は、2009年10月に農協中央会の代議員会で農協中央会の事業構造改編（案）を議決した事例である。中央会の事業構造改編は韓国農協系統組織のうち、農協中央会の事業部門を改編することで、信用事業部門と経済事業部門の2つをそれぞれ持ち株会社（Holding company）として、「金融持ち株会社」と「経済持ち株会社」とに分離して農協中央会から切り離すことである。この改編案は1994年以後、政府によって公式に推進されてきた農協中央会の信用・経済事業の分離推進の一環であるものの、農協中央会の資産に対し組合員自らその権限を行使したことが大きく注目されている。

　3つ目の事例は、前述した「地域総合センター」概念の出現である。1997年の韓国経済のIMF管理以後、農業生産者側の要求に対して韓国農協系統組織はこれらの要求を既存事業に付け加える方式で対応しているものの、農協の対応がそれ以前とは大きく変わる契機を与えたと言えよう。

　ただし、2008年以後、新規に施行された農機械銀行事業、多文化家庭サポート事業なども同様に横断的な事業拡大の事例である。しかしそれは農協の展開方向が新自由主義経済下の資産市場の変動性に対応するための戦略ではなく、単に既存の事業体制を拡大したにすぎない。また事業拡大に伴いその財源を用意するために、結局「信用事業強化論」に行き着いたところに韓国農協の限界がある。すなわち、本章で度々指摘したとおり実証論的なマクロ分析の視点の欠如である。

　これに照らして、2005年に、農協中央会が提示した地域農協の「地域総合センター」概念は組合員の要求を横断的事業拡大論ではなく、新たな根本的な対応を模索したことに意義がある。実証論的ミクロ・マクロ理論分析を通して考察したように、新自由主義経済下の地域と農業の衰退は資産市場の変動性によって進展しており、この状況下での地域・農業・農協の最も重要な対応戦略は必然的に地域と農業の資産価値下落を防御する形態へ展開するものと考えられる。こうした論理展開から、新自由主義経済下の農協が進む方向は必然的に資産市場の変動性に対応する方向へ展開せざるを得ないと考え

られる。

　図2-11は資産市場の変動性によって地域と農業の資産価値が下落するメカニズムと各領域での地域農協の「地域総合センター」としての役割を概念図として表したものである。図で示したように、外部資産市場によって地域内部において生活レベル、雇用、農業市場の循環構造が破壊されることは地域と農業の資産価値が大きく低下する結果をもたらし、農業生産者が農協に結合していた自己資産の財産権（出資金等の持ち分権）を改めて調整しようとする動機を誘発することになる。農協はこれに対応して生産者が農協に結合した資産の価値を高める動機と実質的な活動を行うべきであろう。

　「地域総合センター」としての役割は、新自由主義経済下における農協の必然的な対応として農業者の資産価値に影響を与える生活のレベル、雇用市場、農業市場で新しい均衡点を導き出し、資産価値の維持が期待される。このために農協は地域と農業の資産価値を推定し、これを拡大するために外部市場への対応とともに、地域市場を維持することが重要である。アメリカの新世代農協のように、組合員の階層別実態を中心に目標とする市場を事前に調査した後に、目標市場別に協同組合事業体を組織し、経営戦略と資源配分を調整することで階層別に分化された組合員の資産価値を高めたことは大きな示唆となる。今後、「地域総合センター」としての農協は、地域需要への供給対応についても主な事業として取り上げて取り組むことで、地域生活のレベル、雇用、農業分野での市場の失敗を改善することが期待される。その期待を想定し、今後「地域総合センター」が進むべき活動を要約すると図2-11のとおりである。

2）新たな市場対応への展望

　現代社会における地域経済と農業の疲弊を引き起こすメカニズムについて考察してきたが、ここでは今後、国際金融資本などの市場支配がますます強まっていくと考えられる政治・経済体制のもとにおける対応戦略について若干の考察を行いたい。

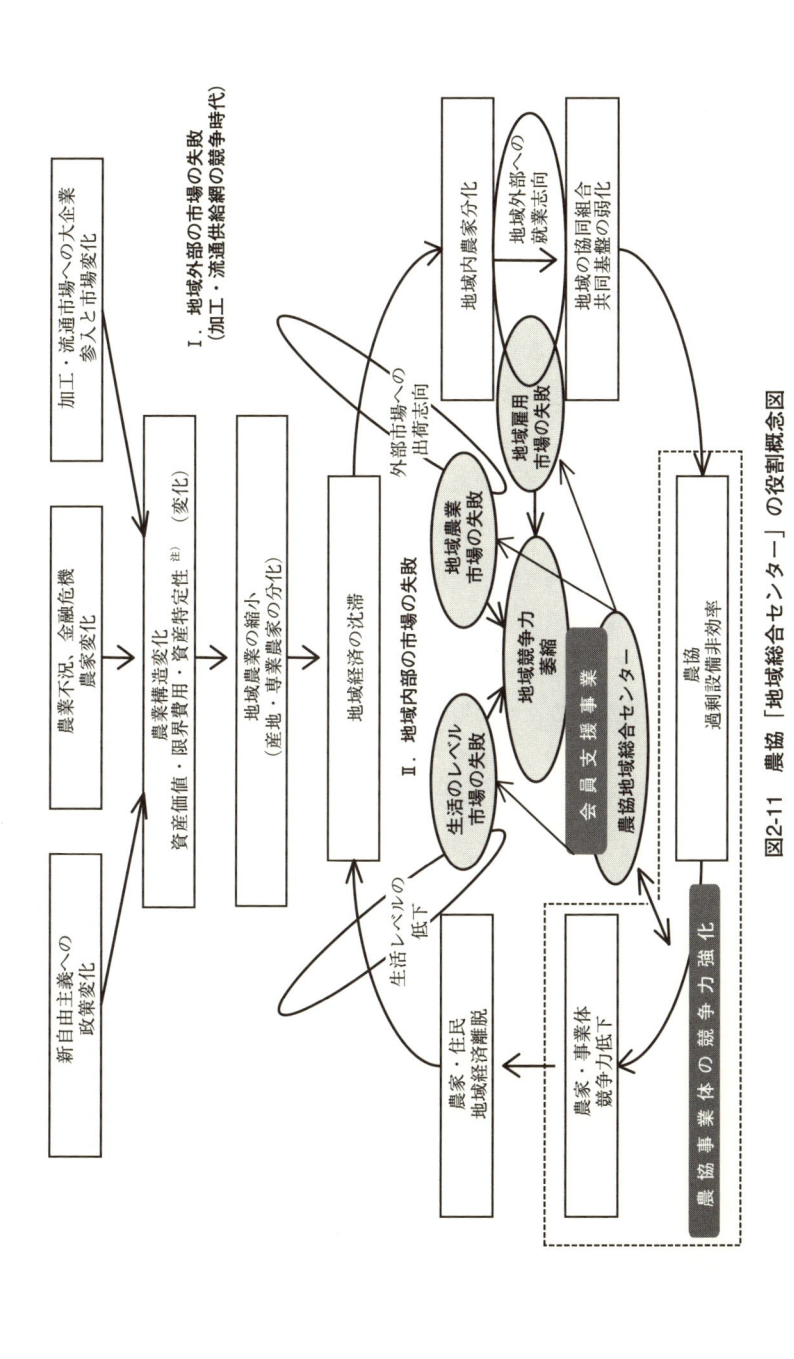

第２章　韓国農協の「地域総合センター」の進化と理論的背景

図2-11　農協「地域総合センター」の役割概念図

I．地域外部の市場の失敗
（加工・流通供給網の競争時代）

II．地域内部の市場の失敗

新自由主義への政策変化

農業不況、金融危機
農家変化

加工・流通市場への大企業
参入と市場変化

農業構造変化
資産価値・限界費用・資産特定性注）（変化）

地域農業の縮小
（産地・専業農家の分化）

地域経済の沈滞

生活のレベル市場の失敗

地域農業市場の失敗

外部市場への出荷志向

地域雇用市場の失敗

地域内農家分化

地域内部への就業志向

地域の協同組合共同基盤の弱化

地域競争力萎縮

会員支援事業

農協地域総合センター

農協
過剰設備非効率

生活レベルの低下

農家・住民
地域経済離脱

農家・事業体
競争力低下

農協事業体の競争力強化

資料：筆者作成。
注：資産特定性とは、ある資産を代替的に他の用途で用いた場合に、著しくその資産の生産性が低下するような性質を指すものである。井上薫『現代企業の基礎理論──取引コストアプローチの展開──』千倉書房、1994年、を参照。

77

そのためには、まず国または市民社会レベルでの対応戦略、地域または農家レベルでの対応戦略を、マクロ（巨視）またはミクロ（微視）なレベルで行われている最近の戦略から概観しておこう。

　マクロレベルにおける国家または市民社会での対応戦略としては、農業・農村の価値に対する国民の認識の転換、安全で持続可能な食べ物の生産・消費システムの構築、農村社会の内発的発展戦略と主体形成の必要性が強調されている。政府は、農産物の市場開放下においても競争力を維持できる大規模の「専業」農業経営体を育成し、これらのために農産物流通システムを現代化するとともに、その流通システムを卸売市場と食品産業に結びつける方向で政策を展開している。

　次に、ミクロレベルにおける地域農業の組織化戦略も様々な提案が提示されている。日本の農業を見ると、昨今の農業問題が小農の生産構造と生産力にあるとし、その矛盾の解決策を地域単位の組織化を通じて行おうとしている。「専業」農業経営体育成の政策対象にならない個別農家の発展を度外視したまま、商品化を通じて地域農業の発展を推進するのではなく、個別農家自らが経営の限界を克服するために地域農業を組織化し、発展を追求すべきであると主張している。しかし、地域と農業の疲弊化の原因が新自由主義経済下の資本の価値増殖メカニズムにあると仮定すれば、現在の地域農業の組織化戦略がそのようなメカニズムに対応できるレベルの戦略性を持っているとは到底言えないだろう。また農業協同組合においても経営環境が悪化するなかで自らの組織・経営を維持するだけでも限界感を強く抱いているのではなかろうか。

　このような状況では、既存の農業・農村発展戦略と地域農業の組織化戦略は、新自由主義経済に合わせた新たな戦略の革新が必要であることになる。現代社会における資本の価値増殖メカニズムの構造変化に、既存の戦略では対抗できないからである。

　つまり既存の農産物生産・流通システムの内部で限られた価値を獲得するための競争関係に問題があるのではなく、昨今の農業問題の根本には、先に

第 2 章　韓国農協の「地域総合センター」の進化と理論的背景

見たとおり資産市場（金融や商品）の極端な変動性から派生する影響が増大してきたことが重要な示唆点である。

　地域の資源に内在している価値に注目し、農産物のブランド化を通じて商品の差別化を図ったとしても、原料・資材調達の段階や販売段階の市場において独占や寡占が進んでいれば、価値実現はなかなか難しい。農業協同組合は農業生産者の人的結合組織であるとともに共同の資産の結合体でもあるので、地域と農業の疲弊が進展すれば農業生産者の資産も相対的価値が減少し、当然、農業協同組合の資産も同時に減少してしまう。

　仮に事態がこうなってしまうと、地域、農業、農業協同組合はますます疲弊が進み、農業協同組合はその歴史的使命を終了し、歴史的舞台から身を引くことになりかねない。今後、地域と農業を牽引し、活性化を取り戻していくために、農業協同組合が必要であることを前提に、そのために農業協同組合自らが資本を蓄積し、会社化していくことが必要となるという主張の議論も可能である。だが他方では、地域と農業に拘り、そうした道とはまったく違う別の方策を自らの戦略として選択することも可能であろう。

　いずれにせよ、これまで考察した内容に即して冷静に判断するならば、前者の道には成功の可能性がほとんどないと考えるべきである。結局、後者の道を選ぶ選択肢だけが残されている。これに集中して選択を行い新たな事態への対応戦略を立案すべきであり、本書を通して、今後研究者間の真剣でかつ実証的議論を提案する次第である。

　第 3 章以降は、「地域総合センター」として想定される地域農協の戦略について具体的な事例を考察し、そこから新たな戦略の可能性について分析を進めたい。

参考・引用文献
井上薫『現代企業の基礎理論―取引コストアプローチの展開―』千倉書房、1994年。
グ・ジュンモ「狂牛病と穀物価格暴騰から見た資本主義食糧危機」『狂牛病、韓米FTA、民衆の食糧主権』社会進歩連帯政策委員会、（延世大学文科大講演教案、2008年）。
キム・チョルギュ「韓国農業体制の危機と世界化」『農村社会』16（2）、2006年、pp.183-211。

ドイメニル、レビ（Duménil, Gérard・Lévy, Dominique）（イ・ガングック、ジャン・シボック翻訳）『資本の反撃：新自由主義革命の起源』、ピルメック、2006年。
パック・ミンソン「超国籍農食品体系と食べ物の危機」『農村社会』19（2）、2009年、pp.7-36。
パック・ヨンボム「産地流通活性化と農畜産物ブランド政策方向」『第9次地域農業研究院定期セミナー主題発表文』2008年11月。
パック・ジンド「韓国農村社会の長期ビジョンと発展戦略：内発的発展戦略と農村社会の統合的発展」『農村社会』20（1）、2010年、pp.163-194。
ソン・ドゥハン「国際穀物需給要因分析と今後の価格展望」『農協経済研究所　CEO Focus』第188号、2008年。
シン・ギヨプ『協同組合基本書』農協経済研究所、2010年。
オ・ヒョンソック『フランスクレディーアグリコル先進金融制度研究』農協中央会（地域アカデミー受託課題）、2002年。
ユン・ビョンソン「超国籍農食品複合体の農業支配に関する考察」『農村社会』14（1）、2004年、pp.7-41。
イ・ビョンチョン「グローバル新自由主義の形成と構造：アメリカの役割と位相」『韓国社会経済学会第19回定期学術大会発表論文集』1999年、pp.45-62。
イ・インウ「13章世界史的転換と南韓社会」ガン・ジョング、キム・ジンファン、ソン・ウジョン、ユン・チュンロ、イ・インウ『試練と背伸びの南北現代史』ソンイン、2009年、pp.434-468。
ファン・ヨンモ「農業生産者組織コンサルティング、どうすべきであるか、農業経営コンサルティング事業の検討と発展のために」第8次地域農業研究院定期セミナー主題発表文、2008年5月。
田中久義「M&Aと協同組合：協同組合は買収できるか」『農林金融』農林中金総合研究所、2006（6）、pp.55-64。
増田佳昭『規制改革時代のJA戦略：農協批判を超えて』家の光協会、2006年。
田代洋一「協同組合としての農協の課題」田代洋一編『協同組合としての農協』筑波書房、2009年、pp.259-309。
明田作『農業協同組合法』経済法令研究会、2010年。
Bekkum, Onno-Frank. 2001. *Cooperative Models and Farm Policy Reform*. Koninklijke Van Gorcum. Assen, The Netherlands.
Blackburn, Robin. 2008. "The Subprime Crisis." *New Left Review* 50（Mar.-Apr. 2008）: 63-106.
Burch, David and Geoffrey Lawrence. 2009. "Towards a third food regime: behind the transformation." *Agriculture and Human Values* 26: pp.267-279.
Chomsky, Noam. 1999. *Profit Over People: Neoliberalism and the Global Order*. Seven Stories Press.
Cook, Michael L. 1995. The future of U.S. agricultural cooperatives: A neo-institutional approach. American Journal of Agricultural Economics 77: 1153-59.
Cook, M. L. and M. J. Burress. 2009. "A Cooperative Life Cycle Framework." Paper presented at Rural Cooperation in the 21st Century: Lessons from the Past, Pathways to the Future, Rehovot, Israel, June 15, 2009.（http://departments.agri.huji.ac.il/economics/en/events/a-cook.pdf）
Crotty, James. 2000. "Structural Contradictions of the Global Neoliberal Regime." *Review*

of Radical Political Economics Vol.32（3）. pp.361-368.
Crotty, James. 2008. "Structural Causes of the Global Financial Crisis: A Critical Assessment of the 'New Financial Architecture'." PERI. Working paper series No.180.
Desrochers, Martin and Klaus P. Fischer. 2003. "Theory and Test on the Corporate Governance of Financial Cooperative System: Merger vs. Networks." Cahier de recherche/Working Paper 03-34.
Fehl, Ulrich and Jürgen Zörcher. 1994. "Pricing Policy Among Co-operatives." Eberhard Dülfer (ed.). *International Handbook of Cooperative Organizations*. Göttingen: Vandenhoeck & Ruprecht. pp. 701-705.
Feng, Li and Hendrikes, G. W. J. 2007. On the Nature of a Cooperative: A System of Attributes Perspective. ERIM Report Series Research in Management (ERS-2007-093-ORG). WWW.erim.eur.nl.
Fligstein, Neil. 1990. *The Transformation of Corporate Control*. Harvard University Press.
Fonteyne, Wim. 2007. "Cooperative Banking in Europe: Policy Issues." IMF Working Paper WP/07/159.
Friedman, Harriet and Philip McMichael. 1989. "Agriculture and the State System: The rise and decline of national agricultures, 1870 to the present." *Sociologia Ruralis* 29 (2) : pp.93-117.
Gale, Ruud. 1997. "The International Cooperative as a Partnership: Legal Aspects." Jerker Nilsson and Gert van Dijk (eds). *Strategies and Structures in the Agro-food Industries*. van Gorcum, The Netherlands.
Hansmann, Henry. 1996. *The Ownership of Enterprise*. Harvard University Press.
Harvey, David. 2005. *A Brief History of Neoliberalism*. Oxford University Press.
Hendrikes, G. W. J. and Veerman, C. P. 2001. Maketing Co-operatives: An Incomplete Contracting Perspective. Journal of Agricultural Economics. 52 (1). pp. 53-64.
Howard, M. C. and J. E. King. 2008. *The Rise of Neoliberalism in Advanced Capitalist Economics: A Materialist Analysis*. Palgrave Macmillan.
Hanel, Alfred. "Dual or Double Nature of Cooperatives." Eberhard Dülfer. (ed.) 1994. International Handbook of Cooperative Organizations. Göttingen: Vandenhoeck & Ruprecht. pp.271-273.
Kyriakopoulos, Kyriakos. 2000. The Market Orientaion of Cooperative Organizations. Van Gorcum. Assen. The Netherlands.
LeVay, C. 1983. "Agricultural Cooperative Theory: A Review." *Journal of Agricultural Economics* 34 (1) : pp.1-44.
Ménard, Claude. 2007. "Cooperatives: Hierarchies or Hybrids?" Kostas Karantininis and Jerker Nilsson (eds.). Vertical Markets and Cooperative Hierarchies: The Role of Cooperatives in the Agri-Food Industry. pp. 1-18.
Phillips, Richard. 1953. "Economic nature of the cooperative association." *Journal of Farm Economics* 35 (February) : pp.74-87.
Rossman, P. and Greenfield, G. 2006, " Financialization : New routes to profit, new challenges for trade unions." Labour Education, ILO Bureau for Workers' Activities: 142.

Schmiesing, Brian H. 1989. "Economic Theory and Its Application to Supply Cooperatives." Cobia, David W. (ed). *Cooperatives in Agriculture*. Prentice Hall. New Jersey. pp.137-155.

Schmiesing, Brian H. 1989. "Theory of Marketing Cooperatives and Decision Making." Cobia, David W. (ed). *Cooperatives in Agriculture*. Prentice Hall. New Jersey. pp.156-173.

Sexton, Richard J. and Julie Iskow. 1988. "Factors Critical to the Success or Failure of Emerging Agricultural Cooperatives." Giannini foundation Information Series No.88-3.

Vitaliano, Peter. 1983. "Cooperative Enterprise: An Alternative Conceptual Basis for Analyzing a Complex Institution." *American Journal of Agricultural Economics* 65: 1078-1089.

Victor Pestoff.1991. "The Third Sector And The Democratization Of The Welfare State - Revisiting The Third Sector And State In Democratic And Welfare Theory" mid Sweden university.

Wade, Robert. 2008. "Financial Regime Change?." *New Left Review* 53 (Sept.-Oct. 2008): pp.5-21.

Wahl, Peter. 2009. "Food speculation: The main factor of the price bubble of 2008." Briefing paper. Berlin: World Economy, Ecology and Development.

Williams, Chris and Christopher D. Merrett. 2001. "Putting Cooperative Theory into Practice: The 21st Century Alliance." Merrett, Christopher D. and Norman Walzer (eds.). *A Cooperative Approach to Local Economic Development*. Quorum Books. Westport, Connecticut, London. pp.147-166.

Woeste, Victoria Saker. 1998. *The Farmer's Benevolent Trust : Law and Agricultural Cooperation in Industrial America, 1865-1945*. The University of North Carolina Press/ Chapel Hill and London.

Wolfson, Martin H.. 2000. Neoliberalism and International Financial Instability. *Review of Radical Political Economics* Vol.32 (3). pp.369-378.

第3章
地域農協の「社会的企業」と「地域総合センター」としての展開

李　仁雨・柳　京熙・趙　顯宣[1]

1．はじめに

　今日、日本の農業協同組合を巡って外部からのさまざまな圧力が強くなりつつある。これは同時代的に韓国の農業協同組合においても同じ状況にある。こうした背景には、経済のグローバル化に伴い従来の社会システムが大きく変化していることがあると言われている。だが、こうした変化に相応した新たな農協像をきちんと提示できなかったことにこそより大きな問題があったと言える。農業協同組合陣営の戦略不在を指摘できよう。

　このような現状に対して、韓国の農業協同組合陣営は、新たな農協像の模索を続けており、一層の市場経済への対応を目的としながらも、一方では市場主義一辺倒ではない農協像の提示も強く求められている。これは単位農協において生き残りをかけた新たな戦略が必要となっているからである。具体的には、地域づくりの視点を持ちながら如何にして経済事業体制の強化を図るかということに尽きる。

　第3章で取り上げる韓国京畿道安城市（アンソン）の古三（コサム）農協は農村社会における「地域農協」[2]として新たな事業の創出により、組合員と地域住民の雇用を促進し、「都市農村交流学校農場事業」、「親環境農資材加工事業」、「農産物流通事業」

1　古三農業協同組合の組合長（2006年1月〜）
2　単位農協のうち地域を業務区域としてされる地域組合の1つ。地域畜産協同組合（畜協）はもう1つの地域組合である（第1章第3節参照）。

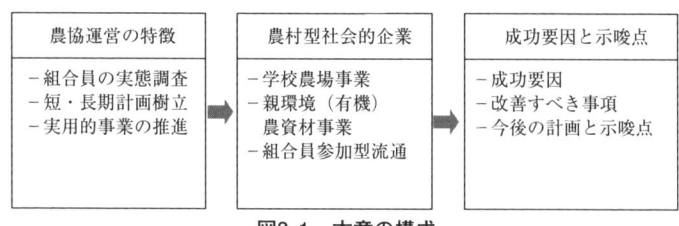

農協運営の特徴	農村型社会的企業	成功要因と示唆点
－ 組合員の実態調査 － 短・長期計画樹立 － 実用的事業の推進	－ 学校農場事業 － 親環境（有機） 　農資材事業 － 組合員参加型流通	－ 成功要因 － 改善すべき事項 － 今後の計画と示唆点

図3-1　本章の構成

など農村型社会的企業[3]を積極的に実施しており、地域農協の新たな運用モデルとして注目を浴びている[4]。本章ではその理論的土台の構築の可能性を含みながら、如何に地域資源を農協事業にリンクさせ、農家の費用節減と地域の雇用促進に成功したかについて詳しく考察を行いたい（章の構成については図3-1を参照）。

2．古三農協の現況

　古三(コサム)農協は京畿道安城市古三面の7里と近隣の大徳面の1里を管内とする（京畿道安城古三農協の位置と管内は図3-2を参照）。行政区域としては2つの面（日本における村に相当する区分である）[5]にまたがっているため、韓国の既存の統計資料からは、古三農協管内の経済状況はなかなか把握しづらい。そこで農協の資料から管内の状況を概観してみたい。古三農協管内は山間および準平野地帯が併存しており、米作と畜産の複合営農（ほとんど家族経営）が多く、耕地面積は820ha（水田500ha、畑100ha、林野120ha）となっている。人口2,500人（農家約500戸）から見てもそれほど大きな規模とはいえない。むしろ全国平均から見ても耕地面積は少ない。管内の主要農業生産は表3-1のとおりである。1つの特徴としては米生産が親環境米に特化し

3　「社会的企業」とは、韓国で2007年7月に施行された「社会的企業育成法」に基づいて設立された企業をいう（本章第4節参照）。
4　親環境農業は日本でいう有機農業と同じ意味を持っており、いくつかの栽培区分によって分けられている。詳しいことは柳・姜（2009年）第6章を参照されたい。
5　韓国の行政区域について1章第3節を参照。

第3章 地域農協の「社会的企業」と「地域総合センター」としての展開

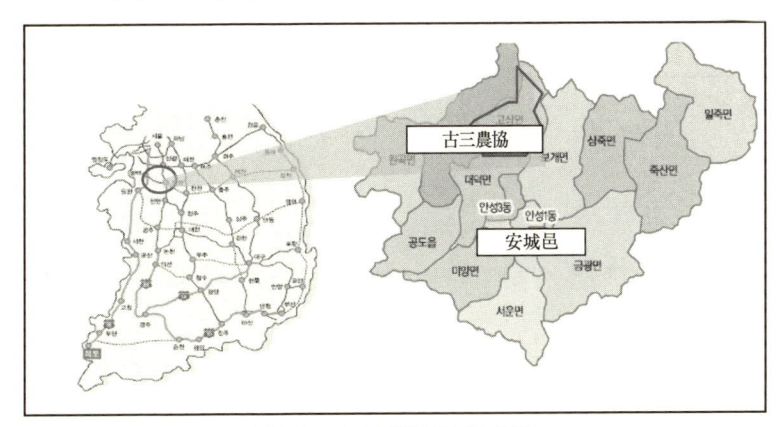

図3-2 古三農協の位置と管内

表3-1 古三農協管内の主要生産の状況（2009年）

親環境米	一般米	韓牛	養豚	酪農	野菜
1,200トン	800トン	2,600頭	7,000頭	700頭	300トン

資料：古三農協の資料より作成。

表3-2 古三農協の組織現況（2008年）

（単位：人、個）

	組合員	准組合員	営農会	作目班 (作目会)	代議員	役員	職員 (正規職)	社会的企業
古三農協	1,039	1,780	22	8 (1)	56	11	25 (21)	34

資料：古三農協の資料より作成。

ていることである。2009年時点で親環境米の生産が一般慣行農法の米生産を超えている。

　次に古三農協の組織現況について見ることにしたい。2008年時点で組合員が1,039人、営農会が22、作目班が8、作目会が1、代議員（組織代表）が56人、役員が11人、職員25人（うち正職員21人）である[6]（**表3-2**）。

　古三農協は本所以外に信用事業を行う事務所は別に設けていない。経済事

---

[6] 作目班や作目会は日本の生産部会に当たるが、韓国の場合、農協の下部組織としての性格よりも生産者の自主的組織としての意味合いが強い。政府の制度資金の受け皿としての性格も同時に有している。規模などによって作目会という表現を使う場合があるが、両者に大きな差はない。営農会は日本でいう集落ごとの組織として、町のことを話し合う組織である。

表3-3　古三農協の事業現況（2008年）

(単位：億ウォン)

	経済事業（売上高）						信用事業（平均残高）		
	購買	販売	加工	マート	その他	小計	預金	貸し金 (相互金融)	共済
古三農協	45	65	2	18	3	133	434	402 (374)	15
全国平均	45	88	9	29	3	197	1,263	(976)	47

資料：古三農協の資料より作成。
注：全国平均の経営事業部分は地域農協の推定平均値である。また信用事業部分はすべての農協の平均値である。

表3-4　古三農協の経営現況（2008年）

(単位：億ウォン)

	総資産	自己 資本	総利益				純利益	出資 配当	利用高 配当
			経済	信用	共済	小計			
古三農協	619	31 (7)	11	17	2	30	1.6	0.4	0.5
全国平均	1,224	73 (28)	11	31	3	49	6.5	1.6	1.4

資料：古三農協の資料より作成。
注：自己資本の（　）部分は組合員の納入・出である。

業を行うための施設を取り揃えており、低温貯蔵庫1棟、ハナロマート1カ所、飼料工場2棟、石油販売所1カ所、乾燥保存施設1カ所、糧穀倉庫2棟、育苗場などがある。

　他に古三農協組織の特徴である「社会的企業」を農協が運営しており、34人が雇用されている。古三農協の「社会的企業」運営事例は本章で取り上げる核心的な内容でもある。

　古三農協の事業現況については**表3-3**に示している。農村地帯の小規模農協として取扱い高は全国平均に比べても少ない規模といえよう。2008年時点での経済事業の売上高は133億ウォンであり、信用事業の貯金が434億ウォン、相互金融貸し金が374億ウォンとなっている。

　経営現況は**表3-4**のとおりである。2008年時点で総資産規模は619億ウォン、自己資本は31億ウォン、そのうち組合員の出資金は7億ウォンとなっている。総資産では全国平均に比べ極めて小さいものの、全国平均に比べ、信用事業[7]の利益は少ないが、経済事業では互角である。年間売上げ総利益は経済事業

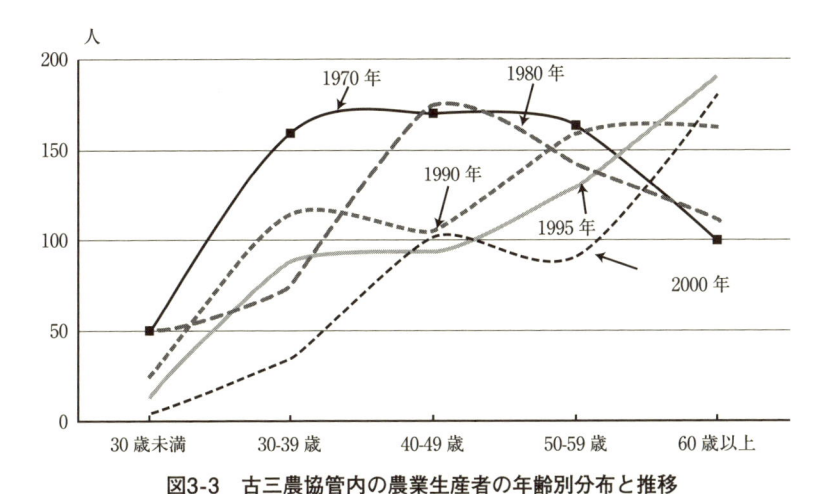

第３章　地域農協の「社会的企業」と「地域総合センター」としての展開

図3-3　古三農協管内の農業生産者の年齢別分布と推移

資料：「農業総調査報告書」各年度より作成（1995年までは韓国農林部、2000年度からは韓国統計庁から発行）。

で11億ウォン、信用事業で17億ウォン、共済事業で２億ウォンであり、2008年時点で年間当期純利益は1.6億ウォン、出資配当は4,000万ウォン、利用高配当は5,000万ウォンである。この表だけでは組織の経営的状況を明らかにすることは困難であるが、売上高売上総利益率（粗利率）（売上総利益÷売上高）で見る限り、全国平均とはあまり変わらない水準である。

　統計資料の未整備により管内の農業生産者の年齢構成が明確に把握されていないが、古三面管内農業生産者の年齢構成（農村総調査、1970～2000年の推移）を参考に見ると、1990年以後60歳以上の年齢層の比重が急激に増大していることが確認される（**図3-3**）。ただし2000年までの推移しか確認できないので最近の推移は不明である。まず2000年までの推移を総合してみると、高齢化の進行は1995年まで急速に進んでいたが、2000年時点で高齢化の進行

7　農協の信用事業は「農協中央会銀行」と「地域農協銀行」に大きく分けられ、農協中央会銀行はいわゆる第１金融圏として不特定多数の顧客を対象とする資本の結合体である。これに対し、地域農協銀行（相互金融）は第２金融圏として原則的に制限された多数の組合員を対象とする人的結合体としての性格が強い。前者は全国でおよそ1,000店舗、後者は4,000店舗あるとされている（韓国農政新聞2011年５月11日付「改訂農協法何が問題か（5）―放置された相互金融」より引用）。

が若干鈍くなっていることが確認できる。しかし40〜49歳層を除いてすべての年齢層が減少していることが確認されるために、高齢化はさらに進行していると考える。

このように統計の整備が進まない状況下で新たな計画づくりはなかなか進行していなかったのが事実である。新たな動きを見せたのは1994年に新しい組合長が就任してからである。

新たに選出された組合長は、まず管内の経済状況の把握と統計の整備から始めた。組合員の農家経済調査およびリビング・クオリティー調査（生活レベルに関する調査）（1996年、1998年、2003年、2005年、2007年）を定期的に行うことで管内の経済状況を明らかにした。

図3-4は管内の組合員の所得状況を示したものであるが、1,000万ウォン未満の組合員が調査ごとに増えていることが分かる。2007年の平均農家所得が3,197万ウォン（韓国統計庁「農家及び漁業農家経済調査」）であったことを考えれば、平均に満たない農家は全体の約7割を占めるという計算となる。

それほど古三農協管内の組合員の経済水準は低い状況が続いていた。これ

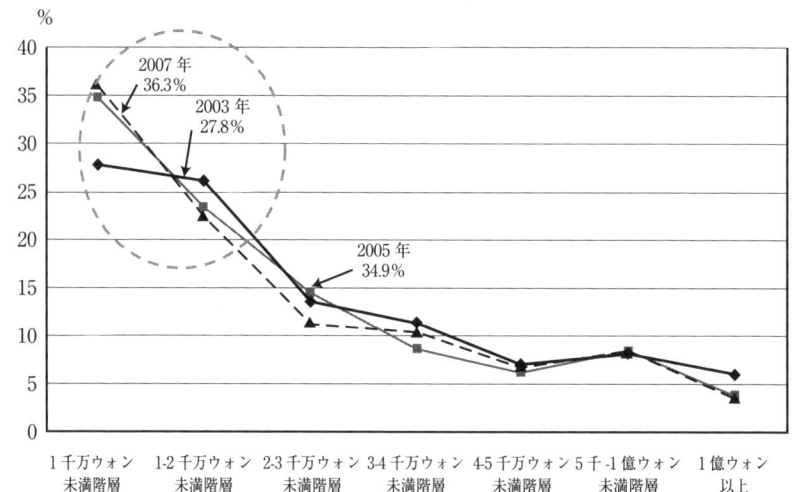

図3-4 古三農協管内の農家の所得別規模分布と年度別推移

資料：古三農協のアンケート調査より作成。
注：回答農家戸数（所得ない農家は除外）は、2003年468戸、2005年438戸、2007年394戸。

第3章 地域農協の「社会的企業」と「地域総合センター」としての展開

だけを見ても進めるべき農協の方向性は明らかである。つまりそれは、いわゆる経済活性化とそれに伴う組合員の便益向上を図る取り組みしかなかったといえよう。

3．古三農協の組織的特徴

　以上のように、最初から農協の進むべき方向性が明確に認識された古三農協は、農協を取り巻く環境変化に伴う組合員のニーズを新しい事業に取り入れる積極的な対応策を講じた。またその過程で伝統的な既存の農協組織を新たな事業に合わせて徐々に変化させた。その変化過程をまとめたのが**図3-5**である。

　ここで重要なポイントは、1994年から組合員の経済的地位向上を実現するために、様々な施策を考える一方、組合員の農家経済調査およびリビング・クオリティー調査（生活レベルに関する調査）を定期的に実施し、農業および農協を取り巻く変化に遅れることなく、主体的に対応してきたことが成功の大きな鍵である。図に示したように、15年に及ぶ長期発展計画の中で生産者組織強化（1994年から合鴨栽培作目班を組織）、親環境米流通システム構築（1995年から都市消費者組織と直接取引および契約栽培）、組合員生活福祉事業、安城地域農協事業連合（Marketing pool）の推進（1999年〜、全国最初）、農機械の賃貸契約事業（1998年〜）、農村雇用創出（2004年〜）、韓牛[8]の繁殖牛飼育による低所得生産者支援（2008年〜）などの多様な事業を展開していることが分かる。第2章で指摘したとおり、かつて農協中央会が「地域総合センター」の実現のために横断的事業拡大とそれに伴う信用事業への傾斜へと進んだのとは大きな違いを見せている。それは決して、事業拡大論に左右されず終始一貫して組合員の経済的地位向上のために、必要に応じて計画を展開していることである。また既存の事業を組み替えることで成

8　日本の黒毛和牛に当たる。輸入牛肉に比べ肉質的に優れており、競争力を持っている。詳しいことは、柳・吉田（2011）第6章を参照。

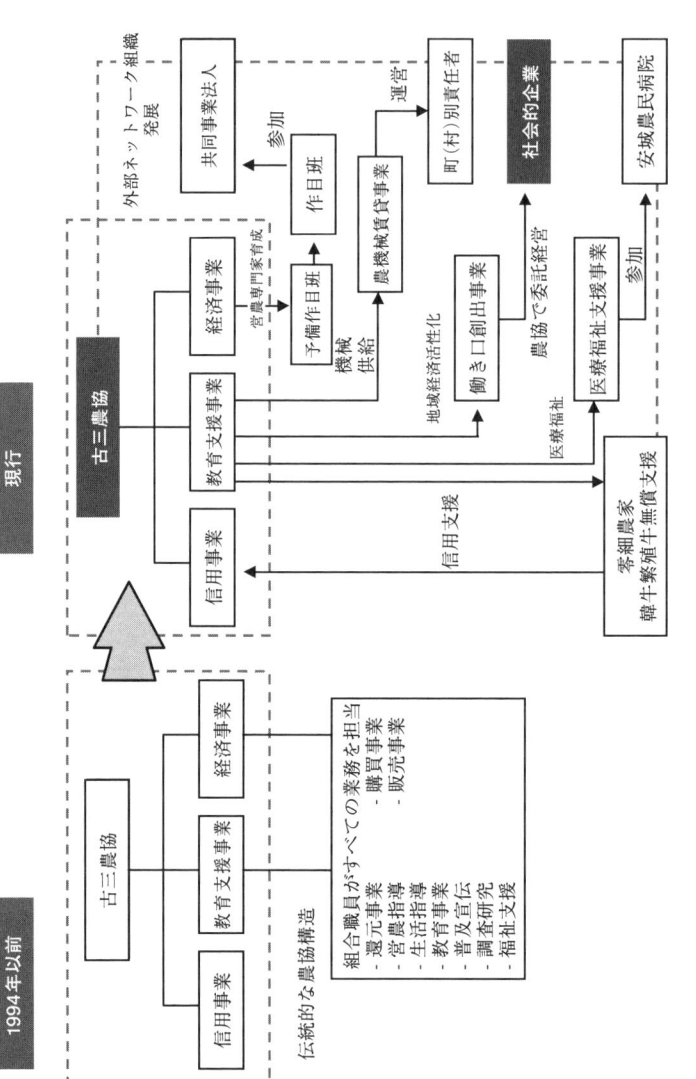

図3-5 外部ネットワークを利用した古三農協の運営システムの変遷過程

資料：筆者作成。

第3章 地域農協の「社会的企業」と「地域総合センター」としての展開

果を上げていることが根本的に違うところである。

以下では、以上で言及した事業のうち、長期発展計画の策定と活用、農協事業連合の推進、農業機械賃貸事業の革新、農村雇用創出、韓牛繁殖牛の飼育による低所得農民支援について考察する。

1) 安定的経営構造の確立

古三農協は小規模組合の不利な点をむしろ有利な方向に転換することで安定的経営構造を確立することができた。小規模組合の不利な点といえば、組合員の経済状況がまだ多品種少量生産が基本であったことから、その階層の便益を向上させるためには事業が煩雑になることが避けられないが、農協としてはそれが当たり前という認識が蔓延していたことであった。しかし古三農協の事業構造では韓国の昨今の農産物商品化の進展および競争関係の激化のなかではもうこれまでのような組合員対応を行うことに限界が生じていると自覚し始めたことである。これによって古三農協は不利な点を効率的に解決できる施策を模索した。その施策の1つとして組織を柔軟に改編することであった。まず大規模化の促進および農産物の商品化の促進ができるように、組織的対応が必要な部門は近隣の安城市の地域農協と共同で設立した事業連合組織を活用するように提案する一方、古三農協と同様な問題を抱える各地域農協は低所得農家階層の営農活動と福祉・雇用改善に重点を置いて事業を展開するよう組織再編を行った。

組織再編の後、各地域農協が続けて保有するようになった事業分野は事業拡大より安定的経営を追求した。**図3-6**は古三農協の事業別総売上げと当期純損益の推移を年度別に見たものである。図で見ると、経済事業は2003年以後急速に減少しているが、それは地域農協の販売事業を前述で指摘したように事業連合組織にリンクさせ、地域農協は残りの事業を規模拡大により組合員の実質的便益向上のために運用したためである。信用事業と共済事業についても事業拡大よりは安定的経営を追求した。

信用事業の場合、農協の収益確保より組合員農家の資金の流動性確保のた

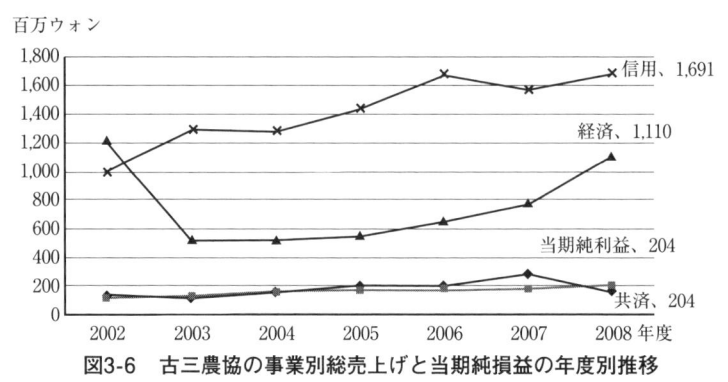

図3-6 古三農協の事業別総売上げと当期純損益の年度別推移
資料：古三農協の資料より作成。

めの活動に重点を置いて事業を推進した。ここで注目される点はたとえ組合で直接扱う経済事業を減らして、信用事業を安定的に運用しても当期純益に大きな変動がないという点である。

2）長期発展計画の策定と活用（1994年～）

　古三農協は1994年から組合員の営農実態と意識調査、農協経営分析による「古三第1次長期発展計画」を策定した（ソウル大学農業政策研究会、1994年）。この計画には作目別・集落別生産組織の強化、親環境農業（有機農業）の導入、都市消費者との直接取引などの推進課題を挙げている。これをきっかけに1995年に合鴨有機農法の導入、1996年に農協青年部による合鴨米作目班を組織し、古三面を「親環境農業実践地域」として公に宣言し、ソウル市所在のカトリック教会（1995年）やその下部組織との1教会1村姉妹提携を結ぶことに至る。そこから契約栽培や直接取引（1997年）の形で連携を強化してきた。

　1998年には、これらの一連の都農連携事業を評価したうえでさらなる発展を目指すべく、新たに「古三第2次長期発展計画」を策定した（ソウル大学農業政策研究会、1998年）。第2次計画では、古三地域の持続的発展を図るために、農業の組織化を1つの大きな課題として選定し、高品質有機韓牛ブランド生産体系の確立、親環境農業生産システム構築、韓牛肉直接取引事業

第3章　地域農協の「社会的企業」と「地域総合センター」としての展開

の推進などの課題を盛り込んで推進してきた。さらに具体策として畜産、野菜、米など地域の特産品を積極的に開発するマーケティング戦略が提示され、結果的には1999年の安城地域農協事業連合会（以下、農協地域連合会）の設立へと繋がる。

　古三農協の長期発展計画策定における特徴としては、新しいアイデアが挙がれば、それを議論し、実態調査に基づいて持続性と現実性を兼備した計画を具現化することである。例えば、高品質有機韓牛ブランド肉生産のためには一番基礎的な事業として飼料づくりに取り組んでいるが、その方法のユニークさが際立つ。畜産農家の飼料経費の節減を図るために河川地域に蕎麦を栽培し、それを粗飼料として利用しているといったことがある。

　このような地域の努力は、2003年に農協中央会の協力を引き出すことにつながる。中央会の協力の下で、農協職員が農家を訪問し「組合員営農実態およびリビング・クオリティー調査」を２年おきに実施することとなった（古三農業協同組合、2003年、2005年、2007年）。その結果、農家所得や負債の実態把握と、それによって個々の組合員が想定している非常に個別的なリビング・クオリティー（生活レベル）の改善対策に有用な基礎データが確保されたのである。

　画一的な経済調査からは客観的な数値は確認されるものの、個々の組合員の声はなかなか確認しにくいが、農協職員自らが調査を行ったことで、経営的指標を収集できただけでなく、農協・地域・農業問題を自ら体験したことは画期的な調査方法と言えるだろう。

　この調査の結果を基に、地域の発展計画は「所得対策」、「負債対策」、「生活レベルの向上」の３つの部門に分け、定期的なチェック機能（基礎データ調査による点検と自己批判）を生かし、結果的に本来あるべき姿である「地域総合センター」モデルを具現化することに成功した。

　成功の要因には農協のスタンスが一貫していたことが大きいが、それを整理すると、農家の所得源を農業そのものに求めること自体が限界であり、規模の経済性が発揮できる部門を農協地域連合会に移転し、他の部門は直接所

得が確保できる事業へ転換したことである。それが2004年の「社会的企業」による雇用創出、2006年の農業機械賃貸事業の革新へとつながった。これは結果的に地域農業の活性化の原動力となったことは言うまでもない。

3）農協事業連合への試み（1999年～）

　当時の古三農協や安城市管内農協は、規模が小さく農業生産量からみても市場交渉力が著しく弱かった。したがって新たな市場の開拓や獲得には相当な困難があった。従って規模の経済性がなかなか生かされず、付加価値を高めるための施設投資も困難であった。

　しかしこれに屈することなく、古三農協の主導下で1999年に「安城地域農協事業連合」を設立し、まず農協事業連合の事業として購買事業が開始され、徐々に販売事業へと拡大していった。

　当時、安城地域農協事業連合の販売事業を2001年にコンサルティングした㈱地域農業ネットワークの活動を整理すると、まず組織基盤のネットワーク化を図るべく、安城市と市議会、農協中央会安城市支部を結合する一方で、連合事業を安城市全体に広げる地域農業発展計画を立てることにまでこぎ着けた。これによって市は商標登録「アンソンマチュム」の使用条例を制定するなど地域統一ブランドの確立の可能性が出てきたのである。その後、地域農業発展計画に沿って連合事業の生産基盤として米、ブドウ、ナシ、韓牛、高麗人参の品目を統一し、統一的な品質目標が設定された。さらにこの５品目の生産品目は、連合事業としてすでに立ち上がっていた４つの作目班の飼料配送事業に付け加える形で結合された。生産と流通の結合によってなお規模の経済性が発揮されやすくなったといえる。最終的には近隣の11農協が事業連合に参加することになり、規模の経済性を発揮しやすくなった（事業連合は後で法人化される）。

　しかしこれらの事業連合は最初からうまく進行してきたとは言えなかった。従来の慣行からみれば、単協の経済事業担当者には受け入れ難い問題をもたらしたのである。

第3章　地域農協の「社会的企業」と「地域総合センター」としての展開

なぜなら事業連合が強くなればなるほど、単協の経済事業は萎縮せざるを得ないとの危機意識に陥ったのである。米の販売事業まで事業連合に渡してしまえば、単協の経済事業がなくなるように思われた。経済事業担当者と指導事業担当者は単協レベルでの経済事業の在り方をめぐって、相当な混乱を覚えたと後で述べているが、いわゆる地域農協の存在意義（アイデンティティー問題）が農協職員という個人のレベルで問われる事態となったのである。

このような状況において古三農協関係者は、経済事業に対する新たな見方を提示する必要性に迫られ、以下のような結論を導いた。聞き取り内容をそのまま記載してみたい。

「はじめは自分も単協の経済事業担当者と同じことを考えました。組合は何ができるのか…と。でもこんなことも思いはじめました。すでに作目班は思ったより速いスピードで規模拡大を成し遂げている。作目班は単協の経済事業の基礎単位でもあり、この作目班を市場と繋いでやらないといけない現実もそこにある。作目班の規模に合うように事業連合へと事業を移行する方が正しい…。組合は時代の変化に合わせて新しい経済事業を模索しなければならないと…」。

このように、単に経済効率性を追求するといった論理に巻き込まれることではなく、農協担当者自らが考え、またそこから一定の道筋を提示できた古三農協の経験は大きな成果であった。

一番大きな成果は、先の聞き取り調査の古三農協関係者の発言からも分かるように、古三農協をはじめ安城市の農協担当者は事業連合という新たな組織体系を経験することによって、単協間の異質性問題はもちろんのこと、組合員間に現れる異質性を乗り越えるチャンスを得たことである。農協地域連合会については第4章で詳しく分析を行いたい。

4）農業機械賃貸事業体制の完備（2000年～）

古三農協が農業機械賃貸事業を本格的に事業化する方向に動き出したのは2000年以降である。

2007年時点での管内の米生産について見ると、農家300戸、耕地面積500haである。
　1戸当たりの経営規模は必ずしも大きいとは言えない状況である。農協が保有している賃貸用農業機械は2008年時点で40台であり、農作業代行面積は古三面水田の20％に達すると推定されている。
　農業機械賃貸事業の展開について見ると、安城市の補助事業によって2000年から初めてスタートした。事業推進の理由は一般的なことではあるが、個別農家がトラクター、コンバインなどの大型機械を購入することによって負債が増加する恐れがあり、また購入に当たっても、用途（堆肥散布機、水田歩行除草機、豆脱穀機など）に限りがあるために、結果的に農家経営を圧迫するなど経営上の問題が想定された。一方で、地域としては、高齢化や女子労働農家、兼業農家の増加により、農作業代行ニーズが増えていたが、そのニーズが稲作の全農作業（耕うん、整地、育苗、移植、収穫、搬送など）すべてを代行する形で要望が上がっていたために、収益確保が容易であり、農協の事業としての可能性を見込んでいたのである。さらに地域として1つの推進課題である親環境農業を積極的に進めるうえで、労働節約のために親環境広域防疫機や水稲作乗用除草機など、共同作業用の機械を確保する必要があった。
　このような明確な理由から機械賃貸事業は強力に進められた。事業の推進過程を画期区分すると3つに区分できる。第1段階は2000年から2003年春までである。農協が農業機械を管理しながら作業員を雇用する形で、担当職員1人を張り付け、機械管理、農作業申請受付、作業配分、代行費の出納などの業務に充てた。最小限の人員配置とし、作業代行収益だけで人件費と運営費が賄われた。しかし、こうした運営方式は、運営費のなかでもとくに修理費が多く発生したため対応できなくなる事態に陥った。地区と関係なく高齢農家、障害者農家、女子労働農家を優先的に割り当てたために、作業代行が追いつかなかった。そのうえ、比較的に農作業の困難な地域に代行申請が多かったことも困難を生じた1つの理由であった。

第3章　地域農協の「社会的企業」と「地域総合センター」としての展開

　第2段階（2003年秋～2006年春）では賃貸農業機械に対する責任を強化し、1人の農協職員は従来どおり農作業の申請受付、作業配分、代行費の出納を担うだけに限定し、農作業の受付などはオペレーターに任せ、機械の運営効率を高めようとした。しかし、オペレーターには作業そのものの調整などの裁量を与えなかった。このため安い作業単価と作業に不利な水田での作業が多いという問題は解決できなかった。したがってオペレーターのなり手がない作業を農協が直営せざるを得なくなり、様々な問題が噴出した。

　第3段階は2006年秋から現在の方式への移行時期である。この時期の特徴的な取り組みとしては、まずオペレーターに裁量権を与える方式である。農協職員1人が作業単価、作業斡旋、賃貸管理のみを担当し、オペレーターが農作業の受付はもちろんのこと、農作業申請を受け付けて作業日程まで調整するという、オペレーター自ら直接、管理する体制へと変えた。さらに集落が保有する農業機械の活用・参加を促すために、農協がコンバイン作業の燃料費を一部支援することで集落自らが集落内の作業代行を円滑に進めようとしたのである（水田3.3ha以上を作業すると3.3㎡当たり10ウォンの燃料費を補助する）。

　このような農業機械賃貸方式は農業機械需要者（作業委託者）と運営者（受託者）の間に農協が介在しない、という意味で革新的であった。農協が仲介しなくても需要者と運営者が満足し、農業機械所有者の参加率も利用効率も高くなった。農協も組合員個々人のニーズや参加動機を繋げることの重要性を実感し、慣行的な業務処理は必ずしも共同の利益に帰結するとは限らないことを認識する契機となった。

5）韓牛繁殖牛の飼育による低所得農家支援事業（2008年～）

　2008年の新年早々の集落座談会において、所得増大の方法を議論しているとき、組合員からある意見が提示された。その内容をそのまま紹介すると次のとおりである。「実は借金が約300万ウォンあるが、これを返済することが大変だ。貯めていても必ず緊急の出費がある。そのせいでいつも借金を背負

っている。雇用もなくて大変だ。借金を返済して生活できるように組合が何かを提供できないか」。

　この意見に対し、農協関係者は1970年代に町役場が実施していた「牛分譲制度」を思い出したのである。町役場は少しでも農業所得を上げる手段として取り入れた制度が牛分譲（委託）制度であった。それで始まった「繁殖牛分譲事業」（韓牛繁殖牛無償支援）は2008年10月現在、16頭である。月齢6ヵ月の子牛を現物で組合員に分譲して、2年後は月齢6ヵ月の子牛で返済する、という方式を取っている。

　償還後の繁殖牛は農家所有となる。飼料費、薬品費などは農家が負担し、家畜共済費用の80％は農家負担、残り20％は農協が支援する。やむを得ない理由によって不妊または死亡の場合は農協が再び分譲する。しかし、農家の不注意によって事故が発生した場合は農家の責任である。誠実に管理することを営農会長が連帯保証する。対象農家は5頭未満の零細飼育農家とし、組合員歴の長い農家および未飼育農家を優先する。分譲頭数は1～3頭にし、営農会長に申請して理事会が選定する方式である。

4．社会的企業の意義と成果

　ここまでは図3-7に沿って古三農協の農協運営の特徴と組合員便益向上のための経済活動を見てきた。簡単に整理すると、1994年まではとにかく管内の農業基盤を充実化すると同時に組合員が営農に集中できるような事業を促進した時期である。その後、ある程度生産基盤が成熟するにつれ、販売を強く意識することとなり、1998年までは地域農業を強く意識した形で組織化に専念した時期といえよう。しかしそれでも農家経済を豊かにすることがなかなか困難であったため、2003年より、組合員の所得確保に重点を置き、農協自ら雇用を創出する事業へと転換した。本節では営農中心の事業展開から所得確保事業へと転換した背景に視点を絞って雇用創出事業とその発展形態である社会的企業の育成について見ることにしたい。

第3章 地域農協の「社会的企業」と「地域総合センター」としての展開

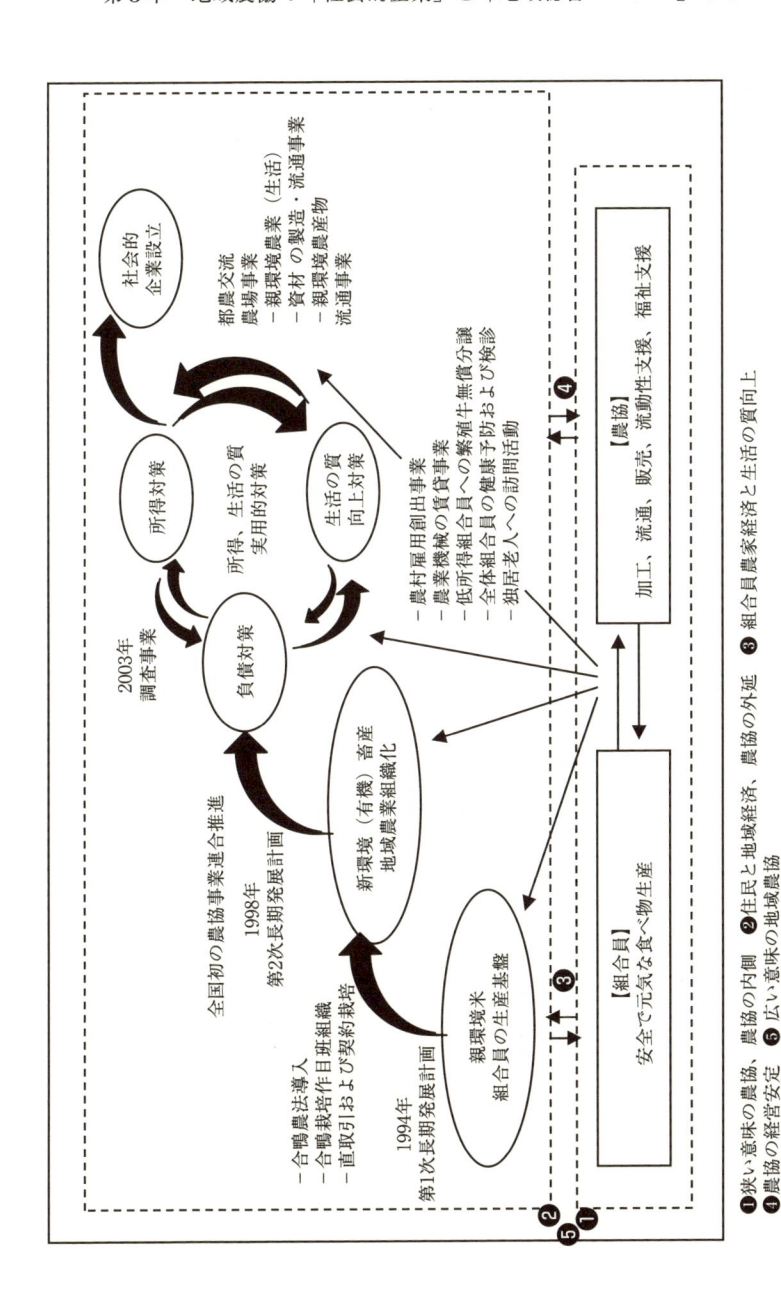

図3-7 古三農協の農協運営の特徴と発展経路

❶狭い意味の農協、農協の内側 ❷住民と地域経済、農協の外延 ❸組合員農家経済と生活の質向上
❹農協の経営安定 ❺広い意味の地域農協

1） 社会的企業設立

　古三農協は2005年に始めた社会的雇用促進支援事業が2008年に終了時限（3年）を迎えたことで既存の事業を整備して雇用創出事業を分離して「社会的企業」として再スタートを切った。社会的企業は2007年7月施行された韓国の「社会的企業育成法」に基づいて設立された企業を指すが、この法律に定められた社会的企業とは、「脆弱階層に社会サービスまたは就労を提供し地域住民のクオリティ・オブ・ライフ（Quality of Life, QOL）を高めるなどの社会的目的を追求しながら、財貨及びサービスの生産販売など営業活動を遂行する企業として第7条によって認証を受けた者を言う…」としている[9]。

　古三農協は2008年4月に営農支援組織である「古三農協生命農業支援センター」を農協組織から非営利民間団体として分離・再編し、社会的企業認証を獲得した[10]。

　これを既存の社会的雇用促進事業を受け継いだ形で「農村型社会的企業」として発展させ、2010年1月に「(有限会社)生命農業支援センター(以下、「農業支援センター」)」として再スタートをしている。

　表3-5に古三農協の社会的企業設立推進過程を整理したが、最初から順調に事業が進んだわけではなかった。まず古三農協は社会的雇用促進事業の期限が切れることにより、社会的企業への切り替えに慎重であった。しかし最終的に今後、支援事業を誘致するためには法律上の資格要件を満たす必要があったことと、もっと積極的に農林部の予算を獲得するために1年以上の運営実績を有した法人になる必要があることから2009年5月に法人転換を決め

9　ここで「脆弱階層」とは、「自身に必要な社会サービスを市場価格で購入することが困難な階層をいい、その具体的な基準は大統領令で定める。」としている。

10　労働部　2008-7号。認証を受けると、人件費、運営費などの補助、会計や労務などの経営面での支援があるため、市民運動陣営でも、持続可能な活動基盤をつくるために、医療生協、自活後見機関、社会福祉法人など、多様な領域にわたる団体が、「社会的企業」を目指す動きが活発化している（NPO法人希望製作所のホームページ（http://www.makehope.org/））から引用。

第3章　地域農協の「社会的企業」と「地域総合センター」としての展開

表 3-5　古三農協の農村雇用創出事業の推進経緯

2004年（10カ月、9人）－事業名：農資材生産、農産物加工
○安城生協の事業案内によってモデル事業へ参加、選定
○土作り技術教育支援、有機堆肥生産・供給、農作業受委託事業の推進
2005年（1次年度12カ月、10人）－事業名：農資材生産、農産物加工
○堆肥製造施設の補強、フォークリフト購入、育苗ハウス建設（7,800万ウォン、農協投資）
○研究団地とEM技術及び微生物活用について協議
○畜産環境改善剤（悪臭低減微生物剤）の政策供給（農協補助）
○女性参加者の外部教育実施、米おこし製造による米販売支援
○農資材の営農会配達支援
2006年（2次年度12カ月、10人）－事業名：生命農業支援センター
○安城農業改良普及センターから畜産微生物技術支援を受ける
○安城畜産業協同組合へ畜産環境改善剤の供給拡大
○雑穀の小包装、流通事業支援（男1人、女1人）
2007年（3次年度12カ月、25人）－事業名：生命農業支援センター
○畜産環境改善剤生産施設・装備補強（1億2,000万ウォン、安城市・農協投資）
⇒倉庫改補修、混合発酵機、計量包装機、資材倉庫の拡大
○7月：農村体験教育（都農交流事業）追加5人（7・8月）
－米の広報活動、子供の農村体験教育、地域資源調査事業の参加
－（株）イジャンの地域活性化事業と連携
○10月：参加者10人追加（精米、米販売：弱者階層の雇用）
2008年政府支援事業終了－生命農業支援センター（社会的企業）として新たなスタート
○非営利団体登録：生命農業支援センター・コサム地域福祉センター
○農協支援：事務室、専任人員配置（1人）、事業拡大支援
○参加人員：9人（行政福祉1人、農資材生産6人、資材運搬2人）
○事業内容：農資材生産（有機堆肥、畜産環境改善剤、苗）、地域福祉支援
2008年4月社会的企業対象「社会的雇用創出事業」誘致
○2008年4月：生命農業支援センター「社会的企業」認証取得
○2008年10月現在15人雇用

資料：古三農協の資料を基に筆者作成。

るに至った。

　この過程で社会的企業に参加した組合員は資本金1,000万ウォンを直接出資し、被雇用者でありながら同時に株主として「農業支援センター」設立に参加した。その結果、古三農協が発足した社会的企業は「社会的企業育成法」と農林部所管の事業による政策的支援を受けられる資格を同時に満たすこととなった。さらに労働部からその実績を認められ2008年に15人に加え19人が「社会的雇用促進事業」による助成を追加的に受けられることとなり、合計で34人の雇用が創出された。

　「農業支援センター」の運営は、組織形態としては農業会社法による有限会社である。代表は古三農協職員が担当しており、経営者は農協から派遣する形態を取っている。出資金は前述したように、農協社会的雇用促進事業に

参加した組合員たちが自ら1,000万ウォンを出資しているが、2011年には社会的企業の営業活動をさらに促進すべく、古三農協から1億ウォンを追加出資する予定である。

　法律上の設立目的は雇用提供型[11]として申告されている。この形態の社会的企業は雇用勤労者の中で脆弱階層（低所得階層）[12]の雇用割合を30％以上維持するように義務化されている。ガバナンスについて見ると、社会的企業は法律によって株主だけで最高意志決定機構を構成することができない。法律の定めにより、運営委員会、または定款に記載した特別委員会を運営することとされている。これによって「農業支援センター」は古三農協組合長、安城市農業技術センター所長、古三面長（村長）、参加者代表などで構成された運営委員会を置いて、この委員会で社会的企業の運営方針を協議することが決められている。

　雇用創出の現況について見ると、全体有給職員34人のうち27人（79％）の雇用が脆弱階層に当たっている。そのうち、高齢者15人、低所得層6人、障がい者6人の構成である。性別構成は男19人、女15人で構成されている。2009年時点で5億760万ウォンの所得創出効果があった。

2）社会的企業の現況

　古三農協の社会的雇用促進事業や、社会的企業サポート活動においては、農村型社会サービス事業を開発し雇用を新たにつくることに大きな特徴がある。その原動力として「農業支援センター」は農村に基盤を置いた社会的企業として農村型社会的企業の新しいアイデンティティーを確保したことが大きい。古三農協の組合長ら経営陣は最初から経済的効果を狙う事業より地道に地域（農業）に基盤を置いた事業を展開した理由として、事業拡張は必ず外部資金を必要とし、それが結果的に地域社会の富を流出させる結果をもた

11　韓国の「社会的企業育成法」には社会的企業の形態を「雇用提供型」、「社会サービス型」、「混合型」として分類している。
12　社会的企業法施行令第2条より、所得が全世帯平均の60％以下、高齢者、障がい者、性売買被害者、その他長期失業者など労働部長官が認定した者。

第3章 地域農協の「社会的企業」と「地域総合センター」としての展開

表3-6 古三農協社会的企業の事業と業務内容

サービス種類	サービス内容	職員数
事業総括	事業開発/事務管理/マーケティング	2人
糧穀	親環境農産物配送、親環境農産物加工および包装（小包み）	3人
農業資材配送	親環境農業資材配送、脆弱階層農業資材および生活物資配送	2人
農業資材生産	親環境農業資材生産および配送 （畜産生菌剤（プロバイオティクス、Probiotics）（商品名：百万大軍）/きのこ醗酵飼料/農作業代行など）	9人
営農体験	学校農場と親環境食べ物ネットワーク ● 家族と楽に農業を体験することができる開放型農場 ○ 時期：年中 ○ 農場：古三貯水池一帯（2,000坪） ・田（700～800坪）：家族と一緒に裸足で通うことができる体験空間 ・ハウス（200坪）：家族の健康のための安全な農産物体験空間 ・露地（1,000坪）：家族の健康のための安全な農産物体験空間 ●体験農場の提供 ○ 時期：年中 ○ 体験農場で使用する箱規格：90cm×90cm×15cm ○ 栽培作物：ハーブ、花、野菜 ○ 設置方法：農村の高齢者が設置管理 ○ 期待効果 ・子供と青少年たちの情緒涵養と自然学習 ・家族の健康のための安全な食べ物メニュー ●都市消費者のための安全な農産物販売 ○ 時期/価格：年中 / 生産者が価格を決める ○ 農場：古三（コサム）貯水池一帯（2,000坪） ○ 品目：白菜、大根、芥子菜、長ねぎ、サンチュ、ごまの葉、安城ブランド米	11人
伝統文化体験	●地域農産物を活用した伝統文化体験 ○ 伝統文化体験：古三地域で育った安全な農産物を活用した生活用品 ・せっけん：有機米ぬかで作った天然せっけん（団体 4,500ウォン） ・手ぬぐい：安全な農産物材料を活用した天然染め付け（団体 4,500ウォン） ・餅づくり：有機米で作った（五色団子/薬食など）（団体 10,000ウォン）	7人
合計		34人

資料：農協関連資料および聞き取り調査などにより筆者作成。
注：1坪＝3.3m²である。

らすと判断していたからである。これは第1章と2章で考察した農協中央会の事業拡大論とは対照的な対応であったといえよう。したがって脆弱階層（低所得階層）に雇用の場を提供する際、農村だからこそ提供できる事業を開発することが望ましいという方針を決めたのである。

　表3-6は古三農協の社会的企業の事業内容を要約したものである。「農業支援センター」は、まだ市場が形成されていない分野を主要事業対象とした。すなわち、市場で取り引きされる私的財貨やサービス（private goods）、ま

たは国が提供する公共財（public goods）ではなく社会関係を通じて提供することができる社会的財貨（social goods）を自分たちの社会的企業で提供しなければならないサービスと考えたのである。ここに農村の資源を活用した社会的財貨またはサービスを集中するのが農村型社会的企業としての「農業支援センター」の役目であると結論づけた。

これによって「農業支援センター」の主要サービス商品は親環境糧穀事業、親環境農業資材生産および配送、親環境営農体験、親環境伝統文化体験など親環境農業部門に特化した。親環境農業部門サービス商品の主要需要先は地域内部親環境農家と古三農協、都市消費者、とくに子供（小学校の児童）に決めた。サービスは提供方法は、大きく地域を訪問した消費者に提供するサービスと消費者に自ら出向いて提供するサービスに区分した。

図3-8は「農業支援センター」と農協の関係および事業配置状況を表している。

「農業支援センター」は地域の組合員が出資した事業体であり、古三農協は後援者であり、事業利用者の関係としてそれぞれの立場が明確であることが重要なポイントである。

古三農協は地域の社会的企業を財政的に応援し、人材を無償で派遣するなどの活動に専念している。また事業を発注し雇用を提供する事業主として新たな事業を開発したり施設や設備を共同で利用するなど地域農協と社会的企業の新しい信頼関係を構築したことは画期的な運営方式である。

「農業支援センター」は別途の社会的企業としての内部組織を1つの事業総括チームと3つの事業チームに区分して運営している。事業総括チームはサービス開発・広報・注文の受付・日程調整業務を担当している。事業チームは都農交流事業チーム、親環境農業資材加工事業チーム、組合員参加型農産物流通事業チームに分けられ、それぞれサービス商品を提供している。

とくに「農業支援センター」の事業のなかで2009年末から需要が広がっているのが、「学校農場サービス」である。「農業支援センター」の職員である組合員は30余の小学校を訪ねて学校の校庭に学校農場を造成し、小学生たち

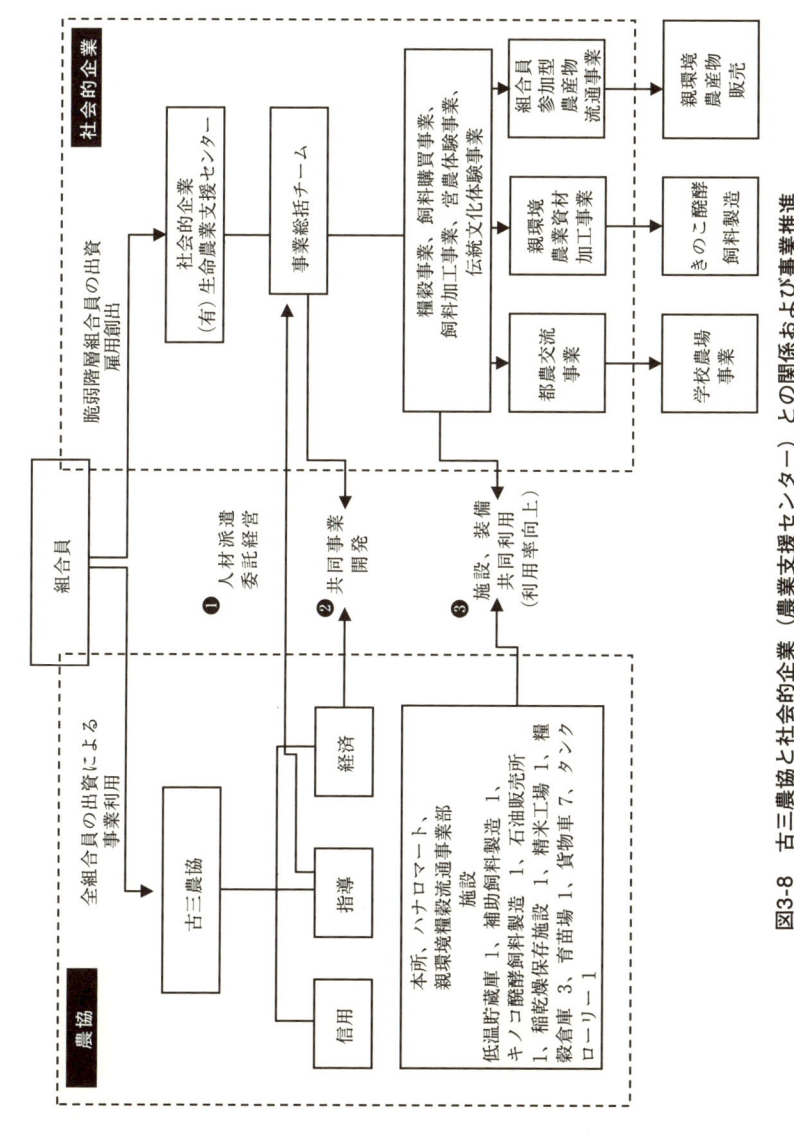

第3章 地域農協の「社会的企業」と「地域総合センター」としての展開

図3-8 古三農協と社会的企業(農業支援センター)との関係および事業推進

資料：農協関連資料より筆者作成。

に農業（作物栽培）と農村伝統文化（米ぬかせっけん作り、天然染め付け）体験指導を行い、1,500万ウォンの収益を上げている。これは単に収益事業としての位置づけより、将来を背負う子供たちに農村の素晴らしさを伝えると同時に、子供たちの情緒性を涵養する効果が期待される。

3）社会的企業の革新

　古三農協と「農業支援センター」は地域社会に社会的企業を定着させることにとどまらず一歩進んだ形で社会的企業を革新している。革新の内容について見ると、1つ目に社会サービスの革新、2つ目に持続可能性を持つ企業としての革新、3つ目に社会的企業の拡大再生産のための革新、として整理できる。

　1つ目の社会サービス革新としては、古三農協は「農業支援センター」は共同で「（仮）農村型施設賃貸事業」を開発した。この事業は農協が作目転換や新規参入者に対し敷地を確保し、施設ハウスを用意することであった。**表3-7**に農村型施設賃貸事業の内容をまとめた。

　2つ目の持続可能性を持つ企業として成長するために、「農業支援センター」は商品とサービスについて再整備を行い、自立発展計画を樹立している。また商品とサービス（群）および事業体系の妥当性について外部にコンサルティングを要請し点検を受けている[13]。その結果、事業体系を3つに分け他の事業部門を統合した。第1事業部門は「都農交流農場事業」、第2事業部門は「親環境農業資材事業」、第3事業部門は「親環境農産物および生活材流通事業」に組織再編した。新たな組織再編に伴い新規商品開発も進行し、ゴルフ場の廃芝の処理剤、都市農業のための農場キット（箱で植物を育てるキット）などを開発して、新規サービスとしては都市農業教育課程を運営する機関と協定を結んで都市農業教育プログラムと現場実習サービス提供などを模索するようになった。ほかに組織の自立発展計画としては「農業支援セン

13　韓国労働部傘下の社会的企業支援センターに申し込めば無料で点検を受けることができる。

第３章　地域農協の「社会的企業」と「地域総合センター」としての展開

表3-7　古三農協と「農業支援センター」の'農村型施設賃貸事業'内容と期待効果

	推進内容
試験事業	－施設・人および規模：親環境農産物を栽培するための施設ハウス 0.3ha（1,000坪）
推進計画	－取付費：ハウス（単動式 6〜8千万ウォン、連動式 1.5〜1.7億ウォン）
樹立	－財源調達：安城市、農協中央会、古三農協（賃貸料（約200万ウォン）は施設ハウスを地主と共同利用する条件で解決） －栽培作目：親環境ホウレンソウ、白菜、新規作物（無花果） －施行方法：農業機械賃貸事業と類似の方式で農家と契約を通じて施設を賃貸して親環境野菜生産奨励（2010年の試験事業は社会的企業で運営）

資料：聞き取り等により筆者作成。

ター」が2010年6月以後政府支援が終了することに備え事業物量を拡大する方向にシフトした。古三農協と「農業支援センター」は事業物量を拡大するためには財政基盤を補強する必要があると判断し古三農協で追加出資をする方針を決めている。また2010年から需要が増大している学校農場サービスや伝統食品体験教育事業にも経営資源を集中している。

5．おわりに

　古三農協は経済規模的には大きくはない農協でありながら、新たな組合員対応を通して、地域農業の発展を目指しているところに大きな特徴がある。組合員の営農状況とニーズを精査し、これを土台に組合の事業順位と事業量を決め、組合員のための様々な事業を展開してきたことも他ではなかなか見られない。また古三農協の経済事業は農協の管内に止まらず、安城市全体の地域農業組織化構想へと発展し、地域づくりにも大きく寄与している。本章では過去15年間の古三農協の取り組みを分析し、発展条件が何かについて考察を行ってきたが、古三農協は1994年から組合の長期発展計画の策定、農家経済および生活調査に基づく組合員ニーズの把握とそれに対応した経営支援、または福祉向上など、多様な事業を展開してきている。規模は大きくないが、農業協同組合が「農」を中心としながら、組合員運営に大きな変革をもたらしている。

　古三農協は、「農協を地域社会において農村開発・福祉・文化・観光・都

市農村交流を主導する地域総合センターとして位置づけ、今後、農村活力と農外所得を創出する」という目標を常に提示している。その特徴は「地域総合センター」としての農協モデル概念に非常に多くの共通点が見られる。

　古三農協の特徴は、まず農業生産基盤強化を軸として考えており、そのために組合連合事業の活性化、また農業機械賃貸事業を進めてきたことである。これは結局、組合員ニーズへの農協の誠実な対応でもあり、組合員とは以前より強い連携関係を構築することができた。また「農村雇用創出事業」を通して組合員に雇用機会を提供し、ひいては農協自ら社会的企業として評価されるまでに至っている。また零細農家へ繁殖牛を分譲（委託）して低所得農家を支援できたことは、農協事業連合との役割による大規模農家対応と零細な組合員対応とを同時に遂行できたこととして特筆すべきであろう。

　古三農協はこれらの経験を基に、農協自らの価値を高め、また地域経済への貢献を考えており、そのために、管内農家の調査データをベースに中央政府・地方政府との連携・協力関係を一層高めようとしている[14]。

14　古三農協は、第2章で考察したベックム仮説に基づいて、農協の発展経路を考えるうえでは「ニッチマーケット型農協モデル」ではなく「地域型農協モデル」に近い発展経路を歩んでいるように見える。
　　韓国の農協は組合員間の同質性が高かった時代から異質性が増す時代へ移行しているが、理論上想定したモデルのように、変化の経路が単線的なものでなく、少なくともベックムが予測した以上の多様な農協モデルへと分化すると思われる。本章で事例として取り上げた古三農協の場合、管内の耕地面積の規模が大きくないため、経済事業の取扱量を増加させることは困難である。そのため、ベックムの仮説に即していえば、地域型農協モデルまたはニッチマーケット型農協モデルのいずれかに変化していると予想される。
　　古三農協の発展過程から提示された現状を仮説に即して考えるならば、古三農協は組合員間の異質性が増幅する前に組合員組織を活性化し、またそれを事業連合や、農協の独自な事業に結びつけることによって、結果的にそれぞれの違う経営階層の組合員のニーズに同時に応えることができたと言える。もし古三農協の組合員間の異質化がさらに進んでいたとすると、市場差別化のための技術投資などを通してニッチマーケット型農協モデル経路を辿る可能性もあったことが容易に予測されるが、それは果たしてどのような意味合いを持つだろうか。仮説モデルに現状を合わせることも、また現状から仮説モデルを提示しようとも、そのような学問的意義より、今現在の組合員のニーズをきちんと捉え、それに真剣に対応する勇気が必要ではないかと考える。本質を見極め、現状の農協を発展・繁栄させることこそ、今日本の学界に求められることではなかろうか。

第3章　地域農協の「社会的企業」と「地域総合センター」としての展開

参考・引用文献

キム・キュホ、ユ・チャンヒ、ユン・ジュヨル、チェ・ジョンヒョン「古三地域発展戦略の再評価─親環境農業と地域内コミュニケーション体系を中心に」『大学院生現場事例研究インタービュー資料集』2003年、未刊行。
クォン・ウン『協同組合主要理論（翻訳資料集）』農協中央会、2002年、未刊行。
クォン・ウン、チェ・ジェハク『協同組合主要理論Ⅱ（翻訳資料集）』農協中央会、2003年、未刊行。
古三農業協同組合・ソウル大学農業政策研究会『古三農協長期発展方案：討論会資料』1994年11月、未刊行。
古三農協・(社) ウリ農村生かし運動本部・ソウル大学農業政策研究会「直接取引き組織化と21世紀古三地域農業の発展戦略─環境農業中心の古三地域農業事例および発展戦略発表会資料」1998年9月、未刊行。
古三農協共同組合『組合員農家経済とリビング・クオリティー調査結果報告書』2003年、未刊行。
古三農協共同組合『組合員農家経済とリビング・クオリティー調査結果報告書：2005年度調査事業結果報告書』2005年、未刊行。
ソウル大学農業政策研究会『古三農協組合員の現況と意識調査研究：古三農協現況および発展方向コンサルタント第1次報告書』1994年9月、未刊行。
ソウル大学農業政策研究会『古三農協経営診断研究：古三農協の現況および発展方向に関する研究コンサルタント第2次報告書』1994年12月、未刊行。
ソウル大学農業政策研究会『古三農協長期発展計画（案）：古三農協の現況および発展方向に関する研究コンサルタント第3次報告書』1994年12月、未刊行。
ソウル大学農業政策研究会『古三農協第2次長期発展計画研究：研究コンサルタント第2次報告書』1998年7月、未刊行。
農協調査研究所『海外協同組合研究資料集Ⅰ、Ⅱ（翻訳資料集）』未刊行。
柳京熙・姜景求『韓国園芸産業の発展過程』筑波書房、2009年。
柳京熙・吉田成雄『韓国のFTA戦略と日本農業への示唆』筑波書房、2011年。
ジョ・ジヨン『21世紀アメリカ協同組合の理論と実際（翻訳資料集）』農協調査研究所、未刊行。
Fulton, Murray and Gibbings, Julie. 2000. "Response and Adaptation: Canadian Agricultural Co-operatives in the 21st Century."
Frederick, Donald A., Crooks, Anthony C., Dunn, John R., Kennedy, Tracey L., Wadworth, James J., 2002. "Agricultural Cooperatives in the 21st Century." USDA-RBS. CIR vol.60.
Bekkum, Onno-Frank. 2001. Cooperative Models and Farm Policy Reform. Koninklijke Van Gorcum. Assen, The Netherlands.

第4章

地域農協の「事業連合」組織化と市場対応

黄　永模・柳　京熙

1．はじめに

　農産物輸入自由化の拡大と流通環境の変化に伴って産地流通組織[1]として農協経済事業の役割が重要となりつつある。韓国の農協中央会は1990年代半ばから産地流通センターの建設と規模拡大を図ってきた。その結果広域合併農協や専門農協（品目的には主に果物）といった流通の拠点を形成しながら規模拡大・専門化を進める事例が各地で現れてきた。2000年代から市郡また

---

[1]　1990年代以前の流通政策は、卸売市場を中心に展開する時期であり（詳しくは、柳・姜（1999）を参照）どちらかといえば産地への投資はあまりなかった。その後、WTO体制などの自由化の影響で、産地競争力強化という名目で産地への投資が活発となっている。しかしその政策の狙いは量販店主導の取引費用節減であり、産地との垂直的取引関係の強化である。その意味で、産地流通とは卸売市場流通や消費地流通など、その政策目的によって特化・区分された名称（呼び名）であり、大きな意味は持っていないことに注意したい。その関連から産地流通組織とは、政府が産地流通活性化政策を実施するに当たり、組織形態を共同マーケティング組織、産地流通専門組織、産地流通一般組織に3区分（類型）しているに過ぎない。第1の共同マーケティング組織は大規模化・広域化・ブランド化された園芸農産物の流通活性化のために指定した企業形態の経営体である。組合共同事業法人は農協および農業法人のうち、年間販売実績100億ウォン以上の組織から選定する。第2の産地流通専門組織は事業連合または系列化を通じて産地流通組織を大規模および専門化するために指定する。広域合併農協、地域農協、専門農協、品目農協連合会、組合共同事業法人、農業法人、農業法人が出資した法人、自治体の公社、農協連合事業団のうち、年間販売実績30億ウォン以上から選定する。第3の産地流通一般組織は共同選別、共同計算、共同出荷を育成するために、前記の組織のうち、年間販売実績10億ウォン以上から選定する。政府は各産地流通組織を毎年評価し、その結果に応じて流通総合資金などの政策資金を支援している。

は幾つかの市郡を包括する農協事業連合団（農協事業連合組織：既存の農協管内を超えて経済事業を行う組織）が形成され、地域農協の範囲を超えた経済事業が行われている。2005年から「組合共同事業法人」制度が導入され、地域農協が出資し設立した事業連合組織によるマーケティング部門の共同運営が行われている。経済事業の大規模化によって産地流通が活性化した事例である。

　農協による産地流通の割合は高いが、これまで市場交渉力は必ずしも高いとは言えない状況が続いた。したがって事業連合による市場交渉力を高めようとする動きが活発となった。しかし、多くの地域農協が信用事業と生産を重視する運営方式をとっているため、必ずしも市場ニーズに適切に対応しているとは言えない。さらに農家自らも農協系統出荷を避けており、これがまた農協の産地流通機能を阻害する要因となっている。

　このような状況のなかで、地域農協間の事業連合を通じて産地流通に取り組んでいる「アンソンマチュム組合共同事業法人（以下「アンソンマチュム農協」と呼ぶ）」は産地流通の新たなモデルとして評価されている。アンソンマチュム農協は第3章で考察を行った古三農協を含む域内の地域農協と専門農協すべてが参加する事業連合組織である。農協中央会の指針である合併を推進する代わりに事業連合方式をとり、10年間にわたって事業領域を拡大してきた。アンソンマチュム農協は農家ニーズに応えることに重点を置いた生産中心的な農協から、協同組合間の共同を通じて市場ニーズの対応を目指す市場指向的な協同組合へ転換した。したがって大規模合併組合の長所と、組合員密着の小規模地域組合の長所を同時に生かせるモデルといえる。

　本章では、事業連合組織がどのような過程を辿って産地流通機能を遂行しているか、を考察する。まず、産地流通の規模拡大に関わる2つの戦略を考察したのち、事業連合組織であるアンソンマチュム農協の成長・発展過程を分析する。これを通じて地域農協にとってその成果と意義は何か、をまとめたい。

第4章　地域農協の「事業連合」組織化と市場対応

2．産地流通の規模拡大戦略

協同組合の事業規模は参加農家の数によって制約されるため、一般的な企業に比して規模拡大に制約がある。これは利用者中心の運営という協同組合の性格に起因する。したがって協同組合の事業規模拡大は合併または事業連合を通じて行われることになる。

1）事業連合への道程

合併による事業規模拡大は新たな機能の強化と事業部門における規模の経済性を実現する代表的な方法である。合併は第1に、取扱量を増やし取引費用の節約と市場交渉力の強化による「規模の経済性」を得ることができる。自己資本の増加による流通・加工施設への投資余力を確保することも、原料農産物の調達能力を高めて大量購入による仕入れ価格の低減化も実現できる。第2に組合員間または組合間の意思決定が調整できれば、全体的に利益が増加する「調整の経済効果」も得られる。例えば、重複投資を避け、施設を適切に配置し、出荷時期および出荷量を調整することによって年間の供給体制を形成することである。第3に組合ごとに異なる施設（米総合処理場（RPC: Rice Processing Center〈Complex〉）、流通施設など）を保有するか、異なる品目を出荷するとき「範囲の経済」も期待できる。第4に業務領域において専門性が高まり、資源配分の改善を通じて「経営効率性」が向上できる。

しかし、合併は必ずしもプラスの効果だけをもたらすとは限らない。合併の後、経営主義（ここでは合理化と財務改善を優先する経営をいう）が強調されすぎて組合員の利益より組合の経営利益を目的とする事業（信用事業、加工事業中心）を展開し、流通事業と指導の機能が弱体化する、と指摘されている。また、拡大された組織に合わなくなった従来どおりのマネジメントが行われ、低い成果と規模の不経済が生じていると批判される。このような合併のマイナス効果は地域農協間の合併を妨げる重要な要因である。特に合

併を推進する過程において、地域農協間の利害関係が複雑に絡み合い、その推進を難しくすることが多い。したがって地域農協の規模を拡大する現実的な方法として、事業連合の検討が行われている。

　事業連合は大規模合併組合の「規模の経済性」というメリットと小規模地域農協の「組合員との密着」というメリットを同時に生かすため、組合事業を段階的に連合する方法である。協同組合間の共同（協同）は非定期的で、収益と直接は関係のない共同（協同）もあるが、事業連合は収益性の確保を目的に持続的に推進する事業である。

　事業連合は規模の経済を実現する側面においては合併と共通点を有するが、地域の代表性を保持しながら地域の生産条件と組合員の格差を反映し、事業別に適正規模を弾力的に設定できる、という意味で合併と違いがある。

　事業連合は「事業」と「類型」によって分類できる。まず事業による分類には「購買連合」「販売連合」「指導農政連合」などがある。購買連合は飼料、油類などを共同購買することによって費用の節約ができる。中央会の系統購買と競合することもあるが、地域農協中心に構成することが容易である、という長所もある。販売連合は品目を基盤に形成されるが、戦略品目を中心とする共同ブランドの使用、品質管理、組織化、大規模化を通じてブランド・パワーを高めて、共同マーケティングへ進むことができる。指導農政連合は中央会組織または組合長運営委員会などが制限的に担っていた指導・農政活動を、地域全体が体系化するため、各地域農協が参加する連合会である。

　次に類型による分類には「地域連合」と「品目連合」がある。地域連合は地域農協を中心に規模の経済性を得るため、行政区域ごとに購買・販売・農政活動などを結合することである。事業規模を急速に拡大するより、生産の組織化と地域農業の活性化を推進して、地域農協の基盤を強化する方向へ発展していく。品目連合は特定品目または品目群を中心に形成され、地域連合より広域化する。果樹や酪農などの一部品目を中心に構成された品目連合会もこの範疇に属する。

　しかし、事業連合はその特性上、共同管理や運営体制が十分でないため、

第4章 地域農協の「事業連合」組織化と市場対応

表4-1 合併事業と事業連合

区　分	合　併	事業連合
長　所	○迅速かつ責任ある意思決定 ○自己資本拡大による投資能力 ○多品目による規模の経済性実現 ○業務・資源配分の改善など経営効率化	○組合間連合による規模の経済性実現 ○組合員との密着による小規模農協の長所保持 ○事業別適正規模を弾力的に推進 ○地域の代表性維持
短　所 および 限　界	○利害関係が複雑で推進が難しい ○組合員との関係疎遠 ○経営主義*による流通・指導事業低下 ○規模拡大に伴うマネジメント能力不足 ○経営不振・弱体組合と合併時の一体化の不振	○参加組合が消極的、役割分担不十分 ○利害衝突時に調整困難 ○弾力的組織運営、責任経営の困難 ○組合員の認識共有不足による参加低迷 ○固定投資の資金調達困難
代表的な事例	○スンチョン農協（1992年〜、12農協）	○アンソンマチュム農協（1999年〜、14組合参加）

資料：ファン・イシキほか（2004）、バク・ソンゼほか（2000）、アン・ジュンソップ/イム・ヨンソン（2000）を参考に作成した。
注：＊経営主義とは、合理化と財務改善を優先する経営をいう。

参加農協が消極的であり、役割分担も不十分である。それ故、組合間に利害衝突が起こった場合の調整と迅速な意思決定が難しい。弾力的な組織運営や責任経営、経営組織および専門能力を持った人材が不足するために、市場対応能力が弱い。また、組合間の認識の共有がなく、組合員の事業参加が不足するため、事業連合の利点を生かせず、固定投資の資金調達が難しい。

一方、合併と事業連合は相反する規模拡大戦略ではない。現実的に農業の条件と地域農協の状況を照らし合わせ、互いに補完的な手段、もしくは事業連合を合併するまでの中間段階として推進することも可能である。

2）新たな事業体制としての「組合共同事業法人」

組合共同事業法人は、合併による地域農協の規模拡大が困難な状況や組合員の組合選択権が導入されていない状況において、規模拡大による事業連合（販売事業）の専門性向上と機能拡大を図るために導入される。それは、既存の事業連合（販売事業）が取引主体としてはその位置づけが不十分で、地域農協間の合意および専門性不足が招く効率性の低下を克服するため、である（韓国農協法　第112条、2005年）。また、地域農協の事業戦略と規模拡大・専門化・差別化による産地を組織化し、産地流通を主導する主体として発展

を促すことを目的にしている。したがって組合共同事業法人は地域農協間の経済事業連合体として連合子会社のような性格を有するが、農協法によって農協中央会の准会員の資格も同時に有する。それは、地域農協間の共同事業を遂行するために共同出資・設立した法人であるからだ。参加する農協は組合共同事業法人の会員として事業を利用し、損益発生時は共同で分担・分配する。

　それまで中央会が推進してきた事業連合が任意組織であることに比べて、組合共同事業連合は法人であることに違いがある。したがって取引の主体として理事会を構成し、専門人材の採用と責任経営体系も構築できる。また、積み立てられた流通損失積立金（自助金）を有利に使い、事業のリスクに効果的に対応できるというメリットもある。さらに出荷農産物の所有権を完全に受任するため、市場ニーズに能動的に対応できる。しかし、中央会に属さず経済事業のみを担うため、信用事業を通じた資金および人材の支援に限界があること、損失負担などデメリットもある。一方、政府は産地流通の共同マーケティングおよびFTA基金事業において、拠点APC（農産物総合物流センター：Agricultural Products Packing Complex）・RPC（米穀総合処理場）の規模拡大支援条件として1年後の法人転換を提示している。

3．事業連合の組織化と成長

　安城市(アンソン)管内の地域農協の事業連合は、事業連合発足→購買連合→販売連合→物的基盤構築と事業拡張→組合共同事業法人へ10年をかけて転換・成長してきている。その背景と推進過程を段階ごとに述べよう。

1）事例地域の農業条件

　安城市(アンソン)は15の邑・面・洞[2]に人口17万5,000余りが住む、都市農村混在型地

2　韓国の行政区分はソウル特別市（1）、広域市（6）、道（8）、特別自治道（1）である。基礎自治団体として特別市は自治区、広域市は自治区と郡、道は自治市と郡に分かれる。2008年現在69の自治区、75の自治市、86の郡がある。基礎自治団体は邑、面、洞で構成されている。

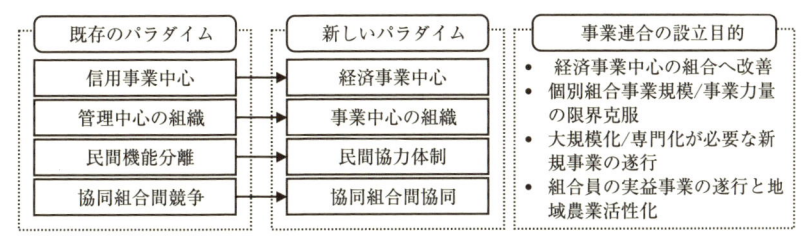

第4章　地域農協の「事業連合」組織化と市場対応

既存のパラダイム	新しいパラダイム	事業連合の設立目的
信用事業中心	経済事業中心	・経済事業中心の組合へ改善
管理中心の組織	事業中心の組織	・個別組合事業規模/事業力量の限界克服
民間機能分離	民間協力体制	・大規模化/専門化が必要な新規事業の遂行
協同組合間競争	協同組合間協同	・組合員の実益事業の遂行と地域農業活性化

図4-1　協同組合のパラダイム転換と事業連合の目的

域である。農家戸数は全世帯の15.1％、農家人口は全人口の18.4％を占めている（2007年現在）。そのうち、専業農家が54.0％であり、全耕地面積は16,476ha、1戸当たり平均耕地面積1.71haで、全国平均より少々広い。米、梨、葡萄、韓牛、高麗人参などは品質の高いことで全国的な評価を得ている。特にソウル市と水原市など、大都市の消費地と隣接しているため、農産物販売は相対的に有利である。協同組合は12の地域農協と3つの専門農協（畜産農協、果樹農協、高麗人参農協）がある。

　事業連合を推進する直前の1999年、地域農協は金融危機によって事業構造再編[3]という外部的要求に直面していた。また、消費市場の変化は経済事業の迅速な専門化を要求していた。邑・面・洞単位の小規模地域農協は大型化する消費地流通に対応することが困難であり、管内の農産物が互いに競合する問題も抱えていた。

　事業連合の推進はこのような環境へ対応する協同組合のパラダイム転換である。既存の信用事業中心から経済事業中心へ移行し、管理中心の組織から事業中心の組織へ再編することでもあった。また、協同組合間の競争より、協同を通じた規模拡大・専門化、組合員との関係を密接にする手段として検討された。

3　1999年の外貨危機のとき、IMF金融管理において農協もリストラの対象となった。自己資本比率の改善と信用事業中心の収益構造の改善を要求された。特に政府主導の協同組合改革の過程において統合と信用事業・経済事業分離が論議された。

2）事業連合の発足と購買連合（1999～2000年）

　地域農協間の事業連合は1994年に6つの地域農協が参加した米穀総合処理場（RPC）の運営成功が、そのベースとなって1999年6月に事業連合を発足させた。生産構造や組合運営に地域農協間の相違もあり、共通認識ができていない状況を考慮して経営損失のリスクが少ない飼料事業と葬祭事業などの購買事業から共同事業を推進した。その後、7つの地域農協が事業連合に加わり、2000年6月に安城(アンソン)市管内の13地域農協が参加した「アンソン地域農協事業連合（略称アンソン事業連合）」となった。当時の事業連合組織体制は各組合長で構成する「運営委員会」を議決機関とし、中央会市支部と自治体は調整と支援の役割を担った。共同購買事業の管理はアンソン農協が主管し、4人の職員を出向させて事業団を構成した。

　初期段階で推進した事業は共同購買事業（飼料、石油類）と葬祭事業、協力・連携事業[4]などである。共同購買事業は配合飼料が中心であった。当時の農協は平均8つのメーカーから飼料を購入していたが、農協の役割は農家に代わって飼料の注文と輸送、未集金管理などを行うことに止まっていた。飼料が購買事業に占める割合が高いにもかかわらず、組合員にとって実質的な利益にならないと認識されていた。そこで事業連合は組合員の同意を得て飼料メーカーを選定し、仕入価格を7～10％下げるようにした。地域農協の飼料販売の収益率も下げ、そこから発生した収益を奨励金として組合員に還元した結果、取扱量が82％増加して総利益を増やした。2000年は奨励金を900％（トン当たり）まで拡大し、組合員は総額6億1,000万ウォンの生産費節約の効果を得た。石油類共同購買事業はメーカーとの交渉で仕入れ価格を下げ、2000年は年間6億8,100万ウォンの購入費を節約した。葬祭事業も葬式用品供給業者と交渉で仕入れ価格の10％を値下げし、農協のマージン率も一律にした。2000年の葬祭事業を利用した組合員は15％の費用節約効果を得

---

[4]　特別に明記されないが、必要に応じて費用の節減が期待できる事業については協力・連携を行う。

た。これらと共に地域農業の活性化のため、自治体と農協間の協力事業も推進した。それは、地域農業と関わる多様な主体が個別的に活性化を図っても限界に直面するからである。このため地域農業の長期発展戦略を共同で樹立し、その実践を各主体が役割分担することを目的とした「アンソン地域農業発展基本条例（2000年11月）」「地域農産物ブランド管理条例（アンソンマチュム商標利用に関する条例、2001年1月）」を制定した。また、業務区域が重複する専門組合（果樹農協、畜産農協、高麗人参農協）と互いに関連する分野においては協力し合うことで合意した。

3）販売連合の形成（2001～2003年）

購買事業の成果を生かして実質的な事業連合として成長するため、梨と葡萄販売連合に必要な産地拠点作りを2001年から始めた。事業連合が販売事業を担い、事業転換過程においては主管農協を中心に連合販売チームを構成した。これと共に「アンソンマチュム・ブランド」の広報活動を強化した。しかし、まだ共同計算および買取方式の構築・確立による組合の費用削減という課題は抱えたままであった。

2002年には販売事業の対象を米と韓牛へ拡大していった。梨・葡萄販売連合は主管農協と事業連合が共同で担っていたが、米・韓牛販売連合は事業連合が直接マーケティングを担当し、事業の実行主体となった。それは事業連合にはそれに相応する位置づけと役割、専門性が要求され、結果的に事業連合がマーケティングを担う主体として成長する契機となった。その過程で参加農協の協力を得て多様な類型の販売事業を並存させて内部化する方式[5]で

---

5 品目によって参加農協と事業連合の役割分担を多様化した。方法の優劣評価より多様な方式を受け入れ、事業のノウハウと弾力性を維持してきた。

	生産／指導 ←→	施設運営 ←→	商品化 ←→	マーケティング
ナシ／ブドウ	参加農協	参加農協		事業連合
韓牛	農家組織　参加農協	LPC、肉加工	事業連合	
米	参加農協	RPC	事業連合	

注：LPC：Livestock Processing Center、畜産物物流センター。

発展しながら、事業主体間の機能断絶でなく、業務代行などの協力による連合事業の安定化を図った。また専門農協（果樹農協）の参加によって事業範囲が拡大できるようになった。さらに2002年には自治体が葡萄や韓牛のアンソンマチュム商標使用を、翌年には米と梨、高麗人参の商標使用を許可した。これによって事業連合はアンソンマチュム5大ブランドを使えるようになり、地域の全農産物をイメージアップするといった成果を上げ、2003年「第4回大韓民国デザインおよびブランド大賞」を受賞した。

他方、施設基盤整備においては大規模な産地総合流通施設である「経済事業総合センター」の建設を進めた。個別の地域農協では賄えないほどの多額の財源を要する投資であったが、協同組合同士の共同出資であったからこそ可能となった。

4）事業連合の拡充（2004～2006年）

2004年から政策連携事業を活用し、安定的な事業成長と物的・人的・制度的基盤確保を目標として次の物的基盤の整備をはかった。カット野菜センター（2005年8月）、拠点APC（農産物総合物流センター、2006年4月）が建設され、既存のRPC（米穀総合処理場）、畜産物物流センター（LPC）と共に産地流通の主要施設が整うようになった。このうち、拠点APCは全国でも初めてできた大規模産地流通施設として注目を浴びた。

拠点APCの運営は事業領域の新たな展開を可能にした。拠点APCへの搬入を原則とし、参加農協の生産者組織ごとに出荷量と栽培管理を展開した。トレーサビリティーおよび教育指導事業を通じて生産者を組織化した。また、生産物の搬入と貯蔵管理を体系化した。生産管理と流通管理を通じて総合的マーケティング効果を得られるようになった。

また、2005年には農林部の地域農業クラスター事業[6]に選ばれ（3年間88

6 　農林水産部は2004年「農業農村総合対策」のなかで、「地域の農業関連産業クラスターを育成して農家所得増大と農村経済活性化を図る。既存の個別事業中心の投融資を地域農業の観点から支援に変更し、財政支援のシナジー効果を上げる」と表明した。2005年から3ヵ年単位に地域を公募して選定・支援している。

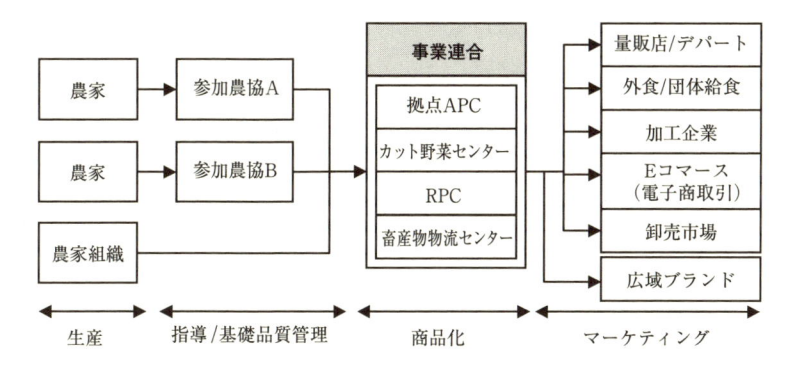

第4章 地域農協の「事業連合」組織化と市場対応

図4-2 事業連合の販売事業システム

資料：農協関連資料を基に筆者作成。

億ウォンの政府支援）、果樹と米の品質向上基盤を整備することができた。このような品質向上はアンソンマチュムのブランド価値を高める効果があった。さらに、農林部の産地流通活性化支援政策の一環である共同マーケティング組織にも選ばれ（3年間38億ウォン政府支援）、流通施設と人材育成に力を入れた。共同マーケティング組織に選ばれたことによって、事業連合が展開してきた果樹販売事業を系列化する転機となった。拠点APCを中心に「品質管理—農産物調達—意思決定—商品化—マーケティング」の全過程を一括組織するようになった。他にもFTA果樹支援事業（2004年、4年間26億ウォン政府支援）を受けて梨の生産施設整備、産地流通センター建設を図った。また、広域果樹ブランド育成事業（イップマチュム）[7]に参加し「栽培管理—事業体系—実務体系」を構築する広域事業を展開した。このような過程は品種と栽培方法を統一し、生産者組織の新しい可能性を模索する礎となった。

　他方、政府は一連の政策の前提条件として組合共同事業法人への転換を誘導した。これに応じて事業連合は2005年から専門経営人制度を導入し、マー

7　広域果樹共同ブランド事業（イップマチュム）は京畿道南部の安城市の他に近隣の3つの市と京畿道、農協中央会京畿地域本部が協力して2005年度から実施している。イップマチュム・ブランドの60％を安城市果実が占めている。

ケティング専門の人材を拡充して事業システムの再整備を図った。

　この時期に連合販売事業は著しい成長を見せた。特に糧穀の共同マーケティング事業が本格化した2004年以後、品目別に顕著な売上高の増加を見せている。2004年の370億ウォンから2006年には620億ウォンへと伸びている。事業連合による事業が実施された以後の成長率16.4％は京畿道の地域組合（地域農協と専門農協）平均の3.9％を大きく上回った。

5）組合共同事業法人への転換（2006年〜）

　組合共同事業法人への転換は事業連合当初からの課題であった。事業連合の成長過程において基盤施設の所有と法人化による法的地位の確保は必要であった。特に農林部の政策推進においてアンソン事業連合がモデルとされたことは、事業連合のマーケティング機能を立証し、地域の自律性を保障しながら法人化による活性化を狙う、という政策と合致した。また、2004年に組合共同事業連合の法的根拠が韓国農協法に規定された。こうしてアンソン事業連合は検討と準備を重ね、2006年に組合共同事業法人（アンソンマチュム農協）へ転換した。これは協同組合として法的地位を得たこと、政策・税制上の優遇を受けること、を意味する。協同組合間の共同（事業連合）の新しい発展を象徴することでもある。

　アンソンマチュム農協は事業連合に参加してきた12の地域農協と専門農協が、47億2,000万ウォン（現金51％、現物49％）を出資して設立した。設立過程においてRPC資産を巡る厳しい意見対立を調整するといった底力を発揮している。

　組合共同事業法人のガバナンスは事業連合と参加農協の意思決定・執行体制が準用されている。代表理事（専門経営人）の経営権と自立権を保障し、出資組合の事業および経営参与のために品目小委員会と執行委員会を置いた。事業の損益構造改善のために品目別事業組織体系（米、畜産、果樹、カット野菜）を確保し、区分会計を実施している。多数決原則を基本とし、出資金と事業利用が多い農協の意見は「理事会─品目小委員会─執行委員会」など

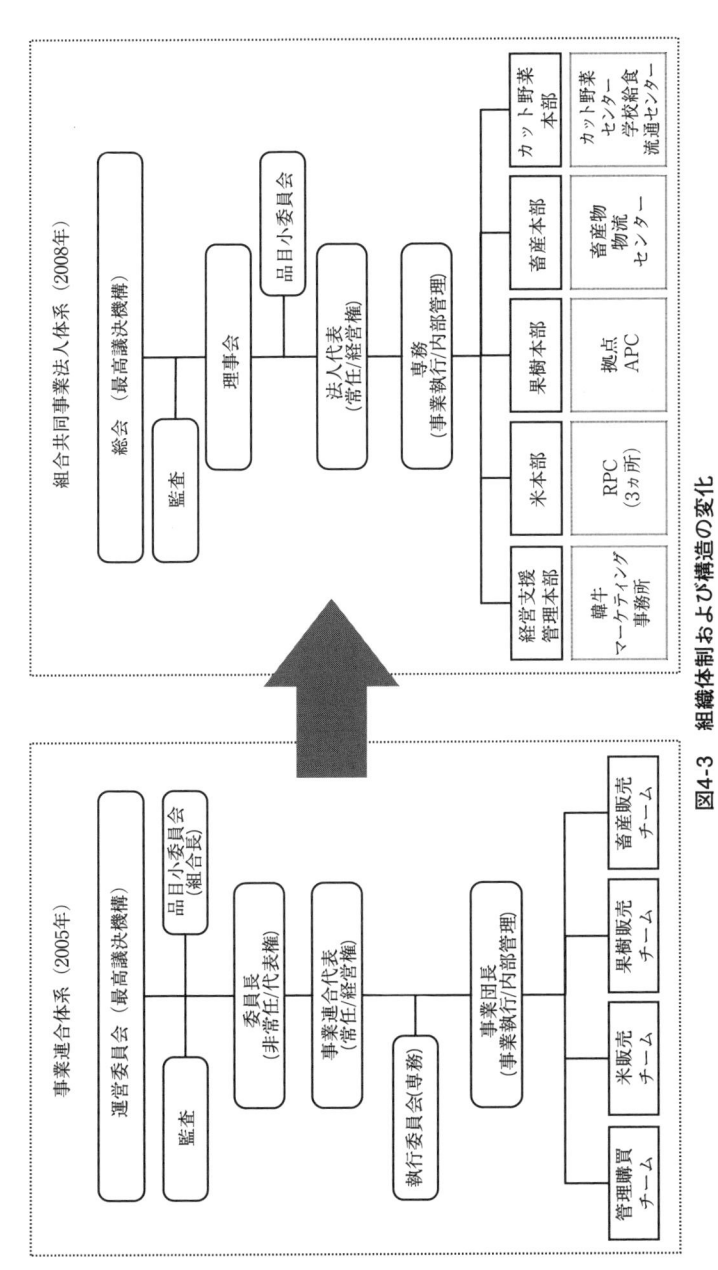

第4章 地域農協の「事業連合」組織化と市場対応

図4-3 組織体制および構造の変化

資料：農協関連資料を基に筆者作成。

を通じて反映されるようになっている。事業分野ごとに5つの本部体制を有しているが、これは組合共同事業法人が所有・運営している基盤施設による編成である。

　アンソンマチュム農協は組合事業法人へ転換する際に、組織診断による品目別事業システムを再整備し、会員制農家組織等の実行課題を設定・実行している。拠点APCを中心に農家組織を選別支援し、参加農家を積極的に誘導し、無条件委託出荷を拡大し、共同販売システムを確立している。また5大主要品目についてはアンソンマチュム・ブランド系列化のために農家組織別に評価し、差別支援を制度化した。さらに広域の果樹共同ブランド（イップマチュム）の事業推進システムをアンソンマチュム農協に一元化した。アンソンマチュム農協は農家組織および農産物を総括管理し、一般農家組織—アンソンマチュム農家組織—広域ブランド農家組織に分けてブランド間の位置づけの明確化を図り、市場の状況に合わせて柔軟に対応している。

　2006年から園芸農産物を中心にカット野菜事業を本格的に展開している。カット野菜センターは取扱量の60％を域内の農産物を使っているので、地域農民の所得向上にも寄与している。地域の学校給食流通センターとして安城市の学校給食に役立っている。

　他方、購買事業は地域農協が取り扱っていない品目（マルチビニール、練炭など）へ展開し、既存の事業（飼料、塩、葬祭）にそれらを加えて持続的に拡大している。

4．事業連合の成果と意義

　協同組合間の事業連合組織であるアンソンマチュム農協は、産地流通機能、地域農産物ブランド形成、組合間共同モデル創出、地域農業システム構築、生産者の組織化などの成果を上げている。具体的な成果と意義を見てみよう。

第 4 章　地域農協の「事業連合」組織化と市場対応

表 4-2　販売事業の推移と主要品目のシェア

(単位：百万ウォン、%)

区　分		2002年	2003年	2004年	2005年	2006年	2007年	2008年(a)	全生産額(b)	シェア(a/b)	ブランド参加農家
合　計		1,494	8,893	37,297	47,096	62,065	63,928	95,986	-	-	-
糧　穀		89	413	25,761	30,315	36,719	27,012	34,880	73,135	47.7%	18.6%
果樹	梨	961	796	3,069	1,682	3,891	7,464	6,730	60,517	11.1%	11.1%
	葡萄	444	426	556	437	477	368	631	10,532	6.0%	11.4%
	その他	-	-	99	248	285	135	130			
韓　牛		-	7,258	7,291	12,043	16,170	24,385	45,632	88,987	51.3%	22.0%
高麗人参		-	-	156	253	850	236	132	12,348	10.6%	8.3%
カット野菜		-	-	0	559	1,143	1,466	4,102	-	-	-
その他野菜		-	-	364	1,586	2,530	2,232	3,129	-	-	-

資料：アンソンマチュム農協内部資料、安城市統計年報（各年度）。

表 4-3　農協当たり平均販売事業の推移

(単位：億ウォン)

区　分	2002年	2003年	2004年	2005年	2006年	2007年
安城市平均	93	87	106	114	140	145
全国平均	96	97	105	106	117	123

資料：農協中央会『農協経営係数要覧』各年度。

1) 産地流通主体として地域農業の強化

　10年間の事業連合を通じて得た成果のうち、最も重要なものは産地流通の主体として役割を担ってきたことである。量的には、事業開始当初（2002年）の事業額14億9,400万ウォンが、2008年には959億8,600万ウォン（64倍）に達し、全国の産地流通事業のなかでも、初めて事業額が1,000億ウォン近くに達した。また、質的には地域農産物ブランドおよび出荷窓口を単一化した。ブランド化比率は地域の全生産額の47.7％（米、農家18.6％参加）、51.3％（韓牛、農家22.0％参加）に達し、地域の主品目の単一ブランドが定着してきた。梨、葡萄などの果樹は農家が直接市場や商人へ出荷しているため、その割合がまだ小さいが、ブランド化と優秀な農家の参加、拠点APCを通じる出荷システムの確立によって事業取扱額が増加している。

　事業連合の産地流通機能は地域農協の事業成果と直結している。2001年に73億ウォンに過ぎなかった地域農協当たり販売額が、2007年には145億ウォ

ンになり、全国平均123億ウォンを大きく上回っている。

　このような成果は農業が安城市の主要産業として維持・成長して行く基盤を形成している。農業所得5,100億ウォンは地域総生産額の19.5％を占めており、全国平均の3.3％を大きく上回っている。また、首都圏に位置しているため、都市化が深化している地域であるにもかかわらず、農家人口の減少率は全国平均22.2％より低い16.2％である。

２）地域農産物ブランド価値創出

　アンソンマチュム農協が一元化して管理しているブランド名"アンソンマチュム"は韓国の諺で"良くできた一品"という意味を表す。これを安城市が1999にブランド登録して５大品目（米、韓牛、梨、葡萄、高麗人参）の共同ブランドとした。既存の個別ブランドの問題点を乗り越え、新鮮農産物の需要周年化、高品質・安全農産物の需要、産地流通の組織・大規模化による市場交渉力向上を目的としている。

　アンソンマチュム・ブランドの成功要因は５つに整理することができる。第１はブランド管理システムである。「ブランド・ネーミング―イメージ構築―５大品目パッケージ」というブランド管理が信頼を高めている。第２は条例と規則による厳格なブランド使用基準と品質管理である。第３は使用品目を制限していることである。地域農産物のうち、市場シェア、栽培農家、生産量、品質水準などを考慮して５つの品目に制限している。第４は全国的

表4-4　アンソンマチュム農協のブランド・ポートフォリオ

ブランド名	ポジション	品質管理主体	使用主体	対象品目
アンソンマチュム	商標条例によって管理される高品質ブランド	安城市品質管理委員会	アンソンマチュム農協	５大品目（米、韓牛、梨、葡萄、高麗人参）
ジャヨンマチュム	アンソンマチュムのサブブランド、直接取引業者の需要に対応	アンソンマチュム農協	アンソンマチュム農協	５大品目＋桃
マルグンタンイヤギ	新環境農産物のブランド	新環境認証機関	アンソンマチュム農協	親環境米、果樹（低農薬、無農薬）
イップマチュム	広域果樹ブランド	アンソンマチュム農協	京畿農協連合会事業団	

資料：筆者作成。

にも認知度の高い安城市の歴史と郷土を活用したネーミング・イメージである。最後に専門組織（アンソンマチュム農協）による一貫したブランド管理である。

このようなアンソンマチュム・ブランドの価値は149億ウォン（韓国生産性本部、2007年）に達している。またブランド認知度は市場において安城市農産物の価格上昇と販売に貢献していると評価されている[8]。

他方、アンソンマチュム・ブランド使用を5品目の品質上位10％に制限しているため、その他の品目と物量は一般ブランド（ジャヨンマチュム、マルグンタンイヤギ）と広域果樹ブランド（イップマチュム）を使っている。

3）協同組合間の共同モデル構築

アンソンマチュム農協の設立目的は合併の長所と小規模地域農協の長所を同時に追及できる新しい事業体系を模索することであった。同じ域内で互いに競合する矛盾を論議し、合意を形成し、実行したモデルである。

アンソンマチュム農協は、協同組合間の共同というそれまで経験したことのないことを実施するために、各地域の与件を基盤とし、段階的に拡大実施してきた。連合RPC運営の経験を生かして購買事業から実施した。まず購買事業で利益を上げながら可能性を確認して、それから販売連合へ進めてきた。その販売連合も各地域を配慮し、可能な一部品目を中心に産地組織化を推進した。無理な販売事業拡大より既存農協の役割と長所を生かし、地域農協と協力して連合販売チームを作り、販売量を拡大してきた。品目間の異なる生産実態と販売条件を考慮して各農協と綿密な協力システムを作り、販売事業を安定化した。その一方では事業連合の専門性と役割を持続的に高めてきた。なにより畜協、果樹農協、高麗人参農協などの専門農協を包括して共同体制

---

[8] アンソンマチュム・ブランド・マーケティングは革新的産地流通モデルとして評価され、各種賞を受賞している。大韓民国デザインおよびブランド大賞優秀賞（2002年）、全国農産物パワーブランド展優秀賞（2003年）、大韓民国地方自治体大展農産物部門最優秀賞（2004年）、大韓民国名品ブランド大賞大賞（2006年）、今年のブランド大賞（2006年、2008年）、大韓民国優秀特産物大賞（2007年）、ファーストブランド大賞（2007～2009年）。

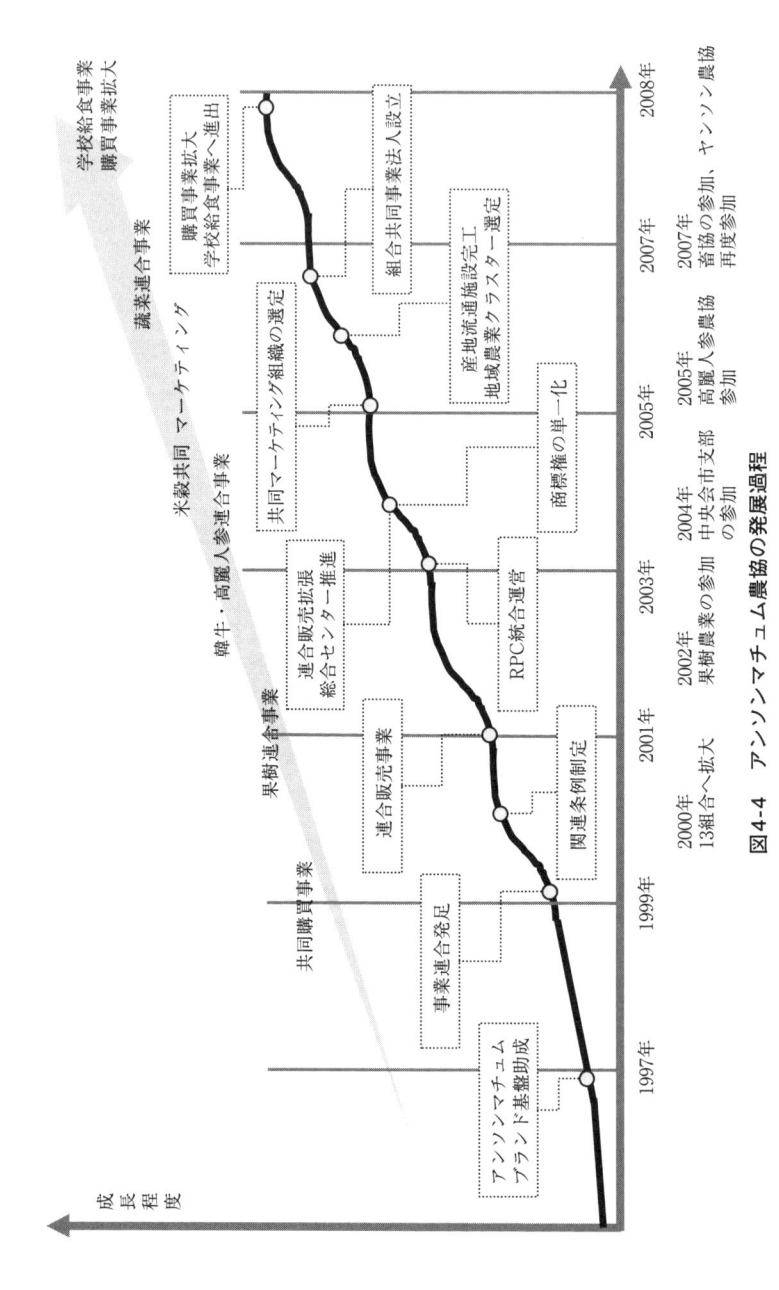

図4-4 アンソンマチュム農協の発展過程

資料：農協関連資料を基に筆者作成。

第4章　地域農協の「事業連合」組織化と市場対応

を作り、組合員の実質的利益と地域農業の活性化に貢献した。

他方、地域農協の共同には自治体の協力と中央政府の各種政策的支援が欠かせなかった。行政の支援が施設基盤を整備し、戦略の実践的再構成を可能にした。

最近、農協中央会が主導して、地域農協が参加する形の連合マーケティングの事例が提示されているが、アンソンマチュム農協は地域農協が自発的に共同の必要性を認識し、地域単位で実践した事例、という意味で異なる。

4）地域農業の協力体制構築

アンソンマチュム農協の発展過程を地域農業の協力モデルとして評価することができる。第1にアンソンマチュム農協は地域農協間の共同（協同）と協力を通じて産地流通組織として役割を果たしている。管理中心の地域農協を事業中心の組織へ変え、競合関係にあった専門農協が事業を通じて協力す

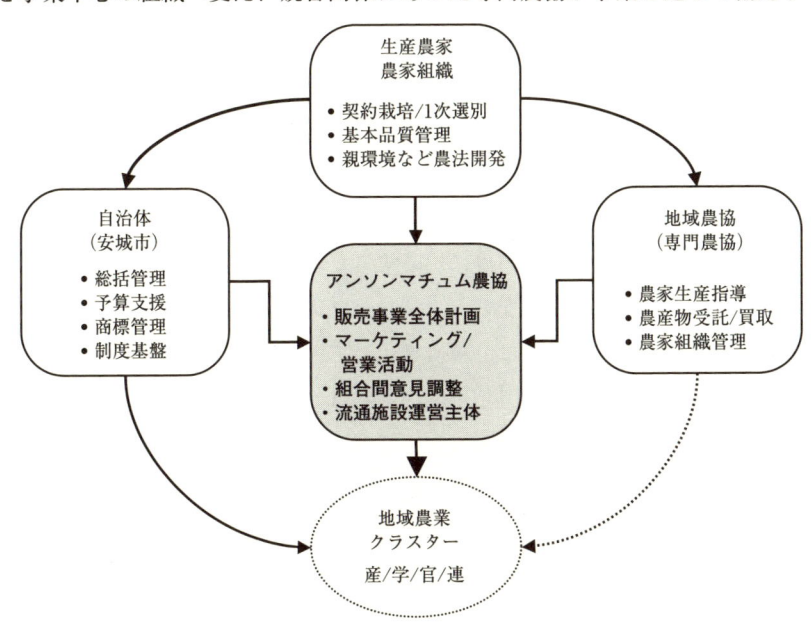

図4-5　アンソンマチュム農協と地域農業システム

資料：筆者作成。

るようになった。

　第2に自治体との協力を通じて地域農業発展の実行機関となった。安城市と実務作業班を構成して、地域農業発展基本条例とアンソンマチュム・ブランド条例を作成するなど、地域農業発展の土台を築いた。一時的なことではあるが、2001年に農家経営安定対策（地域農協資金の活用、金利の差3％自治体補塡）は自治体と農協との協力の象徴でもあり、以後のアンソンマチュム・ブランド・マーケティングのパートナーとして企画・実行を協力している。

　第3に地域農業クラスターの主体となって域内の産・学・官連携を構築した。クラスター事業には農協、農食品企業、自治体、研究所、大学が参加し、5大品目の「生産─加工─流通」の過程において、基盤作りとマーケティング展開のネットワークを形成している。

　このような域内の協力を通じて、中央政府や広域政府の政策事業を施行できるようになった。また、品質と定量確保をベースにして、消費者との戦略的提携を構築し、地域農産物の安定的販売基盤を確保してきた。この地域農業協力体制は他の地域に比してレベルが高く、競争力の源でもある。

5）農家の組織化

　産地流通において地域が市場に対応するためには、主要品目を中心に農家が組織化されなければならない。アンソンマチュム農協は地域農協管内の農家組織を、販売連合を契機に、再組織化している。

　販売連合の設立当初（2001年）は農家組織の与件が相違していた。葡萄は農家組織の形でなく、主管農協によって選ばれた農家が、個別に納品する買取共同選別方式であった。梨は連合販売作目班（生産部会）が主管農協の選果場で共同選別・共同計算する方式であった。しかし、農協の販売事業に対する不信が大きくなり作目班の半数ほどが離脱して、既存の作目班では商品化の推進に限界が露呈された。また、地域農協は自己の管内の農産物販売に止まり、他農協との協力が難しかった。このような状況においてアンソン事

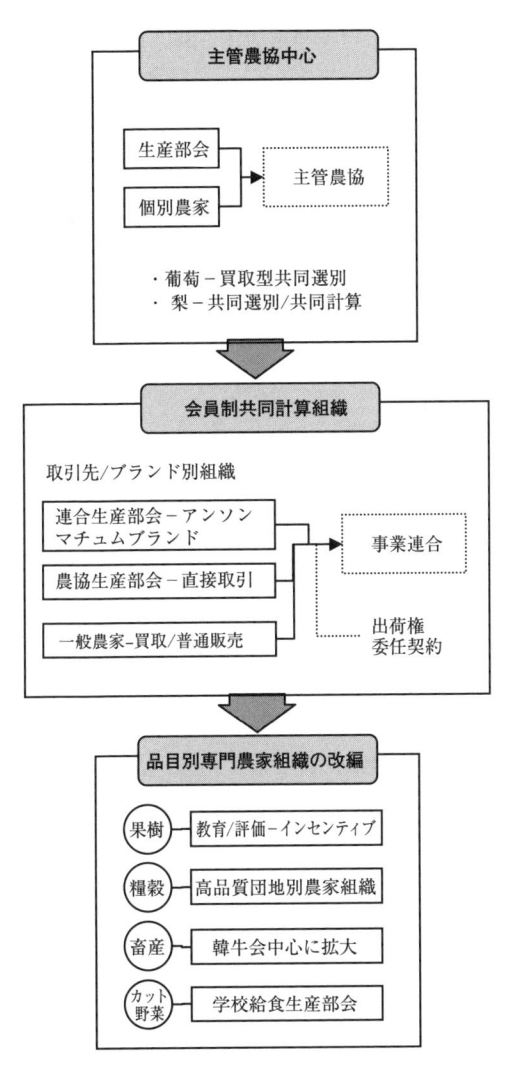

第4章 地域農協の「事業連合」組織化と市場対応

```
┌─────────────────────────────────────┐
│           主管農協中心                │
│  ┌──────┐                           │
│  │生産部会│──┐  ┌──────────┐        │
│  ├──────┤  ├─→│  主管農協  │        │
│  │個別農家│──┘  └──────────┘        │
│  └──────┘                           │
│  ・葡萄 – 買取型共同選別             │
│  ・梨 – 共同選別/共同計算           │
└─────────────────────────────────────┘
              ↓
┌─────────────────────────────────────┐
│         会員制共同計算組織            │
│  取引先/ブランド別組織                │
│  ┌────────────────────┐              │
│  │連合生産部会－アンソン│──┐         │
│  │マチュムブランド    │  │ ┌──────┐ │
│  ├────────────────────┤  ├→│事業連合│ │
│  │農協生産部会－直接取引│──┤ └──────┘ │
│  ├────────────────────┤  │  出荷権  │
│  │一般農家-買取/普通販売│──┘  委任契約│
│  └────────────────────┘              │
└─────────────────────────────────────┘
              ↓
┌─────────────────────────────────────┐
│       品目別専門農家組織の改編        │
│  ┌──┐  ┌──────────────────┐         │
│  │果樹│──│教育/評価-インセンティブ│   │
│  ├──┤  ├──────────────────┤         │
│  │糧穀│──│高品質団地別農家組織│     │
│  ├──┤  ├──────────────────┤         │
│  │畜産│──│韓牛会中心に拡大    │     │
│  ├──┤  ├──────────────────┤         │
│  │カット│─│学校給食生産部会    │     │
│  │野菜│  └──────────────────┘       │
│  └──┘                                │
└─────────────────────────────────────┘
```

図4-6　アンソンマチュム農協中心の地域農業システム

資料：筆者作成。

業連合は農家組織から出荷の権利を委任され、共同選別・共同計算による出荷体制を構築した。

　また、会員制共同計算組織を育てるために共同計算組織に資金を支援する方式へ転換し、農家教育を拡大して参加農家の生産技術向上および事業参加を勧めた。これと共に品目別作目班の連合体系を構築し、農家と販売委任の協約を結んだ。特にブランドごとに農家組織を育成した。梨の場合、連合作目班をアンソンマチュムブランドと「親環境」（有機農産物など環境保全型農業）に、農協作目班を直接取引に、一般農家を買取・一般販売に、それぞれ分けて管理した。

　2007年から品目ごとに農家組織を再編している。果樹は教育を通じて作目班ごとにリーダーを養成しながら、品質管理基準を統一して農家の流通マインドを培っている。ブランドに参加している農家には、インセンティブとペナルティー制度を導入し、農家組織の役割を自覚させている。米は米の栽培団地を中心に団地管理、品質管理、系列下を原則として育てている。畜産は韓牛会を中心に徐々に拡大しており、高麗人参と園芸は参加農協と連携しながら共同選別組織へ育成している。また、カット野菜・果樹は品目別学校給食作目班を構成し、地域農協が管理している。

5．課題と展望

　アンソンマチュム農協を事例として、協同組合間の事業連合が組織・発展する過程を考察した。事例農協は農産物流通環境が変化するなかで、地域農協が産地流通組織としていかに対応するか、を示唆している。成果と意義は多くあるが、事例農協が乗り越えなければならない課題も抱えている。

　第1に地域農協の共感を得て維持しなければならない。事業の必要性を認識して全ての地域農協が参加し、事業連合を発足してきているが、成果を巡って2つの農協が離脱と再参加をしたことがある。地域農協だけで経済事業ができる、という理由もあった。その後、販売事業が安定的な収益を上げ、

第4章　地域農協の「事業連合」組織化と市場対応

これを基盤に専門農協も参加したが、事業法人へ転換した後も組織運営と事業成果いかんによって参加意識が変わる可能性もある。

　第2に地域農協間の格差による事業および組織運営の難しさである。当初は事業連合による事業拡大を図りながら、組織参加と事業参加が異なる、という多層的組織構造の難しさがあった。組織に参加せず品目別に経済事業に参加する組合と、組織には参加しているが事業に参加できない組合が分かれたからである。品目数とロットを拡大しながら組合間の格差を縮小しているものの、依然として参加組合の与件を考慮した組織運営は重要な課題である。

　第3に農家の安定的な組織化である。販売事業の基本が農家組織にあるだけに、品目別・地域別に農家組織が異なることは、一貫した事業システム作りの大きな制約となる。このような農家組織の違いは、管内の農家が組織化されていない地域農協が事業参加する際の阻害要因となった。委託出荷を前提に農家組織の再編を進めているが、品質およびロット確保のために、安定的な農家組織化は重要な課題である。

　第4に経営責任の範囲と参加農協の役割である。これは事業連合の故に抱えている短所から起因する。意思決定においての経営責任の所在の問題は当初から提起された。参加農協間の利害が衝突するか、または消極的な参加となれば、調整は困難である。組合共同事業法人へ転換し、事業連合の短所を乗り越えていく過程にあるが、権限と責任の一体化は依然として課題である。

　最後に、協同組合間の事業連合である組織体制は完全に独立経営体として転換していないために事業部門間の損益を移転する仕組みが不十分である。例えば、糧穀、畜産、果樹事業部門の経営実績の格差により損益に大きな開きがあった場合、参加組合同士で、損益を巡る事項を予め明確にしておかなかった場合、これが事業連合運営に大きな障害要因となりかねない。もし部門ごとの損失が発生した場合、事業連合としては単なる事業連合の損失として処理されるが、その損失を地域農協がどんな形で分担するかといった詳細な決め事がないと、それぞれの農協の内部葛藤が尖鋭化する可能性が高い。したがって今後事業連合のさらなる発展を目指すのであれば、このような課

題について明確な認識を持ち、事業部門ごとの組織体制を確立する必要がある。

協同組合間の共同(協同)に関する事例が多数報告されている。しかし、多くの事例は一時的かまたは特定領域に限定されていて、さらに地域農協の自発的な事例というより中央会主導の色合いが強い。その意味で、まだ多くの課題を抱えているが、地域農協の主導で10年以上の成長・発展を成し遂げてきたアンソンマチュム農協は、地域農協が変化する流通環境に如何に対応していくべきか、を力強く示しているといえよう。

参考・引用文献
クック・スンヨン、チェ・ビョンオク『産地流通の成功要因分析』韓国農村経済研究院、2008年。
クォン・スンク「農協連合マーケティングの成果と改善課題」『食品流通研究』21(4)、韓国食品流通学会、2004年。
キム・ミョンキほか「高冷地大根・白菜における地域農協の連合マーケティング事例分析」『食品流通研究』21(4)、韓国食品流通学会、2004年。
キム・ジョンホほか『地域農業クラスター発展方案』韓国農村経済研究院、2006年。
パク・ソンジェほか『地域協同組合の効率的合併方案研究』韓国農村経済研究院、2000年。
ウ ジェヨン「農協の事業戦略と組織構造の整合性が事業成果に及ぼす影響」『韓国協同組合研究』27(1)、韓国協同組合学会、2005年。
アン・ジュンソップ、イム・ヨンソン「組合間事業連合の現況と課題」『韓国協同組合研究』18、韓国協同組合学会、2000年。
イム・ヨンソン「協同組合販売事業の理論モデル」『NHERIリポート』26、農協経済研究所、2008年。
ファン・ユンジェ『農産物ブランド価値の分析』韓国農村経済研究院、2007年。
ファン・イシック『農協流通事業の発展のための制度改善方案』韓国農村経済研究院、2003年。
ファン・イシックほか「産地流通戦略と農協の役割」『産地流通革新戦略と農協の役割』韓国農村経済研究院、2004年。
ファン・イシック、ジョン・クンホ『組合共同事業法人の発展方向研究』韓国農村経済研究院、2006年。
農林部「アンソン地域農協事業連合の事例;もう一つの成功戦略」農業経営コンサルティング、2005年。
地域農業ネットワーク「地域連合組織化と事業推進戦略に関する研究」2004年。
地域農業ネットワーク「アンソン地域農協事業連合コンサルティング報告書」2000~2006年。
地域農業ネットワーク「アンソンマチュム農協経営コンサルティング報告書」2007~2009年。
安城市『安城市統計年鑑』各年度。
アンソンマチュム農協「事業内部資料」各年度。

第5章
住民共生型「地域総合センター」と地域活性化

李　仁雨・黄　永模・柳　京熙

1．はじめに

　韓国における地域発展の形態は、一般的に地域内の資源の有効な活用によってではなく、まず都市行政機能を移転・誘致することなど地域の内発性とは無関係で、全面的に地域の外部の力に依存する都市化の積極的な推進であった。ところが、都市化の進展は地域によって異なり、必ず同一の発展経路に沿って進行するという性質のものではない。また場合によっては非常に複合的な発展経路を辿ることになる。それは初期の頃の単純な地域発展の動きとは異なり、今日では経済的・社会的な生活基盤も複雑になりつつあるからである。地方都市は一層の都市化を進めた結果、人口と事業体数が増える成長型の都市へと展開する事例も見られたものの、特定の時点を過ぎるとむしろ人口と事業体数が減る衰退型の都市へ展開する事例が多数確認されるようになった。

　こうした変化の結果、地域によっては農協に期待される役割が変化しつつある。とくに衰退型の地方中小都市では農協の役割あるいは期待が以前と比べ、さらに多様化し複雑になると予想されている。

　韓国では農村の都市化と行政区域の統合が進行するとともに農業生産者と都市住民が共に居住する「都農複合都市」が造成され、農協も「都農複合都市」の地域農協へ転換していくケースが多数見られるようになった。

　この過程で農業生産者と都市住民が相互に共生できるような事業戦略の転

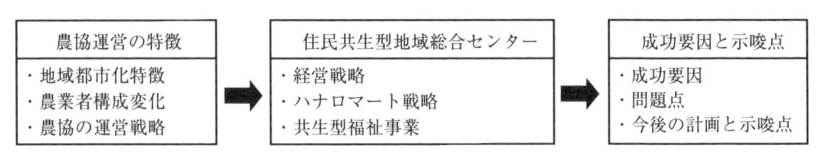

農協運営の特徴	住民共生型地域総合センター	成功要因と示唆点
・地域都市化特徴 ・農業者構成変化 ・農協の運営戦略	・経営戦略 ・ハナロマート戦略 ・共生型福祉事業	・成功要因 ・問題点 ・今後の計画と示唆点

図5-1　本章の構成

換と組織づくりに成功した「都農複合都市型地域総合センターモデル（農協）」が現れている。

　韓国の全羅北道井邑市 井邑農協（ジョンオブ）は、1995年に行政区域の改正で井州市と井邑郡が統合し新たな「都農複合都市」である井邑市がスタートして以来、「新しい成長機会を捉えた経営戦略」、「農家直接取引を活用したハナロマート（農協運営の店舗）事業」、「女性組合員のボランティア中心の住民福祉事業」など「地域総合センター」の戦略を地域密着、共生の原則にしたがって実践し成果を上げている。さらに地域経済の活性化について中心的な役割を担うまで成長している。その成功要因を簡単に整理すると、都市化の進展度合いに歩調を合わせた地域農協戦略の再確立とそれを後押しできるように効率を高めた教育支援事業の活用方式である。

　本章では都農複合型農協として成功した要因を明らかにすると同時に政策的示唆点について整理したい（本章の構成は図5-1を参照）。

2．井邑農協の現況

　井邑農協（ジョンオブ）は韓国全羅北道井邑市に位置している（図5-2）。井邑市は1つの邑、14の面、8つの洞で構成されており、人口12万人の「都市・農村複合型の中小都市」（以下「都農複合型中小都市」という）である。そのうち、井邑農協の管内は邑の一部（邑の8つの洞）と徳川面となっている。

　井邑農協の管内は、井邑市の市役所の所在地である主要都心部を挟んで、北に徳川面の農業地域、そして南に内藏山国立公園がある観光地で構成されている。もちろん組合員の構成も地域によって大きな差を見せている（図

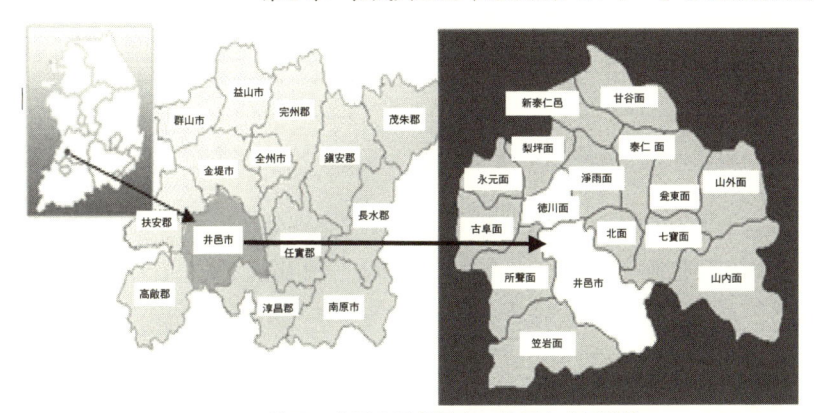

第5章　住民共生型「地域総合センター」と地域活性化

図5-2　韓国の全羅北道井邑市の位置と井邑農協

図5-3　井邑農協の管内の区域の特徴

5-3)。

　井邑農協について詳細に見てみると、組合員は6,029人（2009年）となっており、井邑農協管内の全体人口である7万4,000人の8.1％を占めている。井邑農協管内の農家戸数は3,054戸であり、井邑市農家全体戸数の24％を占めている。井邑市の人口の62％が井邑農協管内に集中していることを考慮す

表 5-1　管内の農家の営農形態の分布（2005）

計	稲作	果樹	野菜	畑作	特用作物・花卉	畜産	その他
3,054戸	1,786戸	344戸	243戸	309戸	153戸	200戸	19戸
100%	58.5%	11.3%	8.0%	10.1%	5.0%	6.5%	0.6%

資料：韓国農林水産食品部『農業総調査』2005年。

れば、地域での農家の比重が相対的に低いことが分かる。

　管内の農地面積は2万5,800haで、管内の全体面積である6万9,300haの37％を占めている。林野が占める面積が最も大きく3万2,500ha（全体の47％）である。残りは都市の住宅地・商業地などで16％を占めている。

　農家の営農形態別の分布を見ると、**表5-1**に示したように、管内の農家3,054戸のうち、水田農家が1,786戸（58.5％）で一番多い。次に、果樹344戸（11.3％）、畑作309戸（10.1％）、野菜243戸（8.0％）、畜産200戸（6.5％）、特用作物・花卉153戸（5.0％）の順となっている。

　畜産の比重はあまり高くないものの、実際には1戸当たり飼養規模が大きいため、生産額に占める割合は大きい。管内地域の営農形態を大きく分けると、水田と畜産を中心に果樹、畑作物、野菜、特用作物・花卉が入り組んだ形となっている。

　井邑農協の組織現況については**表5-2**に示したように、2009年末時点で組合員6,029人（女性2,474人）であり、准組合員は2万4,250人となっている。

　組合員組織の大きな特徴としては、女性組合員で構成されたボランティア組織である。その組織人数は約100人であり、地域社会の貢献活動を担当する組織として発展している。

　その他、組合員で組織される営農会が124、作目班が24組織されている。代議員数は130人、役員数は18人である。事務所は本・支店8カ所、事業場5カ所、職員数は248人である。

　次に井邑農協の事業現況を見ると**表5-3**のとおりである。

　経済事業の売上高は508億ウォンで、全国平均の約2.5倍である。都市化された地域の農協の特性上、販売・購買事業の実績は全国の平均より低い反面、マート（農産物の販売、生活資材の販売）事業は全国平均の12倍以上の高い

第5章　住民共生型「地域総合センター」と地域活性化

表5-2　井邑農協の組織現況（2009年）

区分	組合員	准組合員	営農会	作目班	代議員	役員	職員	ボランティア
井邑農協	6,029 （女性2,474）	24,250	124	24	130 （女性30）	18	248	100

資料：農協の資料より作成。

表5-3　井邑農協の事業現況（2009年）

（単位：億ウォン）

区分	経済事業（売上高）						使用事業（平残）		
	購買	販売	加工	マート	その他	小計	予受金	相互金融貸出金	共済料
井邑農協	37	54	16	389	5	508	3,238	2,369	183
全国平均	47	98	6	32	3	206	1,425	1,045	52

資料：農協の資料より作成。

表5-4　井邑農協の経営現況（2009年）

（単位：億ウォン）

区分	総資産	自己資本*	売上総利益				当期純利益	出資配当	利用高配当
			経済	信用	共済	小計			
井邑農協	3,984	239 (86)	57	97	13	166	23.2	5.7	3.5
全国平均**	1,353	88 (32)	11	33	3	52	7.4	1.7	1.2

資料：農協の資料より作成。
　注：*自己資本の（　）は組合員の納入出資金、** 地域農協の組合当たり修正平均値。

実績を見せている。信用事業は平均残高基準で3,238億ウォン、相互金融貸出金が2,369億ウォン、共済が183億ウォンであり全国平均を上回る事業規模を有している。

　経営現況について詳細に見ると以下のとおりである（**表5-4**）。総資産は3,984億ウォンの規模で、そのうち自己資本は239億ウォン、組合員の出資金86億ウォンである。損益の状況を見ると、2009年時点で、年間売上総利益は166億ウォンとなっており、そのうち、信用事業が97億ウォン、経済事業が57億ウォンの規模である。年間純利益は23億ウォンであり、出資配当率7.25％（韓国の2011年7月現在の銀行の平均利子率は4％台）、利用高配当率4.47％ともに、全国の平均を多く上回っている。

　以上のように井邑農協の経営的視点からの概略をまとめてみたが、新しい農協モデルとしての特徴について検討に入る前に、歴史的な主要沿革についても調べてみることにしたい。

参照1　井邑農協の主要沿革	
1972年6月28日	「里洞組合」の合併、井州農業協同組合設立
1973年3月20日	相互金融を開始
1996年2月24日	第10代組合長　柳南営氏就任（2010年現在4選）
1998年9月19日	予受金1,000億円達成
1999年8月19日	ハナロマート新築開場（1999年8月20日、総合庁舎の新築竣工）
1999年12月18日	徳川農協と合併（徳川支所の開設）
2003年11月30日	相互金融貸出1,000億円の達成
2004年11月10日	相互金融予受金2,000億円の達成
2005年12月31日	総合業績評価の都市型農協全国1位達成
2009年1月15日	相互金融予受金3,000億円の達成
2009年3月4日	第3回農協文化福祉大賞受賞

　井邑農協は1972年、それまで「里洞組合」[1]にすぎなかったいくつかの組合が合併し井州農協として設立された。以後1973年に相互金融業務、すなわち、信用農協として本格的な業務を開始し、順調に業績を伸ばすなか、1995年に米販売事業で事故（詐欺事件）が発生し、大きな損失を被り、合併勧告を受ける事態に至った。しかし、翌1996年に現在の組合長が就任してから農協資産の果敢な構造調整を断行し、経営を早期に正常化した。その後、地方中小都市では困難であったハナロマート事業を大型化する経営戦略を樹立し、成功を収めるなど既存の信用事業はもちろんのこと経済事業にも積極的な取り組みを見せた。もちろん信用事業においても業績を伸ばし、2009年には預金規模で3,000億ウォンを達成し、2009年には農協文化福祉大賞を受賞するなど、その取り組みは福祉にまで広がった（参照1）。

3．地方の都農複合都市農協運営の特徴

1）都市化の特徴と農協運営戦略の選択の概要

　現代社会における農協の展開過程を理解するためには、先に地域社会の発

1　第1章3節で韓国農協の歴史的展開について詳細に説明しているが、ここでもう1回おさらいをすると、1961年に、既存の農協と農業銀行を統合し、新たな農協を設立し、既存の金融組合連合会と農会資産を中央会、郡組合、里洞組合が承継する形で、3段階の系統組織体系を整備した。里洞組合は農協の末端組織としての位置づけがなされたが、地域によってはその経済格差が大きく、名前だけの里洞組合も多く存在していた。

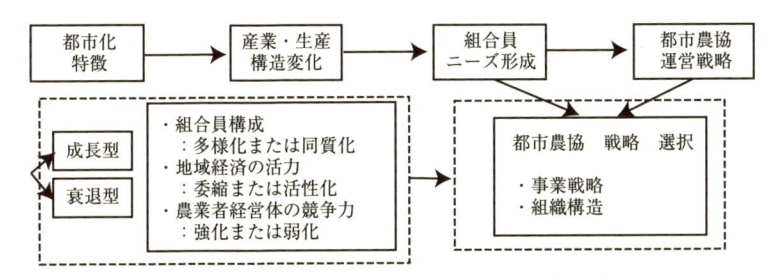

第5章　住民共生型「地域総合センター」と地域活性化

```
[都市化特徴] → [産業・生産構造変化] → [組合員ニーズ形成] → [都市農協運営戦略]

成長型／衰退型
・組合員構成
　：多様化または同質化
・地域経済の活力
　：委縮または活性化
・農業者経営体の競争力
　：強化または弱化
→ 都市農協　戦略　選択
・事業戦略
・組織構造
```

図5-4　都市化による都市農協の運営戦略選択の経路
資料：筆者作成。

展過程を理解しておくことが重要である。特に今日の農協は都市化の過程で地域農協がどう変化し、そのなかで農家や経営体がどのような環境変化に直面するようになったか、またそれがなぜ個別の対応を超え共生を必要とするようになったのかについて理解する努力が必要である。なぜなら今日の急激な環境変化に伴い農協の運営戦略も変化せざるを得ないからである。

井邑市のように、都市と農村が混在し、農村の都市化が進展するなかで、既存の農協運営のやり方だけでは対応できなくなっている農協は数多く潜在している。このため、農協運営をめぐる新たな戦略の確立が非常に重要となっている。都市化の進展に伴う農協の運営戦略選択の経路を概念化したのが**図5-4**である。

図で見るように、全国的に、都市化の進展は必ずしも高い地域発展の効果をもたらすわけではない。すなわち地域ごとの様々な要因によって多様な結果をもたらしている。都市化の進展は地域の土地、労働、資本などの産業および生産構造に影響を与え、農協にとってみればこれまで経験しなかった組合員構成、地域経済、農業生産にも大きな影響を与える。都市の進展度合いに伴う結果を類型で見ると、成長型の都市、または衰退型の都市の2つに大別されるが、当然、こうした変化を背景に組合員の新たなニーズ（農協への要求）が形成され、農協は事業戦略と組織構造など新しい運営戦略に転換するための選択に迫られる。

図5-5は現実の指標を基準にして韓国の中小都市の類型を行った結果であ

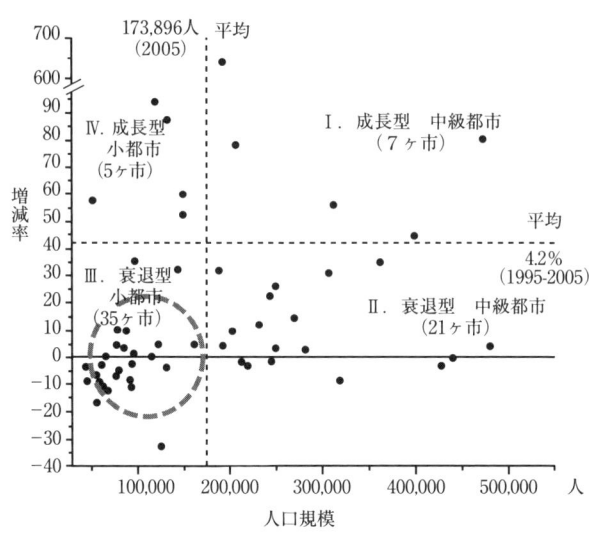

図5-5　中小都市の類型

資料：イ・インヒ（2008：44）

る。この研究（イ・インヒ（2008））によれば、韓国で人口50万人以下の68の中小都市は大きく4つに分類される。これら類型は縦軸に人口増加率を横軸に人口規模という2つの軸を設定し、それぞれの平均を基準にして、都市の衰退（deprivation）または成長（growth）類型を図5-5のように分類した。

「成長型中級都市」は人口増加率と人口規模が平均以上の都市であり、「衰退型中級都市」は人口増加率が平均未満で人口規模が平均以上の都市を指す。一方、「衰退型小都市」は人口増加率と人口規模が平均未満の都市で、「成長型小都市」は人口増加率が平均以上で人口規模は平均未満の都市を指す。

この類型基準によれば井邑市は1995年から2005年まで、人口増加率が−17.8％、2005年時点で11万5,416人であり、平均（17万3,896人）未満となっている。したがって、「衰退型小都市」に属する。この研究は井邑市の場合のように、多くの地方都市が「衰退型小都市」に属していることを示しており、事実、農業生産者と農協が歩むべき現実と今後の展開を予告する意味も含んでいるといえよう。

したがって井邑農協が体験した「衰退型都市化」への過程はほとんどの農

第5章　住民共生型「地域総合センター」と地域活性化

協や地域が抱えている問題である。ただし、井邑農協と他の農協との違いをあえて言えば、そのような現実の変化に対し、どのような運営戦略を選択して対応を行ってきたかである。そこに注目すべきである。実際に井邑農協は、井邑市の都市機能と区域が拡張され都市型の産業構造に転換し、外見的な都市化が進展した反面、人口、事業体数、事業従事者数が減少するといった問題に直面していた。しかしそのような変化について地域として、農協に対し特別な期待と要求が自然に形成される過程も同時に経験していた。以下ではこのような井邑農協の内・外の環境変化とそれに伴う新しい運営戦略の模索およびその実践過程をより細かく見ることとしたい。

2）農業構造の変化と組合員の新しいニーズの形成

　井邑農協の内・外環境の変化は直ちに組合員の「脱農」（農業を止め他の仕事に就業すること）と都市機能の拡大と合併に伴う組合員の構成の多様化をもたらした。これについては図5-6を見れば明らかである。

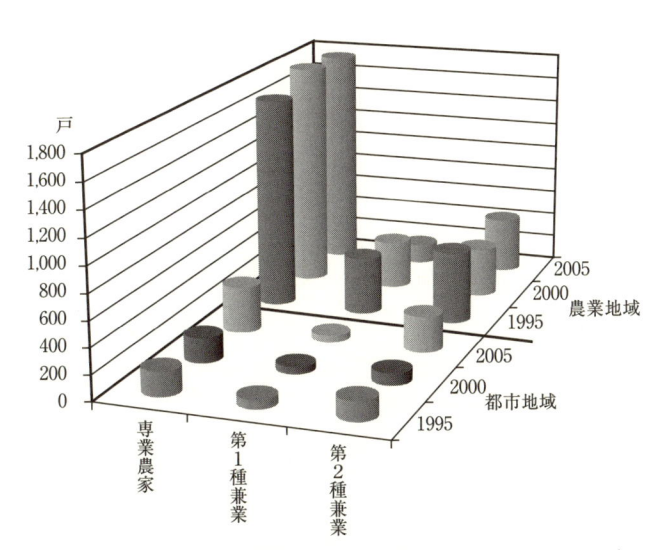

図5-6　井邑農協管内の農家の専業・兼業の推移（1995～2005）
資料：農協の資料より作成。

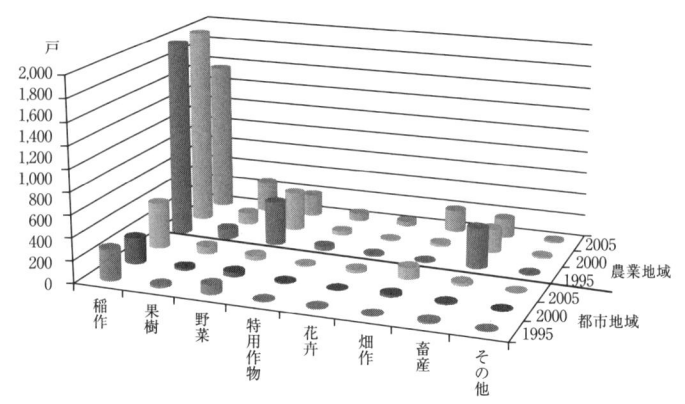

図5-7　井邑農協管内の農家の営農形態の推移（1995～2005）
資料：農協の資料より作成。

　図で示したように、都市地域と農村地域の農家の専業率は歴然とした差が存在している。農村地域はまだ専業率が高いが、都市地域は多様な農家形態となっており、農業生産者といっても必ずしも利害が一致しなくなったことが容易に推測できる。また図5-7のように、組合員農家の営農形態は　農業地域を中心に稲作に集中（この現状も年次別推移を見ると、全体的に減少傾向）しており、果樹、野菜、畑作、畜産が小規模的に分布していることが分かる。

　さらにこのような状況に鞭を打つように、図5-8に示したとおり、韓国経済が大きな打撃を受けた1997年12月の韓国のアジア通貨危機（IMF危機）以降、井邑市は地域経済の景気が好転せず、沈滞の局面に入っている。井邑市の事業体数は1997年の8,682事業体を頂点とし、毎年減少が続いている。結果的に生産者および地域農業と井邑農協の経営環境が困難に直面している可能性は高い。このような経済環境の悪化は常に２つの方向性を持つ。まず１つ目は、経済環境の悪化により、同質でなくなった組合員のニーズが分かれるという側面と、２つ目はいずれにしても経営体の競争力の確保のために、農協に対していつもより強く対策を取るように求めるようになることである。結局のところ、地域の難題が農協にぶつけられることとなる可能性が高いの

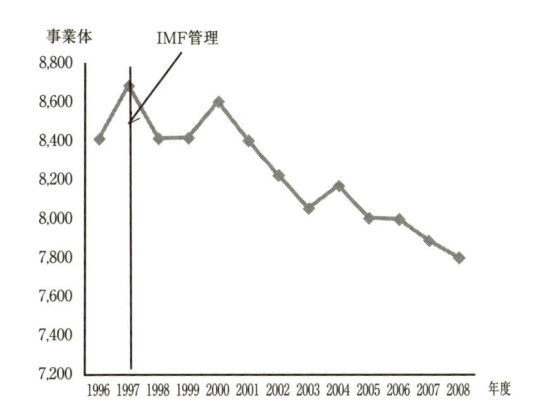

第5章　住民共生型「地域総合センター」と地域活性化

図5-8　井邑市の事業体数の変動の推移（1996〜2008）
資料：農協の資料より作成。

```
参照2　都市化以後の井邑農協の環境の変化要素

▶「脱農」などによった組合員の経済的地位の多様化
▶都市区域の拡張と労働力の構成変化により営農形態が変化
▶農協合併により組合員の多様化
▶人口流出および事業体減少の影響で地域経済の萎縮
▶地域経済の萎縮の影響で地域内農産物の需給機能の萎縮
▶地域経済の伝統的基盤の萎縮により農業経営体の競争力低下
▶人口の高齢化により組合員の高齢化
```

```
参照3　都市化以後井邑農協の多様な組合員層のニーズ形成

▶（全体）地域経済の萎縮による経済的波及効果の緩衝および最小化ニーズ
▶（組合員）組合員の農業経営の競争力の向上ニーズ
▶（住民としての組合員）組合員の生活のレベル向上など社会的・文化的ニーズ
```

である。

　井邑農協においてもこのような環境の変化のなかで、多様化しつつあるそれぞれ利害が違う組合員層の新しいニーズに直面する。まず、環境の変化の要因を整理したものが参照2である。このような環境変化の要因から新しく形成された多様な組合員層のニーズは参照3のように形成されている。全体的には地域経済の萎縮についての対応ニーズ、農業者組合員には自分たちの経営体の競争力見直しのニーズ、「脱農」などで農業者の範疇に属さなくな

った「住民としての組合員」には生活の質を向上させることなど社会・文化的ニーズの充足についての期待が形成され高まっていると推察される。

3）農協運営の戦略的模索

井邑農協はかつてない農村地域と都市地域の分化、組合員営農形態の分散化、多様化に伴う新たな組合員層発生とニーズの多様化など、複雑な環境変化に応じて新しい事業と組織戦略を組み立て、農協運営戦略を模索することになった。

図5-9は都市化された環境に応じて井邑農協が新しく模索した事業戦略概要を示したものである。

図で見るように、井邑農協は都市化され、多様化した組合員のニーズに応じられるように、既存の信用事業、経済事業、教育支援事業をそれぞれ専門化・効率化する方法を模索した。地域経済萎縮による経済への波及効果を最小限に留めるために信用事業の健全性と専門性を高める方向へ転換した事業戦略を樹立した。組合員の経営の競争力を見直すために、組合が保有している経済事業の施設と財源を効率化する一方、組合員の生活レベル向上を目指し、教育支援事業を活性化する方向へ戦略を切り替えた。

井邑農協にとって信用事業の健全化・専門化戦略は井邑市を取り巻く経済

組合員のニーズ	井邑農協の事業戦略
地域経済の委縮に伴う経済波及効果最小化	← 信用事業健全化・専門化
農業者組合員経営体競争力向上	← 経済事業効率化
組合員の生活質等社会・文化的ニーズの充足	← 教育支援事業活性化

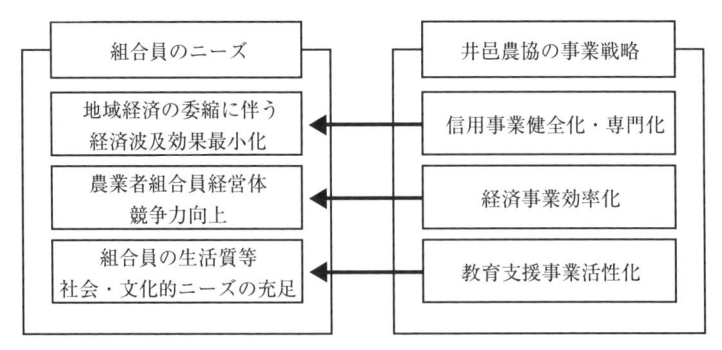

図5-9　多様化した組合員ニーズに応じた井邑農協事業戦略概要図
資料：筆者作成。

第5章　住民共生型「地域総合センター」と地域活性化

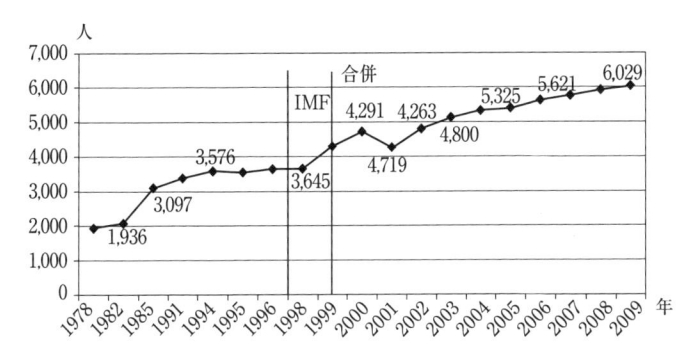

図5-10　井邑農協の組合員数の変化推移（1978〜2009）
資料：農協の資料より筆者作成。

環境においても意味のある戦略であった。井邑市ではアジア通貨危機に端を発したIMF管理体制以後地域内の小規模金融機関に対し経営破たんの懸念が高かった。実際に小規模の銀行が倒産し、近隣農協は流動性危機状態に陥った。このような環境で井邑市の住民および井邑農協の組合員の要望は、地域内の金融機関の信頼を回復してほしいという点に集中した。こうしたなかで井邑農協は近隣の地域農協を合併するとともに信用事業の健全性・専門性を高めることで地域住民と組合員の信頼を回復するように努力した。その結果**図5-10**で見るように、こうした危機がむしろ組合員の基盤が持続的に拡大する契機となった。

　経済事業の効率化戦略も井邑農協には特別な意味があった。井邑農協は管内地域が都市化されるにつれ専業の組合員数が減少し、既存の経済事業施設の稼働率が低くなった結果、過剰施設を抱えることとなり、経済事業全体の非効率性をもたらした。このようななか、井邑農協は1999年に経営危機に陥った近隣農協（面単位の農村地域）と合併することによって、既存の経済関連事業施設（選別場・米穀処理場）を農業地域である合併農協地域へ新築または移設した。これによって経済事業の稼働率を高めることができ、合併した農協の組合員の施設利用率も高めることができた。

　教育支援事業の活性化戦略は管内の人口の減少・高齢化に応じて組合員の

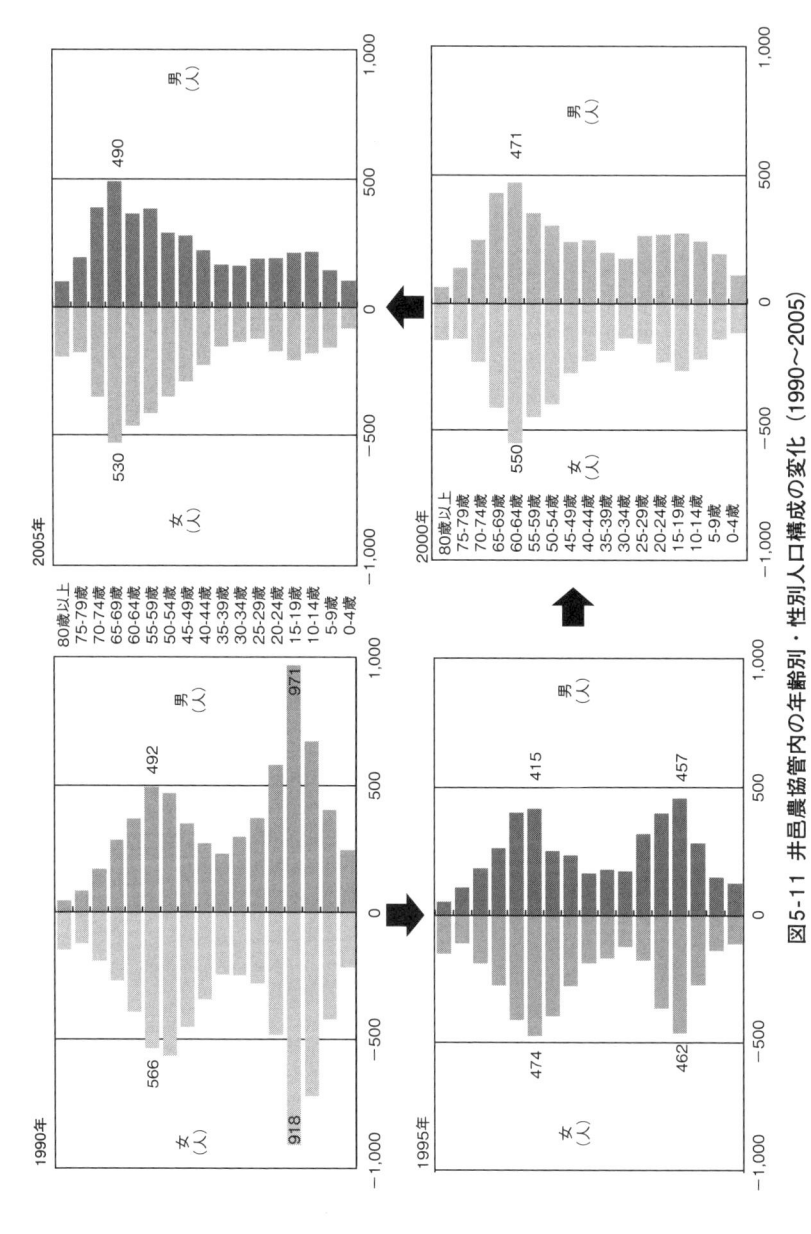

図5-11 井邑農協管内の年齢別・性別人口構成の変化（1990～2005）

資料：韓国農林水産食品部『農業総調査』2005年、農協の資料を基に作成。

第5章　住民共生型「地域総合センター」と地域活性化

文化・福祉事業を活性化する方向に推進した。

上述したように、女性組合員で構成されたボランティア組織（約100人）を中心に、地域社会の貢献活動を効率よく組織・運営している。

4．井邑農協運営の成果と住民共生型地域総合センター

1）多角化経営戦略の成果（危機を契機とした戦略的運営へ）

戦略的ポジショニング再設定（strategic repositioning）[2]とは質的に変化した市場環境に対応するための企業の発展戦略の1つである。企業が市場で生存し成長するためには絶え間なく変化するビジネス生態系（business ecosystem）の中でマーケティングポジショニング（marketing positioning、市場での自社ブランドの位置づけ）を考え行動することが重要である。また、企業は一度市場で優位を占めた後も常に競争優位（competitive advantage）を持続的に保持するためのポジショニング再設定（repositioning、ポジショニング戦略の1つ。市場にすでに存在する自社商品を、その特長が生かせるように市場空間内で位置づけ直すこと）を図ることが必要である。

井邑農協の新しい運営戦略は、事業別の多角化経営戦略として具現化してきた。これは農協運営戦略を樹立した1996年から本格化した。**図5-12**は井邑農協の戦略を概念図として表したものである。

図で見るように、井邑農協は市場環境の変化を契機に、新規の事業進出、市場占有率の確保、コア・コンピタンスの革新を模索しながら競争優位の戦略を確立することで、新しい市場環境と地域社会に農協の位置づけを明確にしようとした。その契機となったのは1995年に起きた経営危機から端を発す

2　戦略的ポジショニング再設定とは顧客層（製品・サービスによって満足を享受するのはだれか）、顧客機能（製品・サービスによって何が満たされるのか）、技術（顧客ニーズがどのように満たされるのか）という3次元の要因の組み合わせによって成り立っており、各業界におけるそれぞれの企業の立ち位置のこと、すなわち通常、各プレーヤーは何らかの領域に軸足を置いていて、その強弱を相対的に示すのが戦略ポジショニングである。企業分析や戦略立案において、戦略ポジショニング分析は非常に重要な要素である。

149

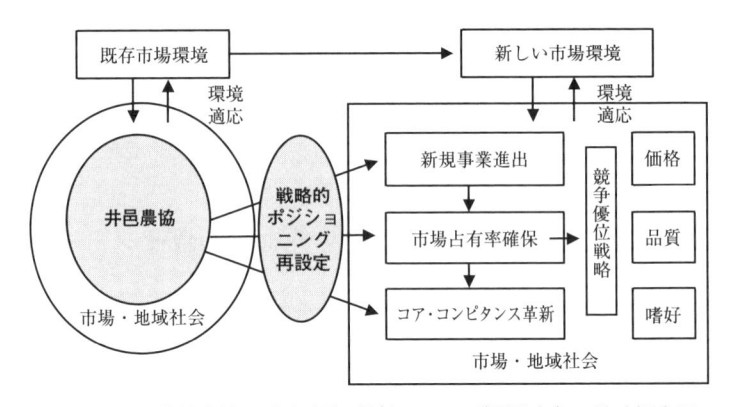

図5-12 井邑農協の「戦略的ポジショニング再設定」の戦略概念図
資料：筆者作成。

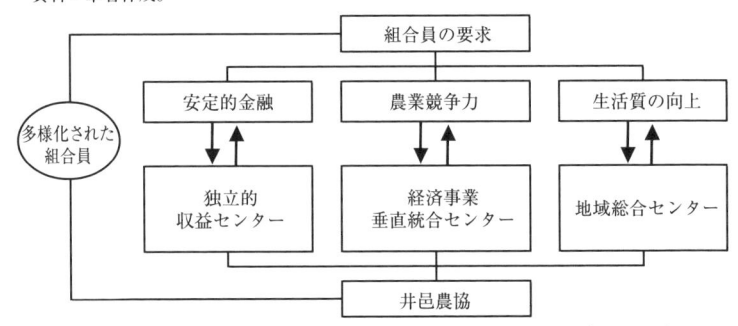

図5-13 井邑農協の多角化された経営単位の組立てモデルの概念図
資料：農協の資料を基に筆者作成

る。先にも触れたように井邑農協は1995年に思いもよらなかった米販売事業で発生した大型米事故（詐欺事件）に巻き込まれ大きな損失を被り、合併勧告まで受ける実態に陥った。当時、全羅北道内の多くの組合は同一の米問屋から詐欺に遭い、販売代金を回収できず、大きな損失を被った。この詐欺事件で組合存続の是非が問われるほど当時の組合経営基盤は極めて弱かったことが、事業別多角化戦略に繋がった。

井邑農協は1996年に新たな組合長を選出した後、新しい組合長と組合員の思いきった決断により、資産調整および投資計画を全面的に見直し、戦略的農協運営への第一歩を踏み出した。**図5-13**は井邑農協が各事業を経営単位に発展させ、分野別に専門化した内容を概念化したものである。

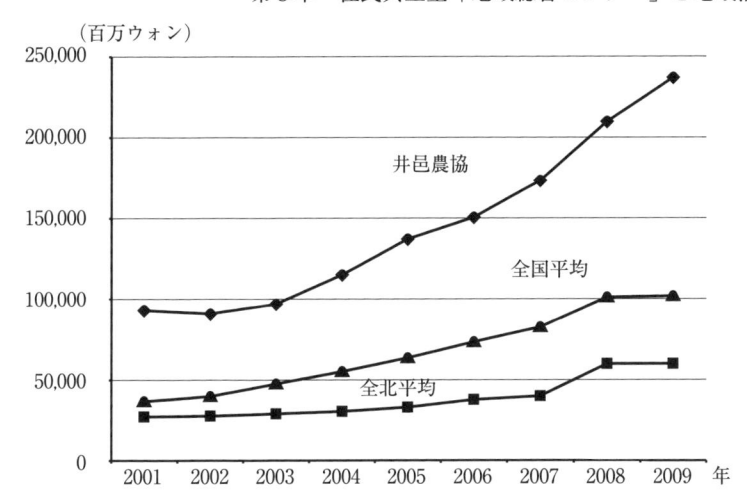

第5章　住民共生型「地域総合センター」と地域活性化

(百万ウォン)

図5-14　井邑農協の相互金融貸出金の平均残高の変化の推移（2001～2009年）
資料：農協の資料より筆者作成。

　図に示したように、信用事業は地域住民と組合員の現金流動性を支援する金融機関でありながら、組合の経営的側面から「独立的収益センター」の機能を行う経営単位として発展させた。経済事業は組合員を対象に農業関連資産を垂直統合した「経済事業垂直統合センター」として、教育支援事業は「地域総合センター（農協の会計上教育支援事業費を執行）」として、事実上独立した経営単位を形成した。

　図5-14は信用事業の「独立的収益センター」としての成果を表したものであるが、2001年以降、相互金融貸出金の平均残高が続けて伸びていることが分かる。これは、井邑市が衰退的都市化の展開過程を見せるなかで、農協の信用事業は事業の基盤を拡大しながら、多角化された経営単位への支援を可能としたことを意味する。

２）地域農産物の直接取引による経済事業の再構築（ハナロマート事業の革新）

　井邑農協の経済事業が経営単位として注目される成果を上げたのはハナロマート事業である。当初、ハナロマート事業は組合員に生活必需品を安い価

格で供給するため運営し始めた購買協同組合のモデル事業である。ところが、この事業は該当農協が置かれている環境によって様々の形態で運営できるようになった。農村地域では本来の趣旨のとおり生活必需品を主として供給する一方、都市地域では他業種との競合との関係から大型量販店、スーパーマーケットなどの業態へと転換した。井邑農協も以上のようにハナロマート事業を地域特性に合わせて転換した。

井邑農協が試みたハナロマート事業の戦略は図5-15に示したものである。

井邑農協は、中小都市である特性を生かしハナロマートの売り場を最適規模に転換する投資戦略を行い、まず新鮮な野菜・肉類中心の生鮮品を集中的に配置したことで競争優位の確保戦略を取った。

実際、投資戦略が樹立・実行された契機は、井邑農協が1995年大型米事故以降、合併勧告を受けて1996年に本店を売却する代わりに、繁華街からやや離れた所に新規の２階建ての大型ハナロマートの建設・開店を断行した。当時としては本店を売却するなどの厳しい経営条件でありながら、それに屈せずむしろ大規模の投資を行ったことは異例のことであった。

中小都市で大型ハナロマートを開店した以後、競争戦略はまず商品の選別の徹底化を図った。ここでまず新鮮な野菜と肉類に注目した。近隣の大型量販店との真向からの競争を挑んだのである。当時農協のハナロマートの品揃えは大型量販店に比べ、劣っていたが、組合員との内部取引関係を構築したことで、安定的な供給体制を整えた。井邑農協のハナロマートで調達する１次食品は組合員が生産した農産物を直接取引することで、品質も確保し、農家である組合員の利益にも大きく寄与した。これはハナロマート事業が生活物資である工業製品（工産品）などを調達して、組合員に供給するといった当初の路線から離れて、組合員との直接取引を通じて、農産物を販売する形態へと発展したのである。発想の転換と果敢な投資戦略がうまく功を奏した。

直接取引の形態を見ると、まず農家である組合員が井邑農協の指導チームに直接取引を申し込む形式である。これを受けて指導チームはハナロマートの担当チームに申し込み、受付農家の現況について情報伝達を行い、担当チ

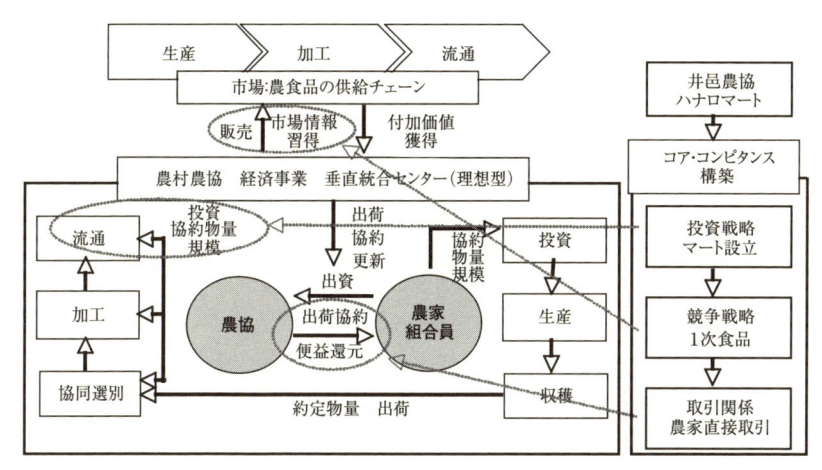

第5章　住民共生型「地域総合センター」と地域活性化

図5-15　農協の経済事業の垂直統合センターの理想的モデルと井邑農協ハナロマート
資料：筆者作成

ームは現場に赴き、品質・物量などを確認した後、納品の取引契約を締結する。その後、組合員に包装紙を供給し、農家が納品を完了すると、代金を先払いで決裁する（先決済）方式で取り引きは進行する。当時の韓国の農協としては異例の契約方式である。

井邑農協のハナロマートの直接取引高は年間34億ウォン規模で、直接取引に参加した組合員には優遇価格で取引が行われる。野菜及び果物の場合、井邑農協管内の共販場のセリ価格基準に4％の金額が上乗せされる。これは組合員が共販場で販売する場合に比べ、4％の手数料が節減されるために、農家の受け取り価格は8％の実益をもたらす試算となる。とくに肉の場合、格付けによって奨励金を20万〜40万ウォンまで支給しており、農家が直接ソウルの卸売市場までの運送費用を考慮すれば手取り価格はそれ以上になるために、地元に良いものが集まる仕組みを構築したのである。

図5-16は井邑農協のハナロマートの売上金と農家の直接取引の比重を示しているが、2009年の総売上高389億ウォンのうち、8.8％（34億ウォン）である。このような新たな取引方式の構築は結果的に、**図5-17**のとおり、ハナロマートの売上高は2006年に300億ウォンを突破し、2009年時点までその

153

ハナロマート総売上高
389億ウォン（2009年）

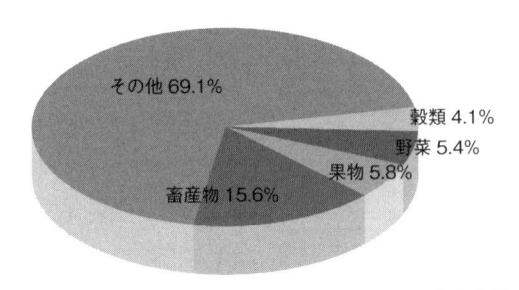

図5-16　井邑農協ハナロマートの2009年の総売上金と農家直接取引の現況
資料：農協の資料より筆者作成。
注：総売上高389億のうち、農家直接取引物量34億ウォン規模。品目別取扱比重、工産品55％、1次食品：45％。穀類除く1次食品直接取引比重28.5％（総売上高のうち8.8％）。

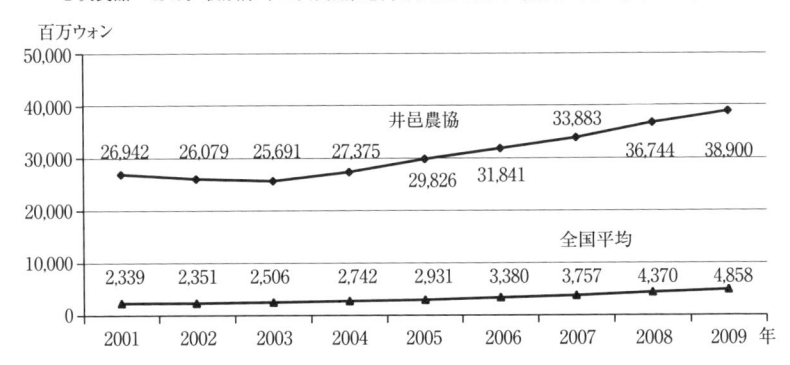

図5-17　井邑農協ハナロマートの年次別事業実績の推移（2001～2009年）
資料：農協の資料より筆者作成。

伸びが続いている。

3）女性組合員のボランティア組織（共生型福祉事業と地域総合センターとしての成果）

　井邑農協は女性組合員のボランティア組織（以下、ボランティア組織）を一貫して育成してきた。ボランティア組織は「愛の分け合い奉仕団」という名称で地域の高齢者および貧困層のための支援事業を展開している。井邑農

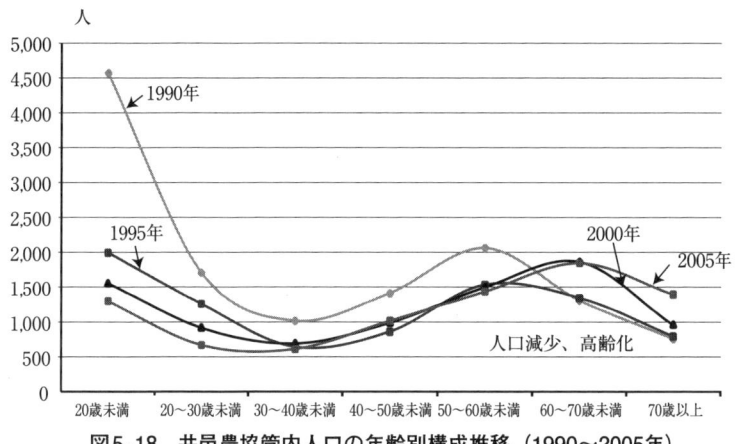

第5章 住民共生型「地域総合センター」と地域活性化

図5-18 井邑農協管内人口の年齢別構成推移（1990～2005年）
資料：農協の資料より筆者作成。

協はボランティア組織の育成に当たり、農協の教育支援事業を革新して支援を行った。結果的に「地域総合センター」としての経営単位を確立するうえで必要な措置であったといえよう。それは第2章でも詳細に分析したとおり、「地域総合センター」モデルそのものが、通常の農協経営で考える財政基盤に全面的に依存しては成り立たない性質を持っているからである。しかしながら韓国の現実から農協に求められている地域社会への貢献活動要求に対し、その必要性を認めつつも、その運営方式については真剣に考えていなかったことは否定できない。しかし井邑農協は地域社会の活動を行ううえで費用を減らしつつ、また効果を上げるためには組合員自らの意識改革しかないと判断したのである。

　井邑市は1995年に「都農統合市」として発足し、都市の行政機能が拡大し、都市化が進められた。しかし井邑市の地域経済は1997年以後一向に改善が見られず、そのあおりを受けた農村部は、（農業従事）人口の高齢化現象と相まって、経済、社会、文化など生活で貧困化が進行しはじめた。とくに、都市地域に残留するようになった農家組合員に深刻な問題として発展したのである（**図5-18**参照）。

　農家組合員が経験した生活レベルの低下現象は都市住民との比較が容易に

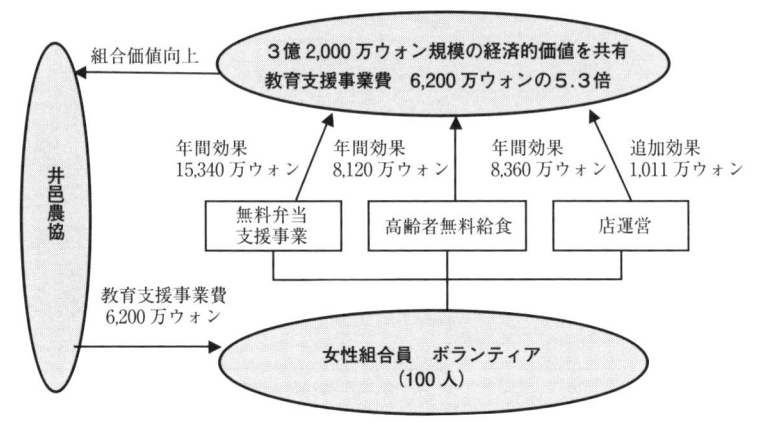

```
                     ┌─────────────────────────────────────┐
   組合価値向上       │ 3億2,000万ウォン規模の経済的価値を共有 │
  ←──────────────    │ 教育支援事業費　6,200万ウォンの5.3倍  │
                     └─────────────────────────────────────┘
                           ↑         ↑         ↑         ↑
   ┌──┐              年間効果    年間効果    年間効果    追加効果
   │井│             15,340万ウォン 8,120万ウォン 8,360万ウォン 1,011万ウォン
   │邑│              ┌──────┐  ┌──────┐  ┌──────┐
   │農│              │無料弁当│  │高齢者無│  │店運営 │
   │協│              │支援事業│  │料給食 │  │      │
   └──┘              └──────┘  └──────┘  └──────┘
   教育支援事業費           ↑         ↑         ↑
   6,200万ウォン            └─────────┼─────────┘
   ──────────────→                   │
                        ┌──────────────────────┐
                        │ 女性組合員　ボランティア│
                        │      (100人)         │
                        └──────────────────────┘
```

図5-19　井邑農協と女性組合員の共生型福祉事業の推進

資料：農協の資料より筆者作成。

なったことでより深刻な実態に展開した。なぜなら農家組合員自らかつて体験しえなかった一般の住民との生活格差を目の当たりにしたからである。とくに農村共同体としての機能が弱体したなかで、その文化・経済的衝撃を和らげる中間組織が皆無であったことも追い打ちをかける結果となった。これをそのまま放置すると農家組合員や地域住民が都市の貧困階層に転落する可能性が高くなったのである。それは地域経済にとっても様々な側面からマイナス要因となっている。したがって井邑農協は、従来の営農活動を主とした教育支援事業を地域社会の生活レベルの向上を主とした事業、すなわち地域住民と貧困階層への福祉事業である「地域社会共生型福祉事業」へと転換しはじめた。

　その中心には女性組合員によるボランティア活動があった（活動の内容については図5-19を参照）。

　まず、井邑農協は毎年教育支援事業費の予算（2009年には6,200万ウォン）を策定し、女性組合員のボランティア事業を支援している。この財源を活用し「無料弁当支援事業（2003年より実施）」、「高齢者無料給食（2003年より実施）」、「中古衣類のリサイクル（2006年より実施）」などを展開する。その

第5章　住民共生型「地域総合センター」と地域活性化

表5-5　井邑農協女性組合員の愛分け奉仕団の共生型福祉事業の経済価値

事業	事業概要および経済価値
無料弁当支援事業	・事業概要（2000年3月から推進11年目） 毎週月～金曜日まで身体の不自由な1人暮らし老人等100人に愛を分け合う奉仕団のボランティアが心を込めたお弁当を家庭まで届けるサービス ・経済価値：1億5,340万ウォン ボランティア（1日当たり4万ウォン×6人）×260日（週5回×52週）=62,400,000ウォン 弁当（時価3,500ウォン×100人）×260日=91,000,000ウォン
高齢者無料給食	・事業概要（2003年から推進8年目） 毎年4月から10月まで7カ月間毎週金曜日12時に主に老人を対象に井邑市民と触れ合う場を提供する意味から地域の米ジャジャンメンを無料提供 ・経済価値：8,120万ウォン ボランティア（1日当たり4万ウォン×40人）×29日（4～10月　金曜日）=46,400,000ウォン ジャジャンメン（時価2,000ウォン×600人）×29日=34,800,000ウォン
店運営	・事業概要（2006年から運営5年目） 中古の服を集め再消費できるようにリサイクル市場形態の「幸せ店」を常設運営し、農作業用服の需要者など消費者にサービスを提供し、集まった収益金は年末の生活困難者（100人）チャリティー活動として練炭提供 ・経済価値：9,371万ウォン ボランティア（1日当たり4万ウォン×4人）×260日（週5回×52週）=41,600,000ウォン 年間収益金=42,000,000ウォン 年末練炭購入提供：100人×300枚×1枚当たり337ウォン=10,110,000ウォン
合計	・投入財源（A）：6,200万ウォン ・創出経済価値（B）：1億5,340万+8,120万+9,371万=3億2,831万ウォン ・投入効果（B/A）：5.29倍（支援対象数：年間4万3,500人）

資料：農協の資料より筆者作成。

　経済的効果を試算した結果3億2,000万ウォン（ボランティア活動のために、人件費を勘案〈1日最低賃金4万ウォン〉して試算した年間2億5,000万ウォンほどの人件費節減効果はもちろんのこと、中古衣類のリサイクル運営によって年間4,200万ウォンの収益発生）に上ると推計されるほどである（経済効果は**表5-5**を参照）。

　井邑農協としては地域社会でこのような活動を遂行できる組織を育成する活動を重要な事業として認識したことが成功の要因である。女性組合員ボランティア組織においては最初から意識して作られた組織ではなかった。元々は農協が開設してきた「主婦大学」の同窓会、「趣味教室」の参加者中心に小規模で組織したのが最初である。それが2010年5月時点では100人ほどが活動するまで成長したのである。井邑農協はこれら女性組合員組織の潜在的

能力を高く評価し、教育支援事業を通じて、様々な文化事業を支援している。

5．成功要因と政策的示唆点

　以上で考察したように、井邑農協の取り組みは農村部の農協が都市化進展の過程でどのような視点で経営・運営を行うべきかについて様々な視点と示唆を与えている。図5-20は井邑農協の活動を概念化した図式であるが、そのなかでも、最も特徴的な点は都市化が進展するなかで都心部に残留するようになった組合員を如何に支えていくかではなかろうか。その意味で井邑農協は韓国における「都農複合都市型地域総合センター」モデルとして多くの示唆を与えている。またその運営方式は第2章で考察した「地域総合センター」としての農協の可能性を実証している。

　井邑農協の事例では「なぜ今日において都市農協が存在する必要があるか」という批判的質問に対し、「なぜ現代社会では都市農協が必要であるか」、また「過渡期的都市化に対し農協がどう地域価値を創出できるか」といった積極的な質問への転換の可能性を見せてくれる。

　後者の立場から言えば、井邑農協の成功要因は戦略的成功要因と技術的成功要因に分けて説明できる。

　戦略的成功要因は、地域社会の都市化進展のなかで、昨今の経済状況からみればほとんど「衰退型地方中小都市」への転落していくことに甘んじることなく、農協自ら資産、事業戦略、組織構造の調整を通じて経営資源を再配分し、地域社会と市場での対応に成功し、結果的に組合員と井邑農協の新たな関係設定に成功したことである。

　技術的成功要因としては、教育支援事業の予算を効率的に活用し効果を高めたことである。井邑農協がボランティア組織と共に共生型福祉事業を通じて実証した「地域総合センター」モデルとそのモデルの運営成果は都市化と市場環境の変化のなか、組合員の共同体基盤が脆弱する環境にもかかわらず、戦略的にその基盤を再調整したことである。

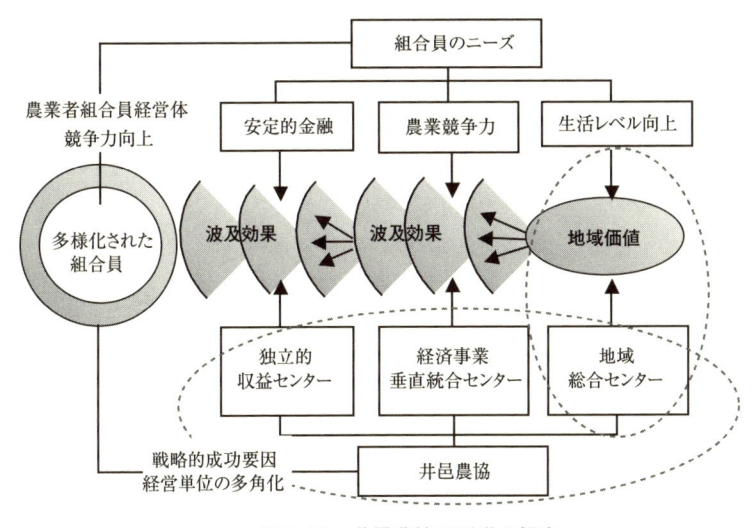

第5章　住民共生型「地域総合センター」と地域活性化

図5-20　井邑農協の活動の概念

しかし何より井邑農協の最も大きな資産は、教育支援事業を通して地域社会の共同体的意識の向上とそれに伴う地域価値を創出したことからくるものではなかろうか。

参考・引用文献
井邑農業協同組合「井邑農協消息誌」2004（1号）〜2010年（未発刊）。
韓国農業協同組合中央会『組合経営計数要覧』2001〜2009年（未発刊）。
全羅北道『全羅北道基本統計』各年度。
井邑市『井邑市基本統計』各年度。
韓国統計庁『人口及び住宅総調査』各年度。
農林水産食品部『農業総調査』1990、1995、2000、2005年。
韓国農協中央会調査部『協同組合主要理論』2002年、『協同組合主要理論（Ⅱ）』2003年。
韓国農協中央会『韓国農協論』2001年。
イ・インヒ『我国中小都市衰退実体と特性』忠南發展研究院基本研究　2008年。
李仁雨「安城　古三農協"農村型社会的企業運営"優秀組合　事例研究13」農協経済研究所『NHERIリポート』第88号、2010年2月1日。
van Bekkum, Onno-Frank. 2001. Cooperative Models and Farm Reform. Koninklijke Van Gorcum. Assen, The Netherlands.
van Diepenbeek, Wim J. J.. 2007. Cooperatives as a Business Organization: Lessons form Cooperative Organization History.
Staatz, J. M. 1987. The Structural Characteristics of Farmer Cooperatives and Their

Behavioral Consequences. Cooperative Theory: New Approaches. J. S. Royer. de. USDA. ACS Research Report 18. pp.33-60.

Hamel, G. and Prahalad, C. K. "The Core Competence of the Corporation", Harvard Business Review, May-June 1990.

第6章
都市・農村連携ネットワーク型農協と販売戦略

李　仁雨・柳　京熙

1．はじめに

　現代社会において都市農協の役割に対する視線は必ずしも好意的なものではない。また昨今の農協に対する厳しい批判は日本だけに止まらず韓国においても同様である。むしろ都市農協の存立自体を疑問視している向きさえある。しかし都市農協の存立根拠を巡る批判は、ひいては農協そのものの存立基盤に対する批判にもなりかねない。
　こうしたなかで都市農協の新たな戦略が必要となっている。都市と農村をつなぐという現代的な期待に応えるためにも、都市農協への新たな評価と、その役割について真剣に考えなければならない時代になりつつある。
　韓国の都市農協の発展過程を遡ってみると、1960～70年代の高度経済成長期に、人口が都市部に集まることによって、首都圏と広域都市が（形成）され都市が大きくなるにつれ、農協も「大都市型農協」（ソウル周辺や広域都市周辺の農協を指して「大都市型農協」という表現を使っているが、これは一般的な「都市農協」と区別するための表現である。以下では「大都市農協」に統一する）として変化を遂げながら、地域に留まり農業を営む組合員への支援を行っており、多様な「都市農協」運営のモデルが見られる。
　冠岳農協は韓国の首都であるソウル特別市に位置している。1962年経済開発計画、1968年土地区画整理事業の実施と共にソウル市が拡大し整備されていく過程で1972年に冠岳山近くの自然部落単位で組織されていた6つの里洞

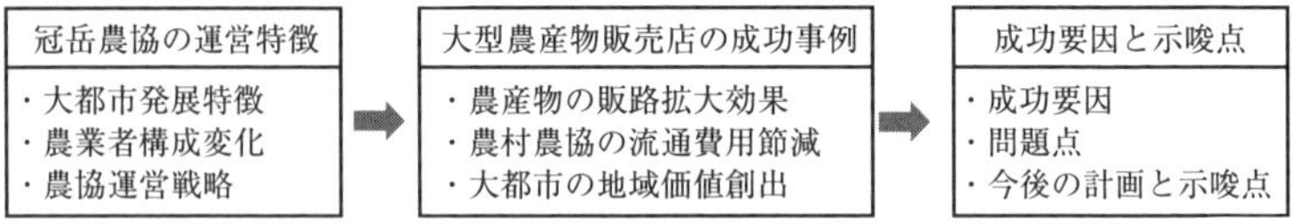

冠岳農協の運営特徴	大型農産物販売店の成功事例	成功要因と示唆点
・大都市発展特徴 ・農業者構成変化 ・農協運営戦略	・農産物の販路拡大効果 ・農村農協の流通費用節減 ・大都市の地域価値創出	・成功要因 ・問題点 ・今後の計画と示唆点

図6-1　本章の構成

組合を合併し総合農協として設立された。冠岳農協は急速な環境変化のなか、1983年に深刻な経営難に陥っていたが、次の年に、早期経営正常化に成功した。その後1993年からは首都圏の農産物需要拡大を見込んで全国の農協から特産農産物・農産加工品を集め販売する「都市・農村農協ネットワークの農産物販売のモデル」（以下、ネットワーク型モデル）の先駆的な農協に成長した。

冠岳農協が試みた「ネットワーク型モデル」は、大都市農協として農産物の販路拡大に大きく貢献していること、また農村（農協）との連携で極力流通費用の節減に努力していること、最後に、冠岳農協の組合員および准組合員ひいては都市住民の便益向上や地域価値の創出を成功に導いたことが大きく評価されている[1]。

本章ではソウルが大都市化していく過程で冠岳農協が成し遂げた農協運営の特徴と大型農産物販売店の運営成果について紹介し、その成功要因と政策的示唆点を提示したい（図6-1）。

2．冠岳農協の現況

冠岳農協(カンアク)はソウル特別市衿川區禿山洞に位置している。ソウルの行政区域はまず25の区で分けられているが、冠岳農協の管内はソウルの西・南に位置する5つの区（冠岳、衿川、九老、永登浦、銅雀）にまたがっており、47の

1　それはある意味で韓国的な特徴かもしれないが、大都市のソウルに所在する農協であれば、従来の金融業務だけで農協経営の成長・拡大が保証されているにも関わらず、ここまで踏み込んだ事業を創設したことに対する敬意が込められた評価であることに注意する必要がある。また、ソウル1極集中が進むなか、都市化の進展が他の都市とは明らかにスピードや範囲が違っていることにも留意する必要がある。

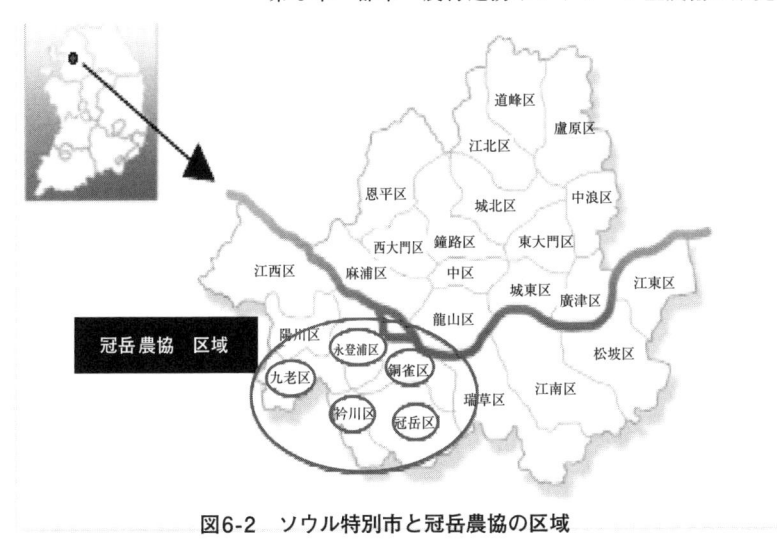

第6章　都市・農村連携ネットワーク型農協と販売戦略

図6-2　ソウル特別市と冠岳農協の区域

洞が含まれている。冠岳農協の名称は1972年に6つの里洞組合が合併し総合農協としてスタートする際、すべての移動組合が「冠岳山」近くの周囲に位置していたこともあって「冠岳」という名称を使用することに合意したことに由来する（**図6-2**参照）。

　冠岳農協の主要な沿革は次ページの参照1のとおりである。冠岳農協は1972年に総合農協として設立されて以後1973年に相互金融業務（信用事業）を始めた。

　1983年に経営危機を経験し、現在の組合長の就任後、全面的な事業再編を実施した。1984年には農協事業に対する伝統的な発想を覆して、農協に農産物販売場を開場した。当時までの韓国農協は生活必需品を安く供給する事業は存在していたものの、大都市で農産物を直接供給するという発想はなかった。さらに冠岳農協はそれより先に進んで、これからの大都市農協は農産物を率先して消費者に供給すべきであり、それが新たな役割であるという提案を自ら実践しようとした。もちろんそれまでの主力事業である信用事業にも力を入れ、予受金（預金）額が1993年に1,000億ウォン、2005年には1兆ウォンに達した。また貸出金は1996年に1,000億ウォン、2007年に1兆ウォン

参照1　冠岳農協の主要沿革

1972年12月18日	冠岳山近くの6つの里洞組合の合併、冠岳農業協同組合設立
1973年3月20日	相互金融業務開始
1983年4月6日	第5代組合長朴俊植就任（2010年現在8選）
1984年	農産物販売場開場
1993年	予受金（預金）1,000億ウォン達成
1993年3月19日	全国農・特産物専門販売店開場（ハナロマート新築開場）
1996年	貸出金1,000億ウォン達成
2005年	予受金（預金）1兆ウォン達成
2007年	貸出金1兆ウォン達成
2009年6月11日	農産物販売店開場（地下1階・地上1階、延べ面積8,250㎡（2,500坪））

表6-1　冠岳農協の管内の行政区域と組合員の現況

計	冠岳区	衿川区	九老区	永登浦区	銅雀区	計
全体洞数（行政洞）	21	10	15	18	15	79
冠岳農協の区域の洞数	21	10	1	3	4	39
世帯数	242,646	100,333	12,973	28,165	39,360	423,477
人口（人）	546,814	262,337	27,942	79,540	104,765	1,021,398
組合員（人）	417	275	−	105	99	896

注：「ソウル市住民登録人口統計」2009年9月末現在。組合員の現況は営農会単位で把握。

を達成するなど金融機関としても立派に成長した。

　農産物販売場は開場以来、売り場の面積を徐々に広げ、2009年には地下1階・地上1階、延べ面積8,250㎡（2,500坪）の規模に拡張した農産物販売店となっている。

　表6-1は冠岳農協の管内人口および組合員の現況を整理したものである。2009年9月末時点の冠岳農協管内が属している行政区域の洞は全部で79あるが、そのうち、冠岳農協管内には39の洞がある。管内の世帯数は42万3,477世帯、人口はおよそ102万人である。このうち、冠岳農協の組合員数は896人、准組合員は10万9,002人である（2010年4月時点）。

　冠岳農協のように大都市農協の組合員の把握は住所地ではなく、営農会単位で把握されている。表6-1で確認できるように、統計上では九老区には組合員がいないことになっているが、これは実際には隣の衿川区と陽川区の営農会に属しているからである。

　冠岳農協の組織現況は**表6-2**のとおりである。2009年末現在の組合員は906人となっており、営農会が5つ、作目班が2つ組織されている。代議員数は57人、役員は12人である。その他に准組合員は約11万人となっている。

第6章　都市・農村連携ネットワーク型農協と販売戦略

表6-2　冠岳農協の組織現況（2009年）

区分	組合員	准組合員	営農会	作目班	代議員	役員	職員
冠岳農協	960 （女性259）	109,002	5	2	57 （女性2）	12	246

資料：農協の資料より作成。

表6-3　冠岳農協の経営現況（2009年）

(単位：億ウォン)

区分	経済事業（売上高）						使用事業（平残）		
	購買	販売	加工	マート	その他	小計	予受金	相互金融貸出金	共済
井邑農協	0.001	3	0	553	13	569	13,850	11,516	308
全国平均	47	98	6	32	3	206	1,425	1,045	52

資料：農協の資料より作成。

また、農協主催の「主婦大学」出身の組合員（准組合員も含まれる）による同窓会と呼ばれる会合は年24回開催され、米販売や貧困層の助け合い等、農村と地域社会のための活動に自発的に参加する組織に成長している。またこれは、組合員と准組合員を結合する役割を果たしている。

なお、冠岳農協には、本・支店14カ所、事業所5カ所があり、職員246人が勤務している。

冠岳農協の事業現況は**表6-3**に示されているとおりである。経済事業の売上高は569億ウォンであり、全国平均の2.7倍の実績を誇っている。購買、加工やその他の事業については大都市農協の特性上、全国平均に比べ低い実績であるものの、マート（農産物の販売、生活資材の販売）事業は格段に高い実績を見せている。信用事業の実績は群を抜いており預金は1兆3,850億ウォン、相互金融貸出金は1兆1,516億ウォンとなっており、全国平均を10倍以上上回る事業規模を誇っている。

このような組織・事業・経営の現況を土台に2010年の事業目標は事業取扱高ベースで3兆3,060億ウォンが策定された。そのうち経済事業では760億ウォン、予受金（預金）は残高基準で4,100億ウォンである。

冠岳農協はこのような目標の達成を通じて「韓国の代表的農協」のビジョンを実現するという経営方針を提示している。

3．大都市農協の形成過程と特徴

1）都市化の進展と大都市農協の出現

　冠岳農協の特徴を把握するためには、都市化が進展するなかで冠岳農協がどのような運営戦略を採択してきたかについて考察することが重要である。以下では急激に進んだ都市化の進展が農協の展開過程に与えた影響について考察を行い、それに対し冠岳農協がどのような戦略を持って対応してきたかについての分析を行う。

　韓国は周知のとおり、「圧縮成長」という形で、短時間で急速な経済成長を遂げてきた。そのなかで、都市化が急速に進展し、多様な類型の都市を形成する契機となった。これはまた多様な類型の農協が出現する契機ともなったことは言うまでもない。図6-3は都市化の進展と都市農協の出現に伴い多様な生産・生活要素の分化を起きていることを表している。分析の枠組みについて説明すると、まず都市化が空間的・物質的に進展しながら、他方では生産要素と生活要素の変化も同時・並行的に起きていることである。その結果、農協の位置づけと組合員のニーズがともに変化し都市農協を含んだすべての農協の戦略の修正が迫られる事態に直面する。

　図で見るように、国民経済が成長するにつれ都市化が進んできた。都市化は必然的に大都市への集中化現象とそれを是正する均衡発展のための都市計画を通じて推進される。大都市への集中化現象は韓国のソウル１極集中進展に伴い、都市農協を「大都市農協」とさらに「首都圏都市農協」に分化させる。地方では広域都市の建設事業によって既存の農協を「広域都市農協」と広域都市の「近郊都市農協」に分化させる。また地域の均衡的発展のために推進される発展都市化都市の発展はさらに「地域中級都市農協」と「小都市農協」に分化する契機を与える。既存農協の位置づけと類型が多様に分化するなか、「面」単位の農村地帯の農協は農業資源が豊富な主産地農協と条件不利地域の農協に内部分化されていく。これによって、論理的に導き出され

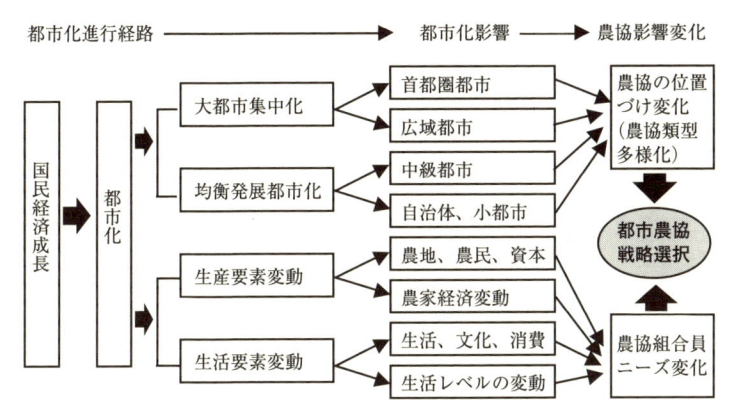

第6章　都市・農村連携ネットワーク型農協と販売戦略

図6-3　都市化の進行経路と都市農協の多様な分化

る農協類型は「大都市農協」、「首都圏農協」、「広域都市農協」、「広域都市近郊農協」、「中級都市農協」など、多様な分化を見せている。

そのなかでもとりわけ大都市農協は国民経済の成長、都市化の進展において最も外部環境の変化と組合員の多様なニーズにいち早くその対応を迫られてきたことに大きな特徴がある。さらにその対応過程のなか、独特な成長戦略を駆使し、今日まで協同組合の事業領域と力量を確保してきたという点においても極めて重要な意義を持っているといえる。

2）大都市農協の運営戦略の形成と経路

大都市農協は運営戦略を選択する過程またはその結果によってさらに多様な形態に分化していく。とくに他の地域より外部環境が急速に変化していく途中で現れる過渡期的諸条件を該当農協がどのように克服してきたかによって、そうした様々な結果が生じると予想される。**表6-4**は大都市の形成過程で農協が直面する過渡期的諸条件を市場、制度、協同組合の系統組織の側面から把握したものである。

表で示されているように、大都市の形成過程で農協は市場、制度、協同組合の系統組織の側面から様々な過渡期的変化に直面する。市場の側面から見れば業種分野と競争相手が変動する。しかし制度の側面では農協に対する支

表6-4　大都市の形成過程で現れる農協の過渡期的条件

環境	条件	変化と過渡期的条件
市場	業種分野の変動	土地区画整理事業の施行によって農地が縮小され、既存の購買、販売、信用事業の基盤が大きく変動
	競争相手の変動	都市造成によって、大型流通業体と１金融圏支店が入居して競争の次元が変化
制度	支援制度の不変	組合員と組合に対する業務協議および支援体制は行政区域と機関中心に維持
	規制制度の不変	組合の事業領域と利用規制は全国的な統一性を考慮して大都市の変化された条件の容認不可
協同組合	組合員のニーズ変化	住所と居所地域での生活関連要求及び代地地域での営農関連要求の複合的申し立て
	利用者のニーズ変化	新しい定住圏の形成にしたがって、生活便宜施設として便宜提供の期待上昇

資料：筆者作成。

援制度や規制が都市化に合わせて符合するように変化されないまま、相変わらず全国的な農協系統の単一基準しか提示されないために、現実的な対応に困難が増していく。さらに追い打ちをかけるように、組合員（准組合員）は一層のサービス改善と向上を要求する状況となる。

大都市農協はこのような都市化の進展に伴いうまく対応できず経営不振を経験する場合が多い。

3）冠岳農協の大都市農協の運営戦略の特徴

冠岳農協は都市化進展の初期、大きな経営不振に陥った。それにも関わらず、市場環境の変化に合わせ、持続的に事業点検や変更を行う一方、組合員の要求に耳を傾けて地域社会の活動を拡大した結果、新しい運営戦略を次々と樹立・駆使するようになった。その過程について以下で詳細に考察していきたい。

冠岳農協が総合農協として設立された1972年当時は現在の冠岳農協管内は京畿道始興郡東面であった。その後、ソウル市の拡大に伴い部分的に編入される格好となり、土地区画整理事業が盛んに行われた。結果的に組合員は営農基盤を近隣地域に移転せざるを得なかった。

その後も冠岳農協管内の土地区画整理事業は約15年間続き、1986年まで地域環境は大きく変動した。都市農協への転換を迫られながらも、それまでそ

第6章　都市・農村連携ネットワーク型農協と販売戦略

のような事例が皆無であったこともあり、冠岳農協は1983年に経営危機に直面するようになる。農地が土地区画整理事業で収容され、組合員の営農が事実上中止されたことに加え、購買事業や信用事業が衰退し急速に経営不振に陥った結果であった。

　このような大変な時期にちょうど就任したばかりの組合長は果敢な決断を下した。まず資産の構造調整から手を付けた。そして、購買事業の店舗を農産物の販売場へと急遽転換したのである。これは農協管内に新しく転居してきた都市住民が増加するにつれ、農産物への需要が増加するという見通しがあっての決断であった。その後、冠岳農協は1984年に見事に経営正常化を成し遂げ、1984年以後4年連続でソウル市所在の農協のうち、総合業績1位を記録するようになった。

　さらに冠岳農協は組合員の新たなニーズに応じて組織活動を再編した。まず地域的縁故が重要な韓国社会の特性上、組合員は自分の住居地と営農空間が分離されることになっても自分がこれまで属していた農協を離れなかった。組合員は他の地域に土地を借り、営農を続ける道を選んだ。住居地を移さなかった大きな理由としては土地区画整理事業で持ち家の敷地は除外され、移す必要がなかった組合員と、持ち家の敷地が規制地区に縛られ、売買が不可能であった組合員がいた。いずれにせよ、冠岳農協は都市化以後も都市地域に残留せざるを得なかった組合員を中心に営農と生活の両方の便益向上に邁進した。営農を続ける組合員は営農会別に組織して組合員のニーズを受け止め事業に反映した。

　また同時に新しく変化しつつある地域社会のニーズにも耳を傾け、新しく造成された宅地に入居しようとする住民に預金と貸出サービスを提供し、農産物販売場を開いて農産物の供給など生活上の便益を向上させた。

　都市化進展のなか、生産者と消費者両方の組合員をうまく結びつけた結果、預金、貸出金、総資産規模が持続的に成長し、安定した経営基盤を構築できるようになった。**図6-4**は冠岳農協の年度別預金、貸出金、総資産規模の変動の推移を示したのである。冠岳農協が事業を革新し、土地区画整理事業が

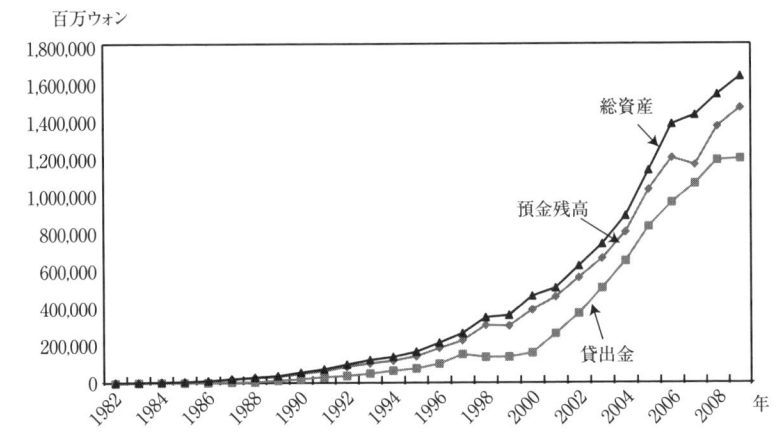

図6-4 冠岳農協の年度別予受金、貸出金、総資産の変動推移（1982～2009年）
資料：農協の資料より筆者作成。

終了した1986年以後、持続的な事業の成長が確認できる。

4．冠岳農協農産物販売場の運営成果

1）農協組織の革新とその効果

　冠岳農協は前述したように1983年から1986年の間、農協運営戦略に苦心し、様々な方法を模索した時期であったが、異質化しつつある組合員対応に軸がぶれず、経済事業部門を中心に主力事業を変化させた。これを契機に独自的な販売事業モデルを構想・実現するようになり、他の事業部門に従事する職員にも大きな影響を与えた。それは結果的に大都市農協の新しい役割について戦略を持って事業を推進できる段階まで発展することとなる。それは冠岳農協が大都市農協へ転換して以後、農協の革新方向を販売事業中心に再編したことに集約される。

　農産物販売場の規模は1984年に100坪（330㎡）、1991年に200坪（660㎡）、1993年1,300坪（4,290㎡）、2009年には2,500坪（8,250㎡）と拡大した。この過程で冠岳農協の組織内部に重要な変化が現れた。全国の農産物を集め販売する「全国農産物販売店構想」である。これによって、組合長以下役職員は

第6章　都市・農村連携ネットワーク型農協と販売戦略

「全国農協の組合員を冠岳農協の組合員と思う」という発想が広がったのである。このような発想は最終的に「都市・農村農協ネットワーク農産物販売場モデル」として具体化された。

　もちろん農産物販売事業の規模と中身が段階的に革新され成長したという冠岳農協の実績だけで、すべての農協の経営が同じようにすれば安定的な成長が保証されるという性質のものではない。そう考えるのだとすれば、それこそ単純で危険な考えである。冠岳農協は農産物販売場事業進出を事業拡大の1つの契機として認識し、そのこと自体に満足せず、周囲の市場競争環境に歩調を合わせ都市農協として段階的な革新を続けたことに注意を払うべきである。

2）農協間連携（都市・農村農協ネットワーク農産物販売モデル（ネットワーク型モデル））の実現

　図6-5は冠岳農協が構想した都市・農村農協ネットワーク農産物販売場モデルの基本構想であるが、当初のネットワーク型モデル構想の主要な内容は次の2つに要約される。第1に、資金力ある大都市農協のうち5～6農協が連合し、大型の農産物専門販売店を設立する。第2に、大都市農協と農村農協が農産物直接取引の物流体制を直接構築する、というものである。

　冠岳農協はこのような基本構想の下でその実現のため、2003年から2年余の時間をかけ、政府と国会に訴えかけた。当時の政府と国会の反応は農協中央会が農産物流通事業を行っているなかで、なぜ会員農協から農産物流通事業に参入しようとするのかについて疑問を投げかけるものであった。これに対して、冠岳農協は会員農協間直接取引体制の構築はむしろ農産物販路の拡大に役に立つという論理展開で説得に当たる一方、また都市農協だからこそ、もっとも適合した事業であること、さらに農協のアイデンティティー確保のためにも大都市農協が率先して、あるいは義務的であっても貢献・寄与しなければならない重要な事業であると強調した。

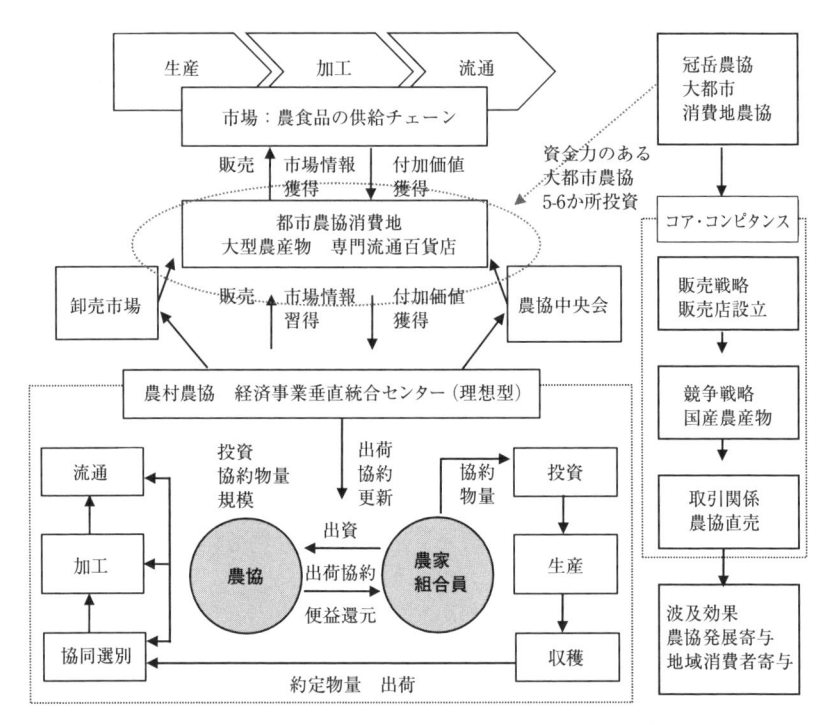

図6-5　冠岳農協都市・農村農協ネットワーク農産物販売場モデルの基本構想
資料：農協の資料を基に筆者作成。

　このような一貫した努力の末、2005年冠岳農協は当初の大都市農協連合の夢は果たせなかったものの、農林部の試験事業として農産物販売店舗建築のための政府予算（農安基金190億ウォン）の支援を受けることとなり、冠岳農協は大型農産物販売店舗建築のための投資を実行に移した。総額で760億ウォンに上る投資の試算内訳を見ると、土地買入代金が236億ウォン、冠岳農協の自己負担が234億ウォン、政府予算措置190億ウォン、農協中央会の支援100億ウォンという内容となっている。この投資額は運営目標として年間売上額1,000億ウォン、当期純益10億ウォン、１日顧客１万人を想定したうえでの試算である。

　最初は無謀だと言われた農産物販売は、図6-6に示されているように他のソウル市内の農協のハナロマートと比べても格段に高い売上高を誇っている。

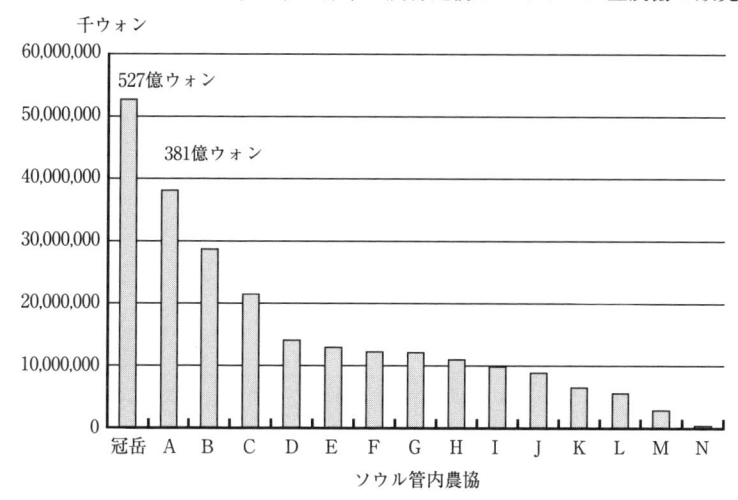

第6章　都市・農村連携ネットワーク型農協と販売戦略

図6-6　冠岳農協農産物販売事業場の運営成果

資料：農協の資料を基に筆者作成。

また、農産物販売高も毎年増加している（**図6-7参照**）[2]。

　また、この成果が、民間大型量販店５つがしのぎを削る競合のなかで、達成されたことに注目すべきであろう。競合に勝った大きな要因としては、農産物販売戦略において国産農産物に優位があると判断し、そのために国産農産物の安定的な供給体制の構築に取り組んだことである。農協系統間直接取引がそれである。1986年に開始された農村（農協）との直接取引は、2010年６月時点で83の地域農協との姉妹関係を通じて強固な連携関係を結ぶまでになった。また、冠岳農協の豊富な資金力を背景に、農村RPC（米穀総合処理場）運営および直接取引関係である組合に無利子の出荷奨励金（前渡し金）を支援している。この実績は2009年まで985億ウォンに達した。さらに注目すべきことは農産物販売場で販売された生鮮品の販売額のうち、農協間直接取引によるものが占める割合が７割を超えていることである（**図6-8**）。

2　冠岳農協の内部資料によれば、農産物の売上高のうち、生鮮品が占める割合は平均（1999～2009年）で76.1％を占めており、これがほとんど国産農産物であるために、結果的に国内農業の振興に大きく寄与しているといえよう。

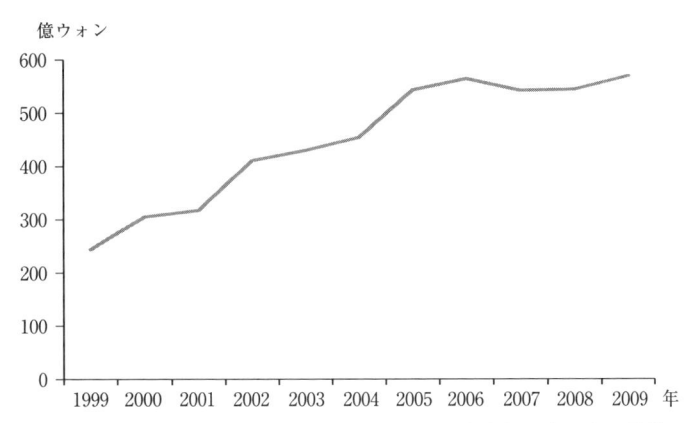

図6-7　冠岳農協農産物販売事業場における農産物の売上高の推移

資料：農協の資料を基に筆者作成。

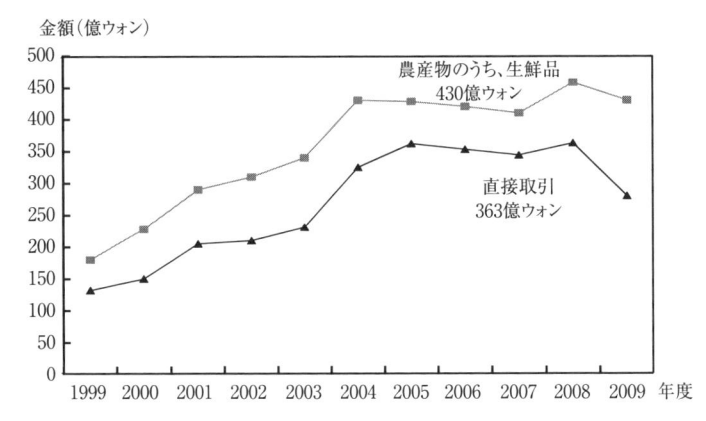

図6-8　農産物（生鮮品）の売上高に占める直接取引額の推移
（1999～2009年）

資料：農協の資料を基に筆者作成。

3）ネットワーク型モデル定着に伴う地域価値創出効果

　冠岳農協の大型農産物販売場運営成果は地域価値の創出効果の側面から大きな貢献をしている。これは地域の雇用創出、原価経営（利益追求ではなく、自らの利益を低くし販売するという経営理念に基づく経営）による消費者便益増大効果、そして住民の生活レベルの向上の3つに区分できる。まず雇用

第6章　都市・農村連携ネットワーク型農協と販売戦略

創出から見ると、農産物販売場の従業員数は180人と、地域雇用の創出に貢献している。また、協同組合の原則に従い利益追求型ではない経営理念から適切な農産物価格を維持していることで消費者便益の向上に大きな貢献を果たしている。これを客観的な数値として測定するため、農協の近隣にある大型量販店と冠岳農協を対象に8つの品目の価格を比較した結果を要約すると次ページの参照2と、冠岳農協の農産物販売場は近隣の大型量販店に比べ、結果的に7.7％の値下げ効果を消費者にもたらしていることが分かった。品目別の結果を見ると大型量販店に比べ、マクワウリ（上等級15kg基準）3,860ウォン（10.1％）、西瓜（特等級8kg基準）1,220ウォン（8.3％）、白キュウリ（上等級100個基準）2,200ウォン（7.91％）、白菜（特等級10kg×3基準）1,540ウォン（22.4％）、大蒜（特等級100個基準）2,000ウォン（5.3％）、玉ねぎ（特等級1kg基準）8ウォン（0.8％）、トマト（特等級5kg箱基準）80ウォン（0.7％）、大根の若菜（上等級4kg箱基準）60ウォン（1.6％）、それぞれ安く販売している。大型量販店が日中の来店顧客数と時間帯によって、価格を調整しながら1日の利益率目標に合わせていることを考慮すれば、実際に冠岳農協が提供している価格水準がもたらす消費者便益向上効果はもっと大きいと推測されている。

農産物供給に伴う地域社会への貢献以外の成果について見ると、まず地域住民のための生活便益向上である。農産物販売場の施設を都市住民に提供し、大型農産物販売場開設以前から行われた主婦大学、週末農場、都市・農村の

冠岳農協の主要指導事業	冠岳農協の地域文化福祉センター運営
▶主婦大学：1987年全国初開設　2009年24期修了、総3,330人修了 ▶週末農場：1989年全国初運営、家族単位の農事体験場を提供 ▶都農子供の相互訪問：1990年開始 ▶風物団運営、奉仕活動の展開等	・2008年まで年間4,577人修了 ・2009年　大型農産物百貨店、文化センター開場以降2000人修了 ・ダンススポーツ、コンピューター　丹田呼吸、料理、足健康管理、浮黄療法　歌教室、童話口演など常時運営

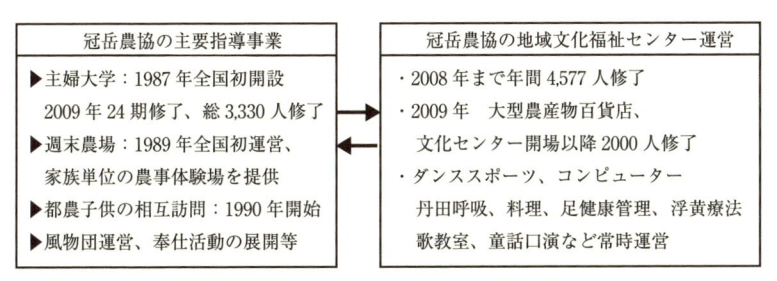

図6-9　冠岳農協農産物販売場大型化以後の地域価値創出シナジー効果
資料：農協の資料を基に筆者作成。

参照2　近隣の大型量販店（大型割引マート）と冠岳農協農産物販売場価格比較調査

調査概要
－日時：2010年6月25日、29日、30日、7月1日、6日（5営業日）
－品目：マクワウリ、西瓜、トマト、白キュウリ、白菜、大根の若菜、大蒜、玉ねぎ（8品目）
－調査方法：同一等級、同一規格で置き換えた後価格換算
▶調査結果
－2010年6月から7月初の5営業日の農協近隣の大型割引マートと冠岳農協の農産物販売場で農産物8品目の価格調査を実施した結果、冠岳農協は8品目単純合計で平均7.7%量販店に比べ低価格で販売されていた。

子供相互訪問、習い事運営、ボランティア活動以外にも、地域文化福祉センターを販売場中に設け、ダンススポーツ、コンピューター、趣味、料理、足健康管理など多様な生活レベルの向上に関連サービスを追加的に提供するようになった。

5．成功要因と政策的示唆点

　以上で考察したとおり、冠岳農協は経営の側面で見て安定的成長を遂げている一方、大都市農協の新しい経済事業の可能性を実現している。さらに都市住民のための地域価値を農協自ら率先して創出したことで、大都市における農協の役割も同時に成功させている。このような冠岳農協の成功要因を戦略的要因から考察すると、まず、農協を取り巻く経済環境が急激に変化するなか、農産物販売場事業を通じて組合員の便益向上と農協の経営安定を同時に達成したことである。さらに、大型量販店との競合のなか、農協間の直接取引という方法を使い、国産農産物のSCM（Supply Chain Management）の構築に成功したことである[3]。
　このような試みは、大都市農協として市場と地域社会で両立させる結果を

3　エスシーエム/サプライチェーン・マネジメント/供給連鎖管理、とも訳される。
　　主に製造業や流通業において、原材料や部品の調達から製造、流通、販売という、生産から最終需要（消費）にいたる商品供給の流れを「供給の鎖」（サプライチェーン）ととらえ、それに参加する部門・企業の間で情報を相互に共有・管理することで、ビジネスプロセスの全体最適を目指す戦略的な経営手法、もしくはそのための情報システムをいう。

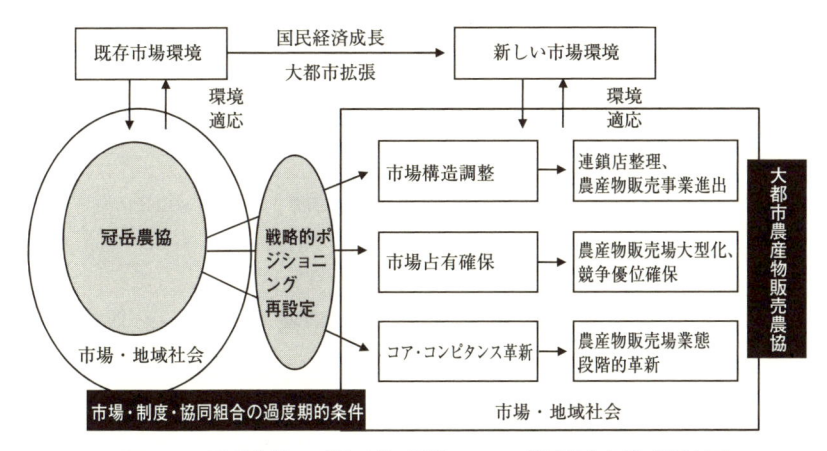

第6章　都市・農村連携ネットワーク型農協と販売戦略

図6-10　冠岳農協の「戦略的ポジショニング再設定」戦略概念図
資料：筆者作成。

もたらした。これを戦略的ポジショニング再設定（strategic repositioning）[4]概念で整理すると図6-10のように要約できる。冠岳農協は急速な大都市化進展のなか、市場変化、制度不備、協同組合という過渡期的制約条件を克服して、大都市農協として新たな環境に適合した事業展開に成功した（図6-11参照）。その背景には、一貫した事業推進、そして発想の転換という極めてシンプルな原則に充実したからである。

以上の成果を政策的な視点から捕らえてみると、大都市農協に対する既存の先入観を如何に払拭していくかが重要である。是正されれば大都市農協に対する政府の制度的支援方向もよりよい方向に変化する可能性が高い。

国産農産物販売事業の潜在力や市場競争力の確保、消費者便益および地域価値の創出効果を極大化するために、大都市農協の育成に制度的な支援が望まれる。

韓国社会は2020年には都市化率が95％に至ると展望されている。日本農協の事例を見ても都市農協の増加趨勢は不可避だろうと展望される。今後都市農協としての存立基盤や市場対応において、冠岳農協の事例は多くを示唆し

[4]　p.149の注参照。

```
                  ┌─────────┐      ┌─────┐      ┌─────┐
                  │国民経済成長│─────▶│都市化│─────▶│世界化│
                  └─────────┘      └─────┘      └─────┘
```

市場環境　生活必需品の需要減少　　　新流通業態の出現　　　供給チェーン管理（SCM）競争

政策環境　農産物市場開放　　　　　　流通市場開放　　　　　大都市大型量販店
　　　　　　　　　　　　　　　　　　　　　　　　　　　　　グローバル競争体系

　　　　　　　　1984年　　　　　　　　1993年　　　　　　　　2003〜2009年

冠岳農協　連鎖店事業整理　　　　　　敷地面積1,320坪　　　　超大型農産物百貨店開設
　　　　　農産物販売場開設　　　　　大型農産物百貨店開設　都農協ネットワーク販売モデル

（戦略的ポジショニング／段階的革新）

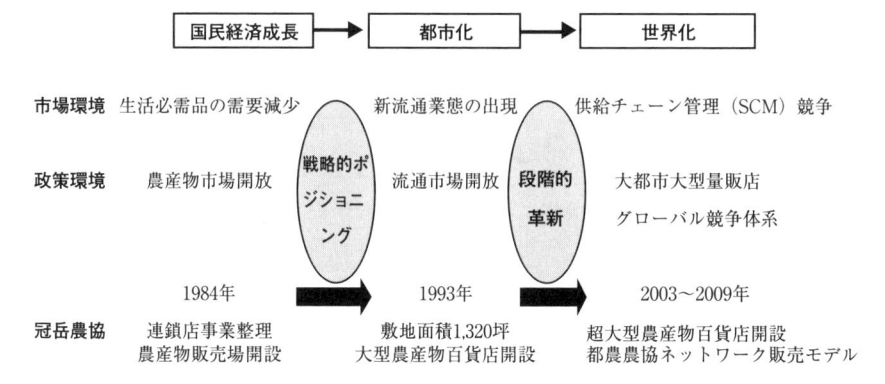

図6-11　冠岳農協都市・農村農協ネットワーク販売モデル戦略的成功要因
資料：筆者作成。

ていると言えよう。

参考・引用文献
韓国農協中央会調査部『協同組合主要理論』2002年、『協同組合主要理論（Ⅱ）』2003年。
韓国農協中央会『韓国農協論』2001年。
シン・キヨップ『協同組合道案内』農協経済研究所、2010年。
イ・インヒ『我国の中小都市衰退実体と特性』忠南發展研究院基本研究　2008-15、2008年。
李仁雨「安城古三農協 "農村型社会的企業運営" 優秀組合事例研究13」2010年。
韓国農協経済研究所『NHERIリポート』第88号、2010年2月1日。
韓国農協経済研究所「井邑農協 "都農複合都市型地域総合センターモデル" 優秀組合事例研究16」2010年。
農協経済研究所『NHERIリポート』第98号、2010年5月7日。
農協経済研究所「フランスの協同組合法制（3）　農協相互信用制度」農協経済研究所『NHERI経営情報』第30号、2008年8月4日。
van Bekkum, Onno-Frank. 2001. Cooperative Models and Farm Reform. Koninklijke Van Gorcum. Assen, The Netherlands.
van Diepenbeek, Wim J. J.. 2007. Cooperatives as a Business Organization: Lessons form Cooperative Organization History.
Staatz, J. M. 1987. The Structural Characteristics of Farmer Cooperatives and Their Behavioral Consequences. Cooperative Theory: New Approaches. J. S. Royer. de... USDA. ACS Research Report 18. pp.33-60.

第7章
地域農協の「連合事業団」と食品市場創出

李　仁雨・柳　京熙・吉田成雄

1．はじめに

　近年、国民所得増大、消費者嗜好の多様化に伴う食品市場の拡大が見られている。本章で紹介するのは天日塩市場であるが、天日塩が食品としてきちんと法律的に規定されたのは2008年である。それ以降、急速に市場が形成されつつある。

　本章ではこのように新たな市場形成に応じて農協が新規食品市場にうまく対応し成功を収めている事例について考察を行いたいと考える。

　韓国の全羅南道新安郡の管内農協と韓国農協中央会木浦新安市郡支部は、2008年に天日塩が食品に販売が許可されて以後、天日塩の生産販売を開始した[1]。

---

[1] 天日塩とは、天日乾燥させてつくった塩のことで、「原料」ではなく「製法」の名前である。天日乾燥によってミネラル成分が増えたり、バランスが良くなったりすることはない。ミネラルの量や種類はどんな原料を使うかで決まり、また、精製過程で取り除くことも、逆に添加することもできるので正しい知識が必要である。天日塩の生産・出荷過程について見ると、まず生産過程は海で海水を引き貯水池に入れて置く段階から出発する。この貯水池の海水は第1蒸発池、第2蒸発池を経て当初1～2％の塩度（塩分濃度）を25～27％まで高め、塩が作られる結晶池まで運ばれる。結晶池で採塩された塩は一旦塩倉庫に貯蔵される。その後、選別、包装課程を経て出荷される。天日塩の生産期間は大概3月から11月まで続く。そのなかで高品質の製品が出荷される時期は6～8月までと限定されている。天日塩の生産量と品質決定に最も大きな影響を与える要因としては、高品質製品の最盛出荷期である6～8月の採塩期間である20～25日間の気候状況である。新安郡で生産される天日塩は塩度が80～85％で塩辛い味が強くないうえ、有益なミネラル成分を含んでいるという点で評価が高い。

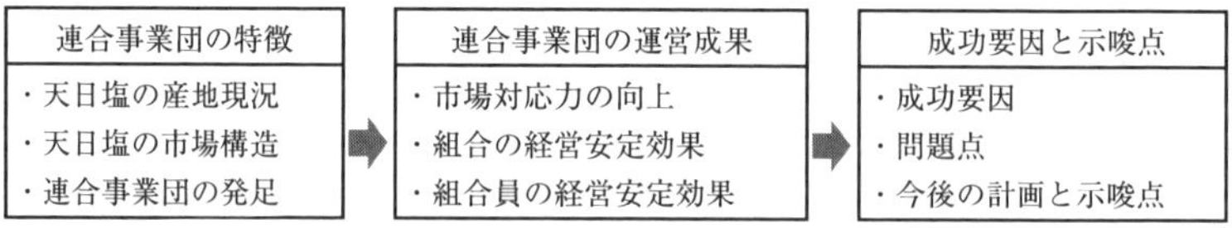

連合事業団の特徴	連合事業団の運営成果	成功要因と示唆点
・天日塩の産地現況 ・天日塩の市場構造 ・連合事業団の発足	・市場対応力の向上 ・組合の経営安定効果 ・組合員の経営安定効果	・成功要因 ・問題点 ・今後の計画と示唆点

図7-1　本章の構成

　そしてまた、食品市場構造と産業構造の変化に歩調を合わせ、2009年1月から天日塩製造販売のための連合事業を推進しはじめた。

　2009年8月に「農協新安天日塩連合事業団（以下、「連合事業団」）」を発足させ、中央会組織と地域農協の連携による市場対応に取り組んだ。その結果、新規食品市場形成において「連合事業団」として成果を収め、地域経済の活性化に大きな貢献を果たしている。

　本章では、韓国で「連合事業団」を結成し、成功事例として高い評価を受けている「連合事業団」組織や運営成果について分析を行い、その成功要因と課題について整理したい。

2．「連合事業団」現況

1）農協の立地状況

　全羅南道新安郡は韓国西南部地域に位置した島嶼(とうしょ)地域である。1,004の島（有人72島、無人932島）で構成される新安郡は別名「1004の島」とも呼ばれ、管内行政区域は1つの邑、13の面である。

　主要農業生産物は稲、ニンニク、唐辛子、畜産、タマネギ、ホウレンソウ、ネギ、ナシであるが、それら地域の生産物と比べ天日塩が地域の生産物販売高に占める割合が高い。なぜなら国内総生産量30万トンである天日塩の65％をこの地域で生産しているからである。いわゆる韓国天日塩生産の最大主産地である。

　地域農協は9カ所（都草、北新安、飛禽、新安、安佐、押海、荏子、長山、荷衣）に点在し、農協中央会木浦新安郡支部とともに地域の系統組織を構成

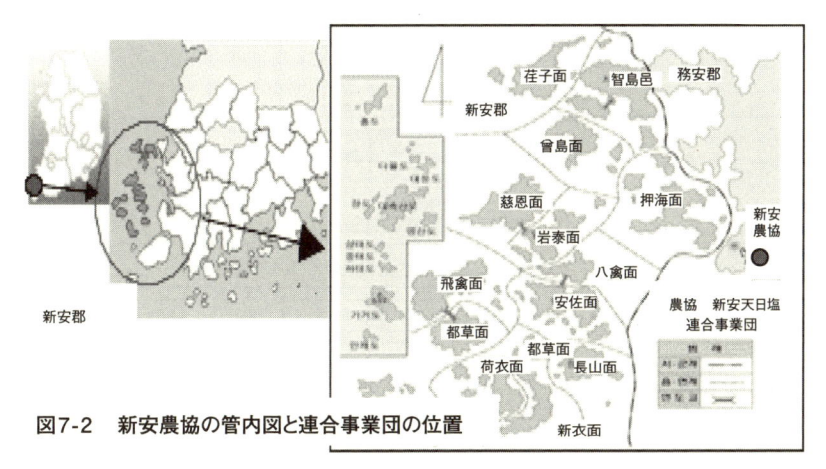

第7章　地域農協の「連合事業団」と食品市場創出

図7-2　新安農協の管内図と連合事業団の位置

している。9カ所の地域農協の管内の農家数は1万2,911戸、農業生産者は3万5,034人である。そのうち、組合員数は1万3,639人である。

2009年に新たに発足した「連合事業団」は新安郡の系統組織（地域農協と中央会郡支部）が一丸となり、韓国の天日塩流通構造の改善と地域活性化を目標として立ち上がった。既存の中央会組織は形だけは系統組織であり、実状は別々の組織であったことを考慮すれば大胆な行動ともいえる。この目標の実現のために、地域農協と農協中央会木浦新安郡支部が2009年1月から「連合事業団」設立推進に邁進し、2009年7月に公式的にスタートした（事務所は農協中央会木浦新安郡支部内に設置）。

2）「連合事業団」の運営現況

「連合事業団」の運営状況について見ると、まず、組織的に最高意思決定機関である運営協議会を頂点とし、その下に実務委員会、連合事業団につながる組織構造となっている。運営協議会は農協中央会支部長と組合長で構成され、議長は支部長が担当している。実務委員会は「連合事業団」および連合事業団に参加しているそれぞれ農協の責任者と職員によって構成されている。「連合事業団」は名称のとおり、実行組織であり、団長は参加農協の経済事業担当の常務の役職者から公募で候補者を選抜し運営協議会で決定する

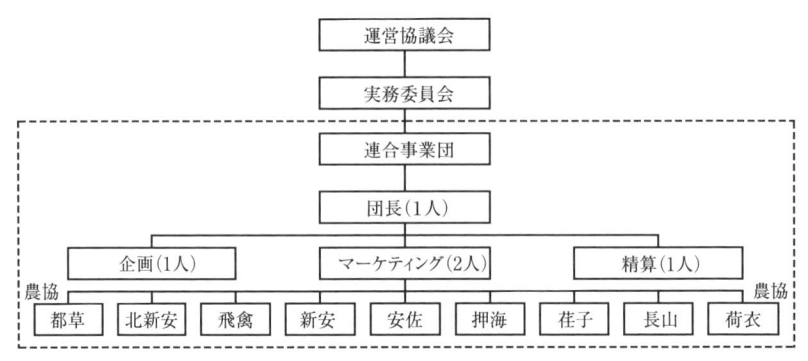

図7-3 「連合事業団」組織運営体系

資料：農協の資料を基に筆者作成。

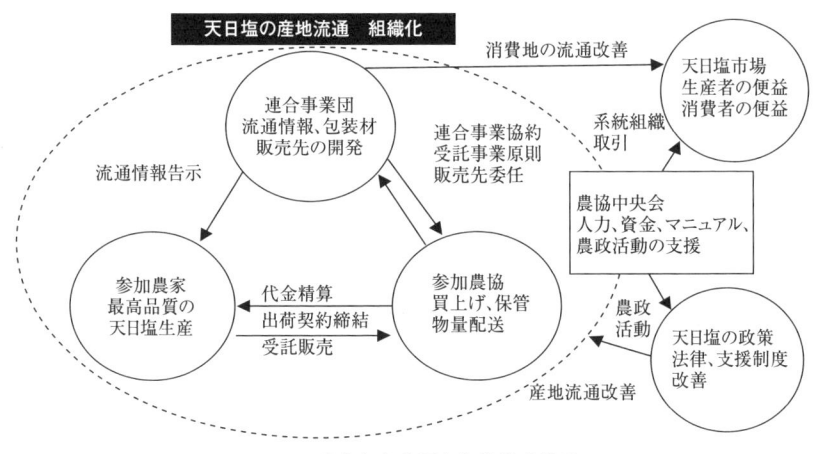

図7-4 「連合事業団」事業推進体系

資料：農協の資料を基に筆者作成。

ようになっている。「連合事業団」の職員は農協中央会郡支部と参加農協から派遣された職員によって構成されている。

　主な事業は、連合事業関連教育、商品の受・発注および取引代金精算、共同選別・共同精算および検品指導、販売および取引先交渉活動と販促・広報、出荷組織および消費地流通情報の収集・還元である。

　事業方式は2段構えとなっており、参加農協と天日塩生産農家との間で販売委託定契約を締結し受託事業を行う一方、原則的に「連合事業団」と参

第7章　地域農協の「連合事業団」と食品市場創出

【推進方向】	【目　標】
人材（2人）補強、マーケティング活動	長期ビジョン達成
50万俵の備蓄用買上げ事業実施	連合事業の定着および販売拡大
産地天日塩の総合処理場設置の推進	2009年実績　販売量222万俵　販売額183億ウォン　占有率30％ ／ 2010年目標　販売量304万俵　販売額255億ウォン　占有率45％
プレミアム級商品および小包装事業	

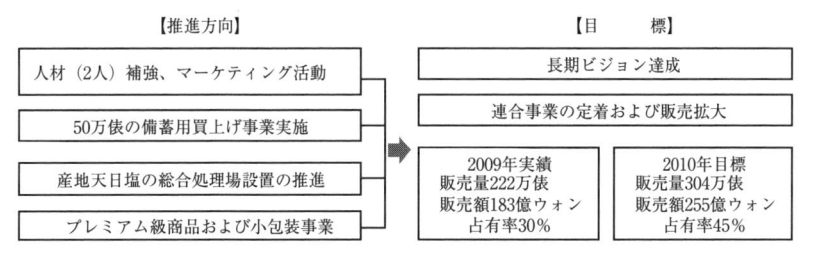

図7-5　「連合事業団」経営推進方向と目標
資料：農協の資料を基に筆者作成。

加農協の間でも同じく受託事業を行うこととなっている。出荷先選択等の出荷決定については「連合事業団」に委任する方式を取っている。これによって生産農家は天日塩の生産に専念し、参加農協は生産農家との出荷契約締結および出荷指導、「連合事業団」は流通情報と包装材開発、大量販売先確保、代金精算機能提供を、農協中央会は連合事業関連資金確保、共通マニュアル作成、農政活動支援を担当するなど役割分担体制を構築している。

次に経営目標について見ると、連合事業の定着および販売占有率拡大を目標として掲げており、目標達成のために、大きく4つの推進方向を具体的に設定している。4つの推進方向とは第1に人材を補強しマーケティング部分を強化する、第2に50万袋（30kg単位＝1万5,000トン）備蓄用買上げ事業の実施、第3に産地天日塩総合処理場設置の推進、最後にプレミアム級商品（ブランド化）および小包装事業実施、と定めている。2009年時点での実績を見ると販売量では222万袋、販売額183億ウォン、市場占有率30％となっている。

2010年の経営目標は販売量304万袋（9万1,200トン）、販売額255億ウォン、市場占有率45％を目標としている。

3．天日塩市場構造と「連合事業団」の特徴

1）天日塩産地の立地条件

「連合事業団」の天日塩事業についての分析に先立って、天日塩の商品特

〈参照1〉塩の種類

☐天日塩：太陽熱や風などの自然を利用して海水を底流池に入れた後、水分を蒸発・濃縮させて作った塩で、塩度は90％内外、色は白色と透明である。韓国の天日塩は気象条件上、塩度が80～90％であることにその特徴がある。
☐岩塩：自然的に土の中で層をなして埋められている塩を製塩したもので、アメリカ、イギリス、ドイツなどで主に採掘され、粉砕→選別→加工して食用と工業用に使用する。塩度は96％以上で色は透明または地質によって違う。
☐機械塩：精製塩とも言われ、海水を特殊な濾過槽に入れてナトリウム（Na+）イオンと塩素（Cl-）イオンに電気分解した後、蒸発管で水分を蒸発させたのち、遠心分離機で水分を取り除いた塩である。塩度は99％以上で高く、マグネシウムが取り除かれ、吸湿性が少なくて白色を帯びる。
☐再製造塩：原料になる塩（天日塩、岩塩、機械塩など）を溶解、脱水、乾燥の過程を経てもう一度再結晶化させた塩で、よく花塩と呼ばれている。塩度は90％以上と高く、国内天日塩と輸入塩を混ぜて再結晶化過程を経て得られた塩。
☐加工塩：原料になる塩（天日塩、岩塩、機械塩など）を焼いたり、炒めたり、融解などの方法でその原形を変形させた塩で、焼き塩、竹塩、松塩などがある。
☐副産物塩：化学物質生産過程で生じる塩で、食用でない工業用に使われ、皮革などに使われる極めて制限的な用途の塩で、塩管理法により管理される塩。

性と産地の立地条件および市場構造について考察を行いたい。

　まず天日塩という商品の定義についてみると、韓国で天日塩という商品は2つの法律的規定によって定義されている。「塩管理法」では天日塩を「塩田で海水を自然蒸発させて製造する塩」と規定しており、「食品公典」では「塩田で海水を自然蒸発させ得られた塩化ナトリウムが主成分である結晶体」と規定している。これら規定の共通点を見ると、天日塩が様々な種類の塩のなかで、「自然蒸発」を通じて得られた塩という点を強調している。しかしその商品的特性によって、国が認定する食品としての適合性の可否を巡り長い間、争点となっていた。これが2008年になってようやく、食品としての販売が許可されるようになったため、天日塩の商品としての市場構造はまだ成熟している段階ではない。

　韓国の天日塩生産現況は**表7-1**のとおりである。2008年末時点で全国の生産面積は3,778haとなっており、生産農家戸数は1,104戸、生産量は約38万4,300トンである。生産額規模では2007年時点で約789億ウォン規模である。

　天日塩生産において最も大きな比重を占めている地域は新安郡が属している全羅南道である。その生産状況を見ると、生産面積は3,007ha、生産農家戸数は1,000戸、生産量は約34万トンで、全国生産面積の79.6％、生産農家戸

第7章 地域農協の「連合事業団」と食品市場創出

表7-1 天日塩全国生産現況

区分	面積（ha）			業者数（個）		2007年生産（トン）	2008年生産（トン）	2007年生産額
	許可面積	生産面積	休業面積	許可	生産			
全国（A）	4,649	3,778	871	1,268	1,104	296,108	384,304	789億ウォン
全南（B）	3,330	3,007	323	1,134	1,000	258,353	337,754	688億ウォン
比率（B/A）	71.6%	79.6%	37.1%	89.4%	90.6%	87.2%	87.9%	
新安郡（C）	2,407	2,181	226	918	818	192,853	254,686	513億ウォン
比率（C/A）	51.8%	57.7%	25.9%	72.4%	74.1%	65.1%	66.3%	

資料：塩業組合資料より作成（2008年12月31日基準）。
注：全南とは全羅南道のこと。

数の90.6％、生産量の87.2％を占めている。さらにそのなかで新安郡は生産面積2,181ha、生産農家818戸、生産量25万トンであり、全国生産量の66.3％を占めるほどである。すなわち韓国の天日塩生産の最も大きな産地は新安郡である。

国内塩生産のおよそ70％を占有する新安郡の天日塩産業は、国民の食生活と食品産業に必要な食材の供給という役目を遂行しているだけではなく、条件不利地域である海岸および島嶼地域の天然資源から天日塩生産を行うことで地域経済活性化に極めて大きな貢献をしている。また天日塩の優秀性が社会的に評価され始めたことで、関連地方自治体は塩産業を成長させるために熱意をもって取り組んでいる。しかしこのような努力とは裏腹に天日塩生産がまだ零細性を脱することができない状況である。

天日塩生産の現況について見ると、事業者別単位面積が1996年末の廃田（廃塩田）政策が実施される直前には6.1haであったが、2007年末時点で3.7haに大幅に縮小された。

産地価格の変動が大きく、塩田事業者の高齢化に伴い塩田を他の事業者に貸し付ける委託経営の比率が高くなっている。どうしても賃貸された委託経営の塩田は生産量の拡大に走る傾向が強く、品質の向上・標準化が期待できない状況が生じている。

天日塩の産地価格は図7-6のように大きく変動していることがわかる。1996年の廃塩田政策施行以後、天日塩の産地価格は下落と上昇を繰り返しており、最低・最高産地価格変動幅は3.5倍に及び、非常に不安定性が増して

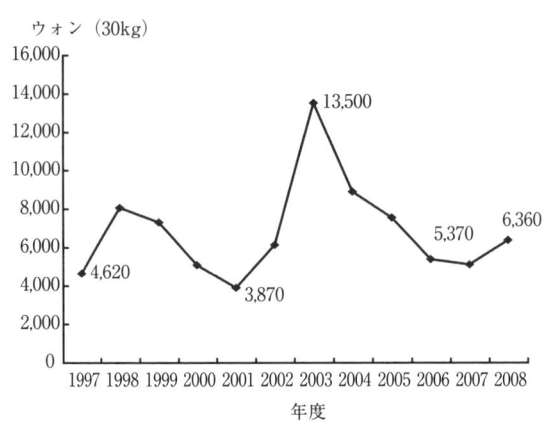

図7-6　国内天日塩産地価格推移（1997〜2008年）
資料：農協の資料を基に筆者作成。

いる。

　天日塩産業に関わる大きな問題点をまとめると次のとおりである。

　第1に、政府は1997年から2004年まで塩田の整備を通じて塩産業の崩壊を防止するとともに食用塩の安定的な供給基盤を確保するために廃塩田支援事業を実施した。事実、その背景には、輸入自由化による国内塩産業への被害を最小限に止めるための措置であった。

　しかしそれにもかかわらず塩の価格は安定せず、むしろ廃塩田支援政策は既存の事業者だけが塩田を独占的に利用するという結果をもたらした。

　独占が進んだ結果、塩田の地代上昇をもたらし、新安郡のように生産者のほとんどが零細事業者（生産者）の場合、経営に大きな負担となっている。

　第2に、高齢化および劣悪な労働環境は天日塩価格の低下によってさらに悪化し、たびたび劣悪な労働環境が、社会的問題として取り上げられるようになった。このような問題を解決するためには賃金の引き上げが必要だが、それは塩田経営の固定費用を増大させる。

　第3に、国内天日塩の流通構造は非常に複雑な形態であるために、流通費用が増大していることである。これは結果的に天日塩の価格競争力を落とす

第 7 章　地域農協の「連合事業団」と食品市場創出

大きな原因となっている。

　さらに輸入自由化措置以降、塩の市場価格が安くなったため、相対的に流通費用が増大し、経営を圧迫するようになった。さらに近年、健康ブームによって体に良いとされる塩に社会的関心が高まった。その結果、市場に大企業などの参画が活発となったものの、塩そのものでは大きな製品差別化は難しく結果的に生産者価格の引き下げとなっている。

　最後に、韓国の天日塩生産方式は1970年代から盛土の上に海水が地下に染み込まないように防水層を形成する際、生産量増大などを理由に厚い黒色のビニールマットを敷く方法を取っており、非常に効率が悪く環境にも大きな負荷を与える生産方式であった。このため商品の価値が著しく下落するという問題を抱えていた。

2）天日塩市場の形成と発展

　最近天日塩に対する法律が制定されて以降、天日塩市場は早いスピードで市場形成を見せる一方、新規の食品市場の分野として成長しつつある。

〈参照２〉2007年以後天日塩関連法制、政策、制度変化
□法制変化：天日塩を鉱物から食品に認定
2007年12月：天日塩の食用を許容した「塩田管理法」改正
2008年３月：「食品衛生法」による「食品公典」（食薬庁告示）改正で天日塩が食品に認定され、食品として販売可能となった。
□政策変化
2008年２月：農林水産食品部（以下、農食品部）天日塩育成政策発表
2009年３月：農食品部は食品産業一元化事業で塩産業管理業務を知識経済部から移管し「塩業組合法」と「塩管理法」一部改正
□制度変化
2007年：全羅南道は科学技術課（現在は海洋生物課）の中に「天日塩係」を設置
2008年：新安郡は天日塩産業を育成するための「天日塩産業育成支援条例」を制定して専担部署である「天日塩産業課」を設置
2008年12月：知識経済部は新安郡一帯を「天日塩産業特区」に指定
2009年10月：農食品部は天日塩が食品に認定されることにより、従来の鉱物として管理するために制定された「塩管理法」をすべて改正し、塩産業の体系的育成・支援、食品生産に適合な品質管理・研究開発などのための「塩産業法」立法を予告
2010年６月：農食品部は「農水産物の原産地表示に関わる法律施行令」を改正して2010年８月11日から施行。米と白菜キムチを取り扱う全国すべての飲食店は営業所面積に関わらず原産地を表示しなければならないこととし、調理済みの鶏肉と鴨肉、天日塩のような食用塩に対しても原産地表示をするように規定した。

既存の原料型商品	多様な付加価値製品の需要形成
食用：一般家庭用（キムチ、味噌、醤油、食卓）食品工業用（水産物加工、醤類工業、食品漬物、食品加工） 工業用：一般工業用（浄水製紙、染色維持、皮革製造、食肉副産物、飼料、農業、その他）、科学工業用（ソーダ灰、苛性ソーダ、染料、その他）	食品企業のイメージ向上：企業が既存の製品に使用していた輸入塩を天日塩へ代替（キムチ、醤類、お菓子、ホテル、製菓業界等） 付加価値製品：土版天日塩、含藻天日塩、3年熟成天日塩、天日塩使用ニンニク、海藻・緑茶塩、料理用・漬物用塩、焼き塩、竹塩 機能性製品：薬用、治療用、皮膚美容素材、歯科素材、健康補助食品（血圧上昇抑制、糖尿緩和等） その他：農村観光の素材（体験場、博物館）等

図7-7　天日塩市場需要の多様化

資料：農協の資料を基に筆者作成。

　2007年以後、天日塩の関連法制、政策、制度変化については参照2を参照されたい。法律の側面で最も大きな変化を見せたのは2008年の法律改正である。これによって天日塩が食品として販売されることとなった。その後、天日塩の急速な市場形成に合わせ、政策的にも大きな変化が現れた。2009年3月に韓国の農林水産食品部（以下、農林部）は食品産業一元化政策によって、伝統産業の管理業務を知識経済部から移管された。また、2009年10月には、塩産業の体系的育成・支援および食品生産に適合した品質管理・研究開発を可能とした「塩産業法」が制定された。このような政府の動きに歩調を合わせた形で新安郡も「天日塩産業育成支援条例」を制定し、専担部署である「天日塩産業課」を設置するに至った。

　天日塩関連法律の改正によって天日塩の用途が広がり、それによって多様な市場需要が生まれた。既存の食用と工業用の単純区分から、食用はもちろんのこと美容、薬品、さらには観光産業の1つの素材に至るまで用途が大きく広がった。

　天日塩市場規模は図7-8に示されているように急速に膨張した。（ホァン・キヨン、2009）の将来展望によると、2008年の天日塩市場は1,300億ウォン規模と推定されているが、2013年に約1兆3,000億ウォン規模まで成長するとされている。

　将来の市場規模の拡大は展望だけに終わらない可能性が高い。最近の食品

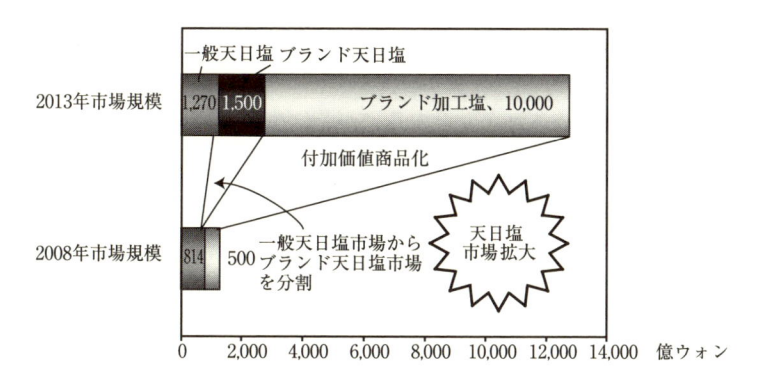

第7章 地域農協の「連合事業団」と食品市場創出

```
                    一般天日塩 ブランド天日塩
                    │       │
2013年市場規模      1,270 1,500  ブランド加工塩、10,000

                           付加価値商品化
                                          天日塩
                                          市場拡大
2008年市場規模      814
                   │   一般天日塩市場から
                   500 ブランド天日塩市場
                       を分割

          0   2,000  4,000  6,000  8,000  10,000  12,000  14,000   億ウォン
```

図7-8　韓国産天日塩市場規模推定

資料：ホァン・キヨン（2009）より引用。

表7-2　新安郡管内天日塩産地総合処理場投資現況

投資業者	対象地	規模（坪）	投資規模（億ウォン）			備考
			施設	買上	計	
（株）大象清浄園（チョンジョンウォン）	都草面	5,000（5万トン）	198	1,267	1,465	（株）新安天日塩設立 資本金7億ウォン（農家25%） 生産農家82戸 出資 2009年道・郡と投資協約 5年（2009〜2014年）投資
CJ第一精糖	新衣面	7,400	112	-	112	（株）新衣道天日塩設立 資本金13億ウォン（農家48%） 生産農家83戸 出資 2009年道・郡と投資協約 5年（2009〜2014年）投資
全南開発公社	飛禽面	500	18	-	18	全羅南道支援
	新衣面	500	18	-	18	全羅南道支援
テピョン塩田	曾島面	-	-	-	-	国内最大単一塩田 1953年設立（140万坪） 2006年テピョン塩工場建立
大韓塩業組合	木浦市	1,200	58	-	58	2005年設立、現在休業中
智島営農組合	智島邑	500	18	-	18	工事中
荏子営農組合	荏子面	500	18	-	18	工事中

資料：農協の資料を基に筆者作成。

企業の塩産業への大規模な投資と参画を見ると、市場規模拡大は現実味を帯びている。**表7-2**を見ると、すでに食品企業は現地に投資を行っており、とりわけ最大産地である新安郡に大きな影響を与えると言っても過言ではない。

3）天日塩生産農家の「連合事業団」への展開

　天日塩の市場が形成され、発展するにつれ、生産者は以前に増して競争の圧力に晒されるようになった。当然それは生産農家および地域農協の経営に大きな影響を与えている。

　競争圧力の度合いは市場構造および産業構造、さらに組合員の構成によって地域（農協）に与える影響が違ってくる。次からはこの３つの視点からその競争圧力の度合いを見ることにしたい。

　まず市場構造の側面から見ると、新しく形成された市場において以前の独占的地位を享受していた産地商人と問屋が一番大きな影響を受けるようになる。まず市場が形成されその規模が大きくなってくるが、以前に比べ競争が熾烈になる。とくに塩輸入自由化により、塩価格の全般的な下落が起きることは前述で指摘したとおりである。よってそこから競争に勝ち抜くために、産地商人と問屋は農家と組合に対し、価格の引き下げ圧力を転嫁しようとする動機が形成される。また産業構造の側面からは新しい競争に応じて品質基準および競争力を確保するために、農家と組合は追加投資を敢行するが、ほとんどは投資財源の不足はもちろんのこと推進する組織的人材不足に陥る。組合員構成の側面からは食品加工業資本に垂直統合された農家と技術的競争優位を確保した農家、その他、零細農家に明確な分化が生じ、さらに経営格差が拡大される契機となる。

　天日塩生産農家と地域農協はこのような市場構造、産業構造、組合員構成の多様化に直面し協同組合としての新しい対応の必要性をはじめて認識することとなる[2]。このような状況で地域農協はどのような市場対応を行うべきかが大きな課題となる。天日塩の流通経路を調べたのが**図7-9**である。現実的に天日塩の市場構造はまだ形成されたばかりの市場なので消費地市場まで

2　韓国の場合、農産物の本格的な商品化が遅れたため、組合員の農協への不満は自ら商品生産者としての認識が芽生えたことを意味している。この点については第２章で詳細に分析しているのでそちらを参照されたい。

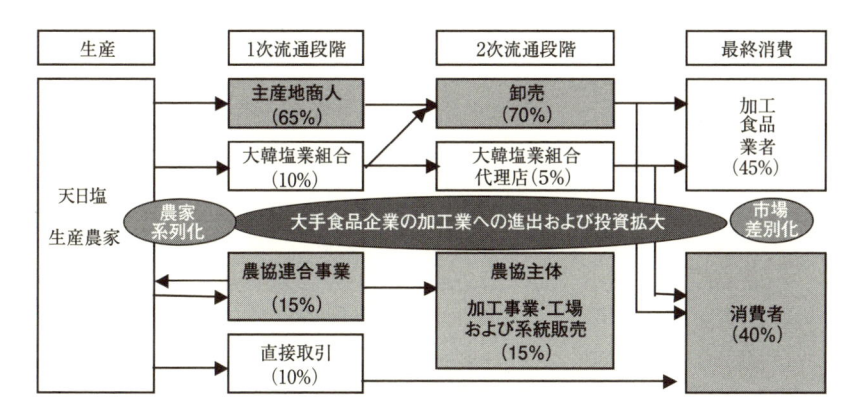

第7章　地域農協の「連合事業団」と食品市場創出

```
┌─────────┐  ┌──────────────┐  ┌──────────────┐  ┌─────────┐
│  生産   │  │  1次流通段階  │  │  2次流通段階  │  最終消費 │
└─────────┘  └──────────────┘  └──────────────┘  └─────────┘
```

主産地商人(65%)　卸売(70%)　加工食品業者(45%)
大韓塩業組合(10%)　大韓塩業組合代理店(5%)
天日塩生産農家
農家系列化　大手食品企業の加工業への進出および投資拡大　市場差別化
農協連合事業(15%)　農協主体 加工事業・工場および系統販売(15%)　消費者(40%)
直接取引(10%)

図7-9　韓国産天日塩既存流通経路

資料：チェ・ビョンオク（2010）基に筆者作成。

は形成されず大部分の流通過程は産地商人を通じて取引される場合が一般的である。1次流通段階での産地商人の市場占有率が65％、2次流通段階では問屋の占有率が70％となっており両者によって価格形成がなされていると考えられる。

最終消費段階では調査の困難性から食品加工会社から先の取引先は確認できないものの、いずれにせよ、その比率は高い（45％）。

産地が直接的に消費市場と接合している割合は直販の10％しかない。農協系統販売はわずか15％に過ぎず、そこからの流通状況が確認できないため、詳細な内容は把握されないものの、それにしても流通に占める生産者および系統農協の比重は低い状況である。

天日塩市場の流通構造から容易に推測できるように、天日塩の価格形成は食品加工会社（資本）が持つ45％の物量を中心に行われる一方、業界全体の利益率も決定されると考える。したがって食品加工会社へ供給を行っている産地商人や問屋の利益確保を巡る行動様式は産地価格形成への影響はもちろんのこと、農家と農協の経営にも大きな影響が及ぶと予測される。食品加工資本はこのような市場構造で農家を系列化することで既存の食品加工業者との差別化戦略を駆使し、産地流通に積極的に進出している。

表7-3　天日塩生産原価推定（3ha基準）

(単位：1,000ウォン、％)

区分	金額	比率	算定基準
人件費	47,000	73.5	・従業員：3人（常時職 2人、採塩部 1人） 従事基準 ・常時職：日当7万ウォン×30日×10カ月×2人=42,000千ウォン ・採塩部：日当5万ウォン×100日=5,000千ウォン
福利厚生費	1,200	1.9	・間食費：3人×100日×4,000ウォン=1,200千ウォン
減価償却費	5,424	8.5	・ビニールマット（6年）=3,300千ウォン ・揚水機（5年）×6台=324千ウォン ・倉庫（15年）×1棟=1,800千ウォン
包装費	5,400	9.8	・PP袋（300ウォン）×生産量（30kg：9,000個）=2,700千ウォン ・袋づめ作業費（300ウォン）×生産量（30kg：9,000個）=2,700千ウォン
検査手数料	240	0.4	・1回当たり 120千ウォン×年2回=240千ウォン
消耗品費	1,800	2.8	・1ha当たり 600千ウォン×3=1,800千ウォン
修繕維持費	1,500	2.3	・客土：1ha当たり 200千ウォン×3=600千ウォン ・その他：1ha当たり 300千ウォン×3=900千ウォン
電気・油類費	500	0.8	・年間 500千ウォン
合計	63,064	100	その他の費用追加時の総額は115,564千ウォン規模と推定

資料：東国大学産学協力団（2009）より引用。

表7-4　天日塩市場環境変化、組合員・組合選択戦略、「連合事業団」戦略

区分		協同組合の経営戦略および構造		
		市場戦略 市場の失敗対応 （価値鎖）	投資戦略 産業標準競争力 （資産特定性）	財政戦略 構成員の多様化 （フリーライダーの動機）
組合員 ニーズ	必要性増大 市場の失敗対応 （価値鎖）	1．連合事業（団） 販売交渉力確保 大規模化市場戦略	2．加工事業 販売交渉力確保 垂直的統合	3．部分多角化 販売交渉力確保 法人形態多様化
	必要性増大 産業標準競争力 （資産特定性）	4．大規模化事業 垂直統合競争力 大規模化市場戦略	5．加工事業法人 垂直統合競争力 垂直統合投資	6．法人多角化 垂直統合競争力 法人形態多様化
	阻害要因 農家間多様化 （投資インセンティブ）	7．商品別大規模化 組織別事業 大規模化市場戦略	8．商品別法人 組織別事業 垂直統合投資	9．新世代農協 （NGC） 組織別事業 法人形態多様化

資料：農協の資料を基に筆者作成。

食品加工資本の産地流通への参画は天日塩業界全体の技術向上（産地処理場への新規投資）はもちろんのこと、投資規模も上昇する結果をもたらした。**表7-3**は2009年時点での天日塩生産原価を推定したものであるが、これを見

第7章　地域農協の「連合事業団」と食品市場創出

ると間接的ではあるが、天日塩業界の競争レベルが上昇することによって天日塩生産農家に大きな圧力をかけていることが推測できる。すなわち現在の競争レベルに合わせ生き残り策は、今よりさらに技術水準を上げてそれを維持しなければならない。よって約1億5,000万ウォンの固定費の負担と5,250万ウォンの生産費の引き上げが追加発生することが分かった。

4．農協「連合事業団」運営成果

1）天日塩食品市場競争尺度効果：流通構造改善

　急速に変わりつつある天日塩市場を巡る競争の激化は結果的に新安の地域農協の「連合事業団」の結成に至らせたが、「連合事業団」が設定した経営目標は競争力向上であった。天日塩流通過程で生じている市場対応の限界を是正するために自ら競争的な市場構造へと本格的な参画を試みたのである。ある意味で資本主義の発展が進展した新自由主義の時代に入り、韓国農協の選択は進むか、待って消えていくかという切羽詰まった岐路に立たされており、ある側面では積極的な市場対応と見て取れるような行動様式を見せる[3]。

　新安郡の地域農協が「連合事業団」を結成した理由については単に競争力の向上がその狙いであると説明したが、天日塩流通過程で生じる「市場の失敗」（不完全競争）が発生するメカニズムとして産地商人の市場占有率が高いことを背景に、既存の市場構造から利益を確保するためには、当然ながら市場需要の動向に相応する形で、農家（生産者）からの買取価格を調整しないといけない。農家（生産者）の立場からいえば価格の不安定が生じるうえ、仮に「市場の失敗」が発生すると、生産者および農協さらに消費者までの経済活動主体はもちろんのこと、地域経済にも大きな損失が発生する。市場価格が回復するまで生産者はさらなる価格引き下げに対する圧力を受けつつ、

---

[3] このような韓国農協の行動様式は日本の農協の行動様式とよく対比される。とくに新自由主義時代に突入するに至って、韓国の市場対応が非常に攻撃的でなお積極的に見られがちであるが、それはあくまで資本主義の度合いの違いからくる市場対応の違いに過ぎないと筆者（柳）は考える。

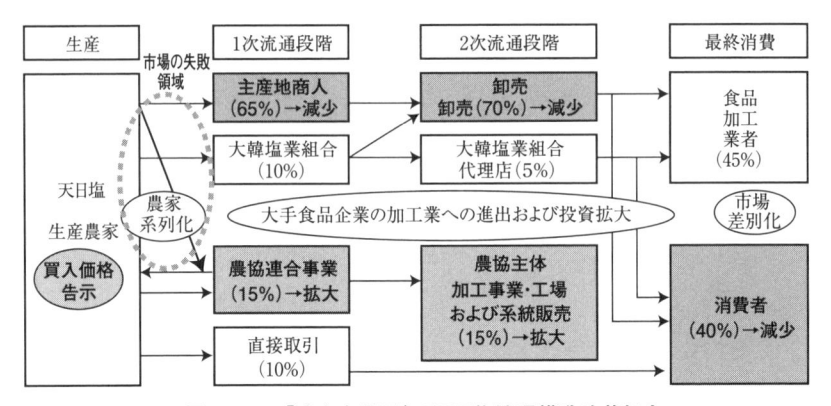

```
┌─────────┬─────────────┬──────────────┬──────────────┬──────────┐
│  生産   │市場の失敗   │ 1次流通段階  │ 2次流通段階  │ 最終消費 │
│         │領域         │              │              │          │
```

生産	市場の失敗領域	1次流通段階	2次流通段階	最終消費
天日塩生産農家 / 買入価格告示	農家系列化	主産地商人(65%)→減少 / 大韓塩業組合(10%) / 農協連合事業(15%)→拡大 / 直接取引(10%)	卸売 卸売(70%)→減少 / 大韓塩業組合代理店(5%) / 農協主体 加工事業・工場および系統販売(15%)→拡大	食品加工業者(45%) / 市場差別化 / 消費者(40%)→減少

大手食品企業の加工業への進出および投資拡大

図7-10　「連合事業団」の天日塩流通構造改善努力

資料：チェ・ビョンオク（2010年）を基に筆者作成。

投資の萎縮および低品質製品生産を強いられる一方、農協の経営に打撃を与え、ひいては地域経済が萎縮する結果をもたらす。このような現状は新安郡のように地域経済に占める天日塩生産（額）の割合が高い場合、さらにその影響は顕著となる。

　また近年、塩の輸入自由化の影響が重なって市場価格が不安定になり、その悪い影響を体験してきた地域としては他の地域よりさらに市場対応向上への熱意が高いことは当然のことである。したがって地域農協が「連合事業団」を結成する環境はどこよりも成熟していたと言えよう。

　ただし地域農協だけではなく、農協中央会木浦新安市郡支部との「連合事業団」を構成したことは系統農協組織を有効に使うにはすぐれた事業方式であると考える。事業団の発足後の最初の事業として早速、農家に対し買取価格を事前に告示することで、天日塩流通過程で発生する「市場の失敗」の弊害を減らす活動に着手した。図7-10の農協の市場占有率15％は「連合事業団」が成し遂げた成果である。「連合事業団」が産地で買取価格を告示することにより、産地商人の価格交渉力を弱体化させ、市場占有率を一気に拡大することができたのである。

　地域農協の連合による市場対応が成功した契機となったのは、買取価格の

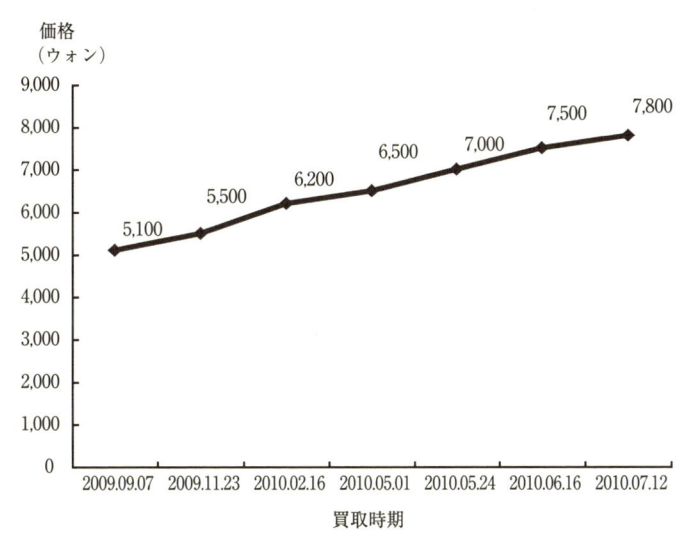

第7章　地域農協の「連合事業団」と食品市場創出

図7-11　新安天日塩「連合事業団」による天日塩の買取価格推移
資料：農協の資料を基に筆者作成。

告示であったが、なにより「連合事業団」による規模の経済がいかんなく発揮された典型的な事例でもある。もしすべての地域農協が参加しないままで実施されたとしたら、ここまで短時間に成果を上げることは不可能であったと考える。買取価格の地域単一化を図り、これを事前に告示したことで、産地流通価格の安定の一助となった。またこのような買取価格の告示制度は天日塩の全国最大産地である新安郡で実施されたことでその波及効果は大きかった。実施以降、生産農家と産地商人との間にも以前に比べ公正な取引と価格形成機能を定着させたともいわれ、結果的に、全国の天日塩産地市場の価格形成機能の安定化にもつながったと言えよう（**図7-11**参照）。

買取価格の決定は産地相場と推移を考慮し「連合事業実務委員会」（「連合事業団」2人、9つの参加農協責任者および職員18人で構成されている）で決められる。新安天日塩「連合事業団」は「連合事業団」がスタートした2009年8月25日以後、11カ月間で7回、単一買取価格を告示してきた。これによって産地の市場価格形成が擬似的であるものの、生産者主導の建値市場

195

が創設されたことと同じ効果をもたらし、産地に進出した食品加工会社においてもこの告示価格を基準に生産者との買取価格を決定している。

ところが、産地市場で「連合事業団」の価格形成機能が定着したことで産地価格が上昇したという単純な視点は非常に好ましくない。まず産地で競争が回復されたことの結果として、価格形成機能が正常に働いているとの認識が重要である。そのような認識を土台に、「連合事業団」活動が「市場の失敗」の弊害から生産者、農協、ひいては消費者などの経済活動主体と地域経済に役に立つという認識が重要である。それは価格変動そのものの安定化が経営に如何に重要であるか、考えてみればすぐ分かることである。単に価格が上昇したことだけに視点を置くと、農協の行動様式は資本主義下の利潤追求を選好する会社との区別が困難となる。その他に、間接的であるが、すでに本章で説明したとおり、新たな投資動機の誘発・低品質生産への圧迫緩和の効果をもたらし、生産者と農協との連携強化など計り知れない効果が生じている。

とくにここで強調したいのは、産地での価格の引き下げなどの過当競争が防止され、結果的に低品質の天日塩が流通する可能性が大きく減少したことである。そして「連合事業団」が取り扱う量が増えたことで、消費者が安心して購入できる新たな市場ルートを開拓したことは大きく評価できよう。

2）参加農協経営安定および競争力の向上効果

「連合事業団」が産地に与えた大きな効果は参加農協の経営革新と競争力向上である。これは天日塩のマーケティングに関わる事業をすべて事業団に集中させたことで、参加農協の事業効率が高まる効果をもたらした。まず、組合員との取引費用が節減されたことである。すべての地域農協に対し買取価格を単一化したことで、従来、農協ごとの個別交渉によって発生していた取引費用を大きく節減することができたのである。

また、参加農協から見ればこれまで市場に対し個別販売したことで生じた費用が一切なくなり、大幅な節減効果をもたらした。以前は、農協ごとに消

第7章 地域農協の「連合事業団」と食品市場創出

表7-5 「連合事業団」の事業推進内容と参加農協の市場対応能力向上効果

共同事業類型	内容	市場対応力向上効果
自治体協力事業	・推進内容：共同包装材（ボックス、ビニール）、PP袋、カタログ、リーフレット、ホームページ制作 ・予算規模：1億7千万ウォン（自治体2千万ウォン、農協中央会5千万ウォン、連合事業団1億700万ウォン）	共同ブランドおよび資材開発
販売流通網開拓	・推進内容：大量納品契約締結（NH食品、ハナロマート分社）、圏域別販売支社契約、電子ショッピングモール入店推進（郵便局、オークション、Gマーケット、インターパーク、韓国日報など）	共同流通網構築
流通施設拡充および製品多様化	・推進内容：宅配用小包装、脱水塩保管倉庫の賃借運営（木浦70坪）、小包装等製品群構成（1kg、3kg、5kg、10kg、20kg、30kg）	製品市場進出 競争優位拡充 新規製品開発

資料：農協の資料を基に筆者作成。

費地問屋および大量需要先（加工資本）と個別的に価格交渉を行ってきたが、結果的に同じ農協同士で過当競争を繰り返し、価格低下を招いていた。しかし事業団設立以降は、代金決済業務をはじめ地域マーケティングまでのすべての業務を「連合事業団」に一元化するようになり、販売管理費用を含め他の取引費用が大きく節減された。

同時に「連合事業団」が天日塩市場において市場交渉力（bargaining power）を高めることができ、参加農協の経営安定化に大きく貢献することとなったのである。

次に、「連合事業団」による共同販売を推進することで、それぞれの地域農協の市場対応力が同時に高まる効果が見られた。これによって参加農協は有形・無形の資産価値を得ることができた。**表7-5**は「連合事業団」の事業推進内容と参加農協の市場対応力向上の効果を整理したものである。

表に示したように、「連合事業団」は高い市場交渉力を背景に、自治体からの協力を得、事業を地域に誘致し共同ブランドと生産資材を開発するまでの成果を上げた。販売先を開拓し共同の流通網を拡大・構築したことはこのような市場交渉力の向上によって信用・信頼度を高めた結果である。さらに流通施設を拡充し製品を多様化したことで原料市場だけでなく、製品市場にも進出できる足場を設けたことは、市場内で安定的なポジショニングに成功

したことである。すなわち天日塩市場形成から発展過程においてうまく市場対応に成功した。このことは、これからの資本主義の発展度合いを考えた場合、ある程度資本と互角に戦える戦力を備えたことに大きな意義がある。第2章で考察したように、新自由主義においてすでに形成された市場領域でもそれを守り抜くのは並大抵でない努力が必要である。これは農協の発展モデルとして考える場合、韓国農協が志向すべき農協モデルが日本の総合農協モデルから欧米に見られる企業的農協へと一気に進む可能性が十分あり得る[4]。共同流通網の構築、製品ポートフォリオ、ポジショニングなど市場対応における手法を実際に体験できた地域農協はそれを基盤として、連合事業団のなかでのそれぞれのポジショニングが自然にできることで、市場におけるさらなる競争力向上に役に立っている。

　最後に、参加農協の財務的効果があげられる。「連合事業団」の活動は対外的信用を高めることができたため、外部から資金を導入することが容易になった。「連合事業団」は農協中央会の支援を得て無利子資金を導入した。天日塩は品目特性上買取事業方式を維持するしかない現実から、買い取りをスムーズに行うための便宜を図る意味から豊富な資金が必要である。「連合事業団」は農協中央会から無利子資金を導入し、参加農協に提供した。同時に、生産農家に対する出荷代金を先に支給できるように運営資金も同時に導入することに成功した。これは農協中央会木浦新安市郡支部を通じて行ったが、買取事業における資金不足を軽減するのに大いに貢献した。これらの一連の措置は、参加農協の調達資金利子に対する利子補填効果および経済事業延滞債権発生を予防し、資産健全性が向上する効果をももたらした。**表7-6**はこのような参加農協の財務的効果を集計したものである。2009年「連合事業団」設立以後、参加農協の財務的効果は4カ月間でおよそ4,700万ウォン、

---

[4] 韓国の資本主義の発展経路を考える場合、農村地域の絶対的貧困層の広がりによって、農業・農協問題はもはや経済的思考の枠組みのなかで還元できない性質を帯びており、社会・経済政策としてその提供範囲が広がっている。よって農協の社会企業的役割を政府自らが求める可能性が潜んでいる。

第7章 地域農協の「連合事業団」と食品市場創出

表7-6 2009年「連合事業団」参加農協の便益

単位：千ウォン

参加農協	無利子資金の受益	買取事業利益配分	受託手数料還元	内部資金利子費用免除	合計
A	534	583	365	148	1,630
B	786	0	950	380	2,116
C	786	0	1,178	471	2,435
D	534	0	0	0	534
E	4,905	2,147	7,541	3,012	17,605
F	45	0	0	0	45
G	4,852	7,211	8,103	3,236	23,402
合計	12,442		18,137	7,247	47,767

資料：農協の資料を基に筆者作成。

2010年には1億5,000万ウォンに上ると推定される。

3）参加農家の所得向上効果と内的発展の可能性

次には「連合事業団」運営成果のなかで最も重要である参加農家に対する所得向上効果と地域内への波及効果である。「連合事業団」は安定的販路と代金支払いに便宜を図ったことで、生産者に直接・間接的な所得向上効果をもたらした。

表7-7は新安郡の地域農協の天日塩取扱量の変化を調べたものである。2009年の結果を見ると、新安郡の天日塩総生産量は前年対比約1万トンの減少であった。しかしそれにも関わらず、農協の取扱量は5,000トン以上増加し、これによって農協の市場占有率は3.4ポイント上昇した。販売金額で見ると、前年対比約8億ウォン増加となった。

表7-8は2009年末の新安郡の天日塩生産および農協管内の販売現況を集計したものである。それぞれの管内総生産量と、そのうち農協が取り扱う量との関連について見ると、北新安・新安農協がそれぞれ7.0％、0.9％を占めるに止まり、最大産地である北新安や荷衣面農協地域に至っては未だ生産農家の組織化には至っていない状況である。しかし今後農協の「連合事業団」としては次の段階に進める余地が大きく、さらに発展が望めるという点においては非常に明るい材料である。

表 7-7　新安郡管内農協天日塩取扱量変化

区　分	新安郡 天日塩 総生産量（トン）	農協取扱		
		数量（トン）	金額 （百万ウォン）	数量占有率
2008 年 12 月末	245,686	60,756	17,471	24.7%
2009 年 12 月末	235,480	66,272	18,267	28.1%
増減	−10,206	5,516	796	3.4%

資料：農協の資料を基に筆者作成。

表 7-8　2009 年新安郡天日塩生産および管内農協販売現況

農協	新安郡						農協販売		
							販売量		
	農家 （戸）	面積 （ha）	生産量 （トン）	数量 （袋/30kg）	生産額 百万ウォン	生産量 占有比率	袋 （30kg）	販売額 （百万ウォン）	数量 占有比率
押海面	21	118	10,630	354,333	2,126	4.5%	87,300	667	24.6%
荏子面	41	130	14,000	466,667	2,800	5.9%	38,900	315	8.3%
北新安	116	555	60,200	2,006,667	12,040	25.6%	140,233	1,211	7.0%
新安	24	88	10,010	333,667	2,002	4.3%	3,000	36	0.9%
安佐面	1	2	150	5,000	30	0.1%	0	0	0.0%
荷衣面	316	609	70,280	2,342,667	14,056	29.8%	405,867	3,254	17.3%
飛禽面	201	415	45,850	1,528,333	9,170	19.5%	947,767	7,803	62.0%
都草面	98	235	24,360	812,000	4,872	10.3%	516,667	4,501	63.6%
計	818	2,152	235,480	7,849,334	47,096	100.0%	2,139,733	17,787	27.3%

資料：農協の資料を基に筆者作成。

　以上、「連合事業団」は協同組合組織の垂直統合の独特な経営的効果を見せてくれた。一般的に垂直統合の効果は経営学的観点からは高く評価されるが、垂直統合の効果が組織に及ぼす影響については大きな興味を示さない。しかし協同組合では組織の水平的合併と垂直統合が農家の競争力に如何なる影響を与えているかに大きな関心を持つ（Phillips, 1953）。この点において垂直統合に対する評価は一般の企業を対象とする経営学と協同組合を対象とする経営学には相違点が見られる。一般企業の経営学では利用者の競争力向上より投資家の収益増大のため、企業の利潤増大を一番優先視する。反面、協同組合は利用者である農家の競争力向上が重要であり、その視点で垂直統合を捉える。

　新安に進出した大企業は流通上の経費削減と、安定的原料確保の生産農家の系列化に力点を置いている反面、農協は地域の生産農家の持続的経営の維

第 7 章 地域農協の「連合事業団」と食品市場創出

持とそのための経営改善に重点を置く。大企業による生産農家の系列化方法においては経済効率化を図るために、一部の生産農家がその対象となる。それは当然該当企業の短期的成果を上げるのに有利である。他方で、農協は一部の生産農家だけではなく、生産農家全体の持続的生産を前提にするために、経営的制限を受ける。

したがって農協は地域の生産農家全般の持続的経営を可能とする触媒の役割に専念する必要性がある[5]。

以上のような触媒的農協経営の手法は地域の内発的発展との関連でさらにその事象を複雑化していく。この効果は資産特定性[6] (asset specificity: Williamson, 1985) の側面で説明できるが、まず地域の生産農家を保護することで、創出された価値を地域内部に還元するという側面で地域経済活性化にも寄与するという無形の共同資産について注目する必要がある。有形の経済的利益の向上についてその危険性について言及したが、それとも大きな関連を持つ。つまり、無形の共同資産の蓄積如何が、有形な農家経済・地域経済に長期的に影響を与える。「連合事業団」が成功した理由を経営的に説明すれば、天日塩市場構造の変化に伴い、規模の経済が発揮できるように、生産農家の投資を代行したに過ぎない。またそのための経済環境も他の産地に比べ必要十分に整えていた[7]。したがってこのような観点に立つ限りにおいてこのような事例研究は似ている事例の背比べにしかならないのである。今

---

5 この概念は極めて重要である。農協が企業（資本）ではないという認識を持たない限り、生産者（組合員）との衝突は避けられない。本章の事例はある意味で極めて協同組合的初期市場対応の事例であり、比較的に初期段階でまだ複雑な構造となっていないことから成功をおさめていると見ることができる。これはこれで評価すべきではあるが、持続的生産の維持、地域経済への還元、多数の零細農家（組合員）という3つの条件を考慮すると、その適切な経済規模についても詳細な分析が必要である。先に韓国の農協は欧米に見られる企業的な農協としての発展可能性が高いと筆者の個人的意見を述べたが、そこに至るまで整理すべき理論的課題は先の3つの課題を如何にクリアするかにかかっている。その意味で極めて高度な経営的手法（というより農協陣営の政治的判断力）が必要である。これは編者の共通的な見解ではなくあくまで（柳）の個人的な見解である。
6 資産特定性とは、ある資産を代替的に他の用途で用いた場合に、著しくその資産の生産性が低下するような性質を指すものである（p.77、図2-11の注参照）。

後の「連合事業団」の成功の鍵は流通構造の改善活動よりも長期的に生産農家と地域の経済的価値を如何に結合させ、またそこから創出された価値を如何に内部で還元・還流させるかに関わっていると言えよう。

5．成功要因と政策的示唆点

以上のような「連合事業団」の活動内容を総合してその成功要因と政策的示唆点について述べたい。まず、成功要因は大きく戦略的要因と技術的要因に区分できよう。戦略的成功要因は新安郡の天日塩生産農家と農協系統組織（地域農協と農協中央会市郡支部）が天日塩食品市場再編過程で「連合事業団」を組織し、戦略的ポジショニング再設定（strategic repositioning）に成功したという点である（図7-12）。

技術的な側面からの成功要因は協同組合方式の垂直統合を実現した点から探ることができる。とくに協同組合方式の競争戦略、農協系統組織の流通戦略、産地に符合した生産農家・農協の「連合事業団」の運営からその具体・個別的要素から確認できる。

新しく再編されつつある天日塩市場および産業構造の変化は個別生産農家または個別地域農協規模に合わせて競争レベルを遥かに超える可能性があるので、単純に物量を結集して価格交渉力を高める水準以上の競争戦略または流通戦略を必要とする。「連合事業団」の結成とは協同組合的な垂直統合を通して、天日塩食品市場の下でそれを具現しようとしたところに現代的意義がある。さらにそれに止まらず農協中央会を地域主導で自分の戦略にうまく取り込んだことに大きな発想の転換があると言えよう[8]。

「連合事業団」の運営方式の特徴としては、参加農協は出荷協約を締結し、

7　地域経済における天日塩の割合が極めて高いことが、迅速な市場対応を可能にしたことは認めざるを得ない。しかしだからと言って、同じ条件の地域がすべて同じ行動を取るとは限らない。普遍的な行動様式を摘出することが事例研究の目的であるとすれば、成功する地域（事例）はあらゆる側面で特殊性を持っている。しかしその特殊性が普遍的行動様式に還元される性質を持っているか否かについても細心の注意を払うべきであろう。

第 7 章　地域農協の「連合事業団」と食品市場創出

環境変化	意識・制度の変化	天日塩市場・産業の再編	農家・農協・地域社会の影響
	・国民所得の向上 ・well-being 商品の需要増大 ・食品安全へのニーズ増大 ・天日塩の需要増大 ・天日塩関連の法制変化	・大手企業の産地投資拡大 ・技術競争レベルの上昇 ・天日塩市場の膨張展望 ・市場の部分独占発生 ・製品別市場の差別化	・農家、農協：新しい不完全市場構造、技術レベル対応へのニーズ増大 ・地域社会：長期成長への潜在力補填に対するニーズ増大

農協　新安天日塩　連合事業団：農家と農協の戦略的ポジショニング再設定の成功手段を提供

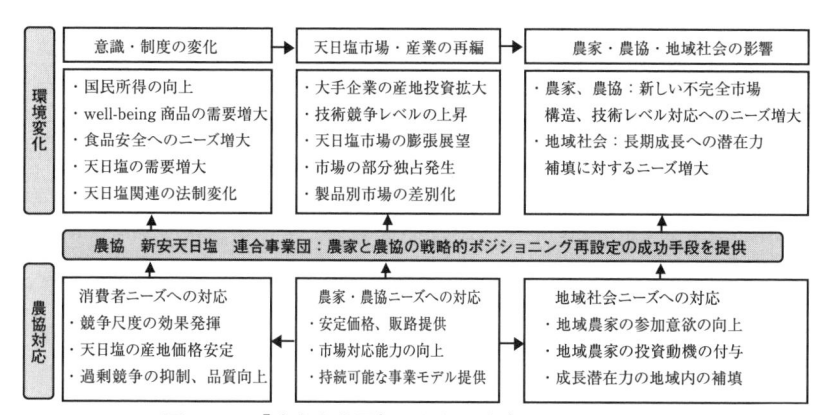

農協対応	消費者ニーズへの対応	農家・農協ニーズへの対応	地域社会ニーズへの対応
	・競争尺度の効果発揮 ・天日塩の産地価格安定 ・過剰競争の抑制、品質向上	・安定価格、販路提供 ・市場対応能力の向上 ・持続可能な事業モデル提供	・地域農家の参加意欲の向上 ・地域農家の投資動機の付与 ・成長潜在力の地域内の補填

図7-12　「連合事業団」の戦略的ポジショニング再設定

資料：筆者作成。

それを通じて市場対応体制を構築したことである。「連合事業団」には参加農協が、「連合事業団」への出荷に関わるすべての権限をはじめ、品質管理権限、協約違反時の制裁権限を委任する協約を交わしている。これは協同組合連合事業の円滑な運営に大きな基礎的指針を与え、市場においての価格・物量交渉力の適切な判断と対応を可能とし、農協の市場対応の柔軟性を発揮できるようにした。

政策的示唆点としては農協系統組織内部に与える示唆点と政府および地方自治体の政策に与える示唆点に分けてみることができる。まず、農協系統組織内部に与える示唆点として、新自由主義時代下の農業・地域における農協の「連合事業団」の有効性である。本章で考察した天日塩市場のように多くの韓国農業を取り巻く市場環境は、従来の原料農産物市場から食品市場へ急速なスピードで再編され、産地商人主導から大企業主導の市場構造に再編されつつある。このままの韓国農業体制では、生産農家と農協は市場再編過程

8　韓国農協中央会が推進する産地流通革新112戦略をうまく活用したことにその成功の鍵がある。農協中央会は生産者団体中心の産地流通強化を目標とし、2009年から「1組合1品目共選出荷会を2年以内に育成、1市郡1「連合事業団」の2年以内の育成」を内容にする「産地流通革新112戦略」を推進しながら、中央会指導・支援強化計画を実践している。「連合事業団」はこのような産地流通革新112戦略を活用し、天日塩食品市場進出に成功した最新事例でもある。

で淘汰されるだろう。現時点において生き残りをかけた農業陣営の戦略とは、より短期的になお効率的な方法で長期的持続可能な農業経営体の育成であるだろう。

「連合事業団」運営モデルは、農協系統組織内部の経済事業部門と教育支援事業部門の支援の在り方、また産地の農家・農協との連携を図るうえで極めて有効である。とくに経済事業を通じた産地との連携強化は、このことから農協の運営方式に関し得られたものが大きいはずである。第2章で考察した「地域総合センター」としての農協とりわけ中央会の支援の在り方の問題を是正できるヒントもあると考える。今後、大量消費地に存在している都市農協の長期的戦略として、如何に「連合事業団」事業に参加できるように制度を補完していくかがこれからの中央会の課題である。第6章で考察したように、このような連携がさらに全国的にネットワーク化できれば、軍納（軍隊の必要物資（食材）供給）、給食、親環境食資材（有機農産物等）などの新たな事業分野への参入も円滑に進むと考える。

最後に、政府と地方自治体の支援方向に対する示唆点として、新安の天日塩事例で確認したように、産地農家・農協・地域経済がともに成長と持続可能性の向上を確保するような支援の在り方を考える必要がある。単純に貨幣金額に換算できるような量的拡大の目標を追求するより、産地の市場構造と全体的な産業構造の再編を十分に認識したうえで、それが地域発展に反映できるような支援方向へと転換すべきである。本章の事例では政府と地方自治体からの支援がスムーズに行われた事例ではあるが、他にはもっと悪い状況に置かれた地域も多いはずである。市場の急速な膨張、技術の格差問題、市場の細分化とそれに伴う分断化進展の前で、個別生産者または農協・地域が保有した資産の価値が上昇する場合でも持続可能性に対する認識が確立されているならば、政策支援において断片的でなお成果主義的体制[9]の改善が見られると確信している。

9　短期間で成果を出すことを求める成果主義的政策支援手法。

第7章　地域農協の「連合事業団」と食品市場創出

参考文献

韓国農業協同組合中央会『組合経営計数要覧』2001〜2009年（未発刊）。
連合事業団「新安天日塩消息」2009年（1号）〜2010年（6号）（未発刊）。
連合事業団「新安天日塩連合事業推進計画」（2009年8月25日）。
連合事業団「設立と主要成果」（2010年7月26日）。
連合事業団「2010年主要業務計画」（2010年4月7日）。
農協中央会木浦新安市郡支部「2010連合マーケティング事業推進計画書」（2010年）。
東国大学産学協力団「食品・外食・消費者の天日塩使用実態調査」（2009年）
キム・ゾンイク、パック・ナヨン「天日塩生産者組織の役割と天日塩産業」韓国協同組合学会、2009年。
イ・ホンドン「世界の塩市場、どう動いているか。」韓国水産会水産政策研究所『水産政策研究』（2009年12月）。
チェ・ビョンオク「天日塩産業の現況と発展方案」天日塩世界化フォーラム・農林水産食品部『塩産業発展総合対策樹立のための公聴会（資料集）』（2010年6月24日）。
ホァン・キヨン「全南天日塩の名品化・世界化推進」全羅南道・木浦市・新安郡・靈光郡『天日塩産業の政策及び世界化を目指した研究動向（自治体主導研究開発事業天日塩及び塩生植物産業化事業団第2次シンポジウム（資料集）』（2009年11月12日）。
van Bekkum, Onno-Frank. 2001. "Cooperative Models and Farm Policy Reform." Koninklijke Van Gorcum. Assen, The Netherlands.
van Diepenbe, Wim J. J.. 2007. "Cooperatives as a Business Organization: Lessons form Cooperative Organization History."
(http://www.eurocoopbanks.coop/)
Ghemawat, Pankaj. 2009. "Strategy and the Business Landscape." Prentice Hall.
Phillips, Richard. 1953. "Economic Nature of Cooperative Association." Journal of Farm Economics 35 (1): 74-87.
Staatz, J. M. 1987. "The Structural Characteristics of Farmer Cooperatives and Their Behavioral Consequences. Cooperative heory: New Approaches." J. S. Royer. ed. UCDA. ACS Research Report 18. pp.33-60.
Sexton, R. J. and Julie Iskow. 1988. "Factors Critical to the Success or Failure of Emerging Agriculture Cooperatives." Giannini Foundation Information Series N.88_3.
Williamson, Oliver E. 1985. "The Economic Institutions of Capitalism: Fims, Markets, Relational Contracting." The Free Press.

終章

総括と展望

柳　京熙・李　仁雨・黄　永模・吉田成雄

１．総括

　本書は、韓国農協系統組織のなかで、日本の総合農協に相当する単位農協である地域農協の新しい発展方向として、「地域総合センター」に向かう取り組みの事例の紹介とその理論的枠組みの提示を目的に考察を行った。

　ここでもう一度本書の内容を総括しながら、今後の「地域総合センター」概念の発展過程で直面すると予想されるいくつかの争点について整理しておきたい。

１）要約

　本書は大きく３つの構成に区分して論じた。まず１つ目は韓国農協の「地域総合センター」概念が出現した背景と課題を現実の経済的・社会的側面から考察した。これは第１章で詳しく論じた。２つ目は地域農協の「地域総合センター」概念が持つ意義を理論的な側面から考察し、その出現の必然性について第２章で詳細に分析を行った。３つ目はこのような現実的背景から出現を余儀なくされた「地域総合センター」概念であったが、それが提唱されて以降、長い間普及・進展せず膠着状態が続いた背景について考察を行った。その結果「地域総合センター」概念の理論的枠組みの欠如やあいまいさが問題であり、しっかりした理論的枠組みを提示することが必要であるという結論に達した。しかし理論と現実の対立構造と、今後の発展方向を念頭に置い

た場合、より明確で強靭な理論構成が必要と判断し、第3章から第7章にかけて取り上げた5つの事例を基にしてこの理論的枠組みの提示に深さを加えるように試みた。

　韓国農協における地域農協の「地域総合センター」概念は、1990年代後半に農業・農村・生産者からの社会的要請によって新たに誕生したという背景を持つ。すなわち農村の貧困問題、大規模農家の出現とそれに伴う流通体系改善へのニーズ、地域農業の組織化ニーズなどに応えるために韓国の地域農協が志向すべき有意義な方向として提示された新しい農協概念であったと言える。これを理論的な側面で定義すれば、1980年代以後世界的に展開された新自由主義時代の構造的問題に対しその対応策として考えられた韓国農業・農村・生産者の韓国的対応形態とも言えよう。これによれば、この「地域総合センター」概念の進化方向は理論的に新自由主義時代市場と農民の対立・対応構図のなか、資産の金融化（securitization；證券化など）に対し、地域の価値保全または流出抑制のために、いわゆる司令塔のような役割が地域農協に求められていると言えよう。したがって本書で取り上げた事例研究は、その事業の成功や成果を紹介することよりも、如何に「地域総合センター」として、地域の資源を守り、また地域への還元・還流を行ってきたかを中心に考察を行った。もう一度振り返って、その点に注目して事例分析を見ていただきたい。本書の内容を章ごとに要約すれば次のとおりである。

　第1章は韓国の農業・農協の現況を簡単に紹介した。簡単にまとめると、輸入自由化下の韓国農業はその総体的生産力を低下させながら、農村部での商品経済の深化によって階層別分化が激しく起きており、農村の貧困問題が社会問題化するなかで、一部で大規模農家が出現してきたことによって農村を巡る経済・社会的環境が急速に変わっている。こうしたなかで、これまで信用事業を主な業務として営んできた韓国農協系統組織は強い社会的批判にさらされるようになった。その様相はここで言及する必要はないことかもしれないが、日本の様相とは違うため敢えて言えば、政争に近い形で展開されているということである。以上のような難局を打開すべく登場したのが「地

終章　総括と展望

域総合センター」概念である。ここで「概念」という表現を使う理由はそれがモデルとして構成されるべき理論的側面の脆弱性に由来するが、適切な表現がないため、本書では暫定的に「モデル」という表現を使った。

第2章では韓国において2000年以後提示された農協「地域総合センター」概念の出現と意義、必然的進化方向と示唆点について理論的な側面から見てきた。また、そのために実証論的ミクロ経済学の協同組合理論を用いて協同組合の変化が誘発される条件について、マクロ経済の環境分析理論を用いて新自由主義経済下の協同組合変化の誘発要因について見てきた。そして、これら理論的な示唆点を中心に韓国農協の「地域総合センター」概念の肯定的意義と必然的な展開方向について見てきた。

こうした分析を通じて得られた示唆点を整理すると次のとおりである。現代社会における地域と農業の衰退は新自由主義経済下の資産市場の変動性拡大に起因するという点で地域・農業・農協の共同的対応が必要であるということである。それにも関らず、地域と農業は立地条件と生産規模形態によって地域間・農家間の対応が異なるために、必ず全国的に同じ対応が要求されるわけではなく、地域と農家類型によってそれぞれ個別的な対応が必要であると考える。

現代社会の農業・農村・農業生産者側のニーズに対する地域農協の対応方策を模索する場合、そういうニーズが新自由主義経済下の資産市場の変動性拡大から起因する現象であることを認識することは重要である。これは地域農協の対応方向が個別的ニーズを既存の事業慣行に沿って横断的に事業拡大に終始しても失敗に終わる。重要なことは資産市場の変動性拡大に相応した組合員の行動を抑制し、農協に結合した資産の価値を見直し、地域基盤を拡大する形態で推進されることが望まれる。

このような概念整理の脆弱性は度々指摘されているのでここでは省略したい。したがってこのような状況下で「地域総合センター」概念の普及・進展は膠着状態に陥り、忘れ去られるまでになっていた。

地域農協の「地域総合センター」概念を理解するためには、まず時代的特

性として理解する必要がある。それは新自由主義時代下の金融資本のさらなる拡大・進展とともに韓国経済の発展と大都市化が進むなかで現われた概念である。また、農協と生産者との関係を資本の結合関係として把握し、その進展度合いが以前に増して重要であると認識することが理論構築の前提条件となる。つまり資本のさらなる関係強化を図らないと、生産者を含め農村社会、ひいては地域社会の資産が外部に流出してしまうという状況に直面しているとの認識である。

筆者らは将来展望として、地域農協の「地域総合センター」へと向かう変革に、新自由主義時代に対応し得る有効なモデルとしての可能性を見ている。そしてその将来展望を描くために、新自由主義時代に入って生じてきた対立構図によって必然（不可欠）的に生まれている先進的な地域農協における取り組み事例を紹介することで、理論的枠組みの提示に努めた。

まず第3章は、GATT・ウルグアイラウンド農業交渉妥結以後の韓国の典型的な農村地域の農協が農業・農村問題を解決して行く過程を考察した。韓国古三(コサム)農協は、農協運営の軸を農業部門に置き、農業生産の安定的な経営を追い求めるように資源を集中（合理化）する一方、新しい農業・農村問題の解決のためには外部ネットワークを拡大する必要性から「社会的企業」を設立・運営するに至っている。その結果、伝統的な事業体としての農協の役割とともに、地域農業市場、地域雇用市場、地域経済活性化の主体として深く関わっている。

第4章では、古三農協が属している安城(アンソン)市を中心として、農村地域の農協が新たな市場変化とそれに伴う農協内部の組合員異質化にどのように対応しているかを示した事例である。

農村地域の農協であるといっても急速に商品経済が浸透するなか、農村部においても階層分化が激しくなっている。内的発展が大きく期待されないなか、外部ネットワークとの連携を強化せざるを得ない苦渋の決断であった。しかし多様化する組合員ニーズに対応して農協事業を合わせていくことはなかなか困難であった。農業部門中心の農協経営といっても基本的には零細な

終章　総括と展望

農家が中心となるために、大規模農家層への対応は困難を極めた。

といっても組合員対応を疎かにすることはできず、それを解決すべく登場したのが、安城市の地域農協の事業連合体である。地域農協の事業連合体は広域合併や品目連合体ではない地域農協の総合事業を連合したという特徴を持っている。総合農協事業連合の展開過程は、事業連合発足→購買事業連合→販売事業連合→物的基盤および事業拡張→組合共同事業法人（アンソンマチュム農協）への転換という漸進的発展過程を辿っており、まだ発展形であるもののその発想のユニークさが目立つ事例である。

第5章は韓国の中小都市の農協が農業・農村問題に如何に対応して成果を収めているかについて考察を行った。韓国 井邑（ジョンオプ）農協は周辺環境が急速に都市化される過程で農協の運営体制を都市部の流通事業と農業地域の営農指導事業に区分してそれぞれに合わせた事業体系に転換した。農業関連施設を農業集中地域に移転させる一方、都市部では新しく形成された都市部消費者需要に応じた流通事業を展開した。衰退型中小都市の農村問題に対応するため、女性組合員を自発的組織に組み替え共生型福祉事業を展開している。井邑農協の事例は衰退型中小都市の農協としての地域社会貢献活動と生産者（組合員）経営の安定化を如何に調和させていくかを示した事例である。また地域資産の価値を高める活動に農協がどのように関わっていくかを見せた事例でもある。自発的または内発的発展への理論展開の可能性も含んでいると考える。

第6章は信用事業中心の大都市農協が農業・農村問題に関わる姿を通して、農協の単純な経済的理論でなくより高いレベルでの社会への貢献、または協同の素晴らしさを示した事例である。

韓国のソウル冠岳（カンアク）農協は韓国の首都であるソウル市が急速に膨脹して行く過程でソウル市に編入され、大都市農協として成長した。その過程において安定的な信用事業だけで満足せず、既存の組合員へのサービス提供はもちろんのこと、従来の店舗事業を大都市消費者の需要を見込み大型農産物販売場へと衣替えした。販売場開設以後も次々と新たな発想の下で、段階的に革新

している。この過程で冠岳農協は大都市農協と農村地域の農協が農産物販売のための農協ネットワークの構築に成功している。このネットワークを利用し、大都市農協の大型農産物販売場を物的基盤として都市・農村農協ネットワークによる新たな流通体系の形成段階まで発展している。

　第7章は新規形成された食品市場に参加する農協の様相を詳細に分析した。韓国の新安郡地域の地域農協はこの地域の代表的産品である天日塩が新規食品市場を形成・発展するなかで、第4章で考察した安城市管内の農村地域の農協の共同マーケティング事業より一方進んだ形での「連合事業」の展開状況を考察した。これまでの農協の対応は韓国経済体制が世界経済体制に再編されていく課程のなか、どちらかと言えば、まだ自国の農業保護的経済領域のなかで市場対応を模索しているのに対し、新安市の「連合事業団」は食品市場のなかで食品会社との直接競合を行うという局面に差し掛かっている。それは農家階層の分化に伴う組合員の異質化という内部問題と、企業との直接的な競合という外部的重圧を同時に受けることを意味し、そこで如何に競争的地位を維持させているかに焦点を当てて分析を行った。これは今後農産物市場そのものが、規模を拡大していくために、今後の農協の市場対応策を考えるうえで、大きなヒントとなる。

2）事例から得られた示唆点

　地域農協の発展型としての「地域総合センター」概念は農協系統組織内部から提案されて以後、現場においてはそれが独自に取り組まれた結果、多様性とともに進化過程を見せている。1つの展開方向としては、農協系統組織内部の論理として現行農協運営構造を維持するための対応論理として「地域総合センター」概念を進化させている。もう1つの展開方向は、農協系統組織外部におけるものである。そこでは現行の農協運営構造を農業・農村・生産者の期待に符合するレベルで改善するための論理として「地域総合センター」概念を進化させようとしている。

　これら概念の進化過程と本書の見解を比べて本書で強調しようとすること

終章　総括と展望

表8-1　地域農協地域総合センター転換モデルの概念整理

区分	農協系統組織内部	農協系統組織外部	本書の見解
概念出現の背景	－農業・農村環境変化 －時代的に特徴的な環境変化言及なし	－農業・農村環境変化 －時代的に特徴的な環境変化言及なし	－農業・農村環境変化 －2000年代以後の新自由主義金融化に対する対応
現行農協構造関係	現行構造の維持	現行構造の改善	現行構造の改善
発展方向	－農協中央会教育支援事業4大目標の中の1つ －農協らしい農協の3大指標の中で1項目	－現行地域農協信用・経済事業がそれぞれ事業連合体に大規模化した後、地域農協本体が残り事業を遂行するモデル（キム・ギテ（2011））	－地域農協地域総合センターは邑面単位または現行区域でモンドラゴンのように協同組合複合グループとして発展し、地域資産拡大に寄与
評価	－支援事業拡大による財源調達問題直面 －収益事業強化では、支援事業拡大では繰り返し	－生産者協同組合としてのアイデンティティー確立 －地域農協地域総合センターの持続可能性の不安定	－生産者協同組合としてのアイデンティティー確立 －地域農協地域総合センターの持続可能性の改善

資料：筆者作成。

を整理したのが**表8-1**である。「地域総合センター」が、2000年代以後本格的に地域と農業に深刻な影響を及ぼしている新自由主義時代の金融化（securitization）に対する地域農協の対応形態の１つであることを強調したい。

「地域総合センター」は現行の農協や地域の経済構造の改善を志向しているという点に特徴がある。現行の農協事業の構造を維持しながら「地域総合センター」機能を強化しようとする農協系統組織内部の見解は「地域総合センター」が直面する経済構造とそれに対する社会的要請を見逃している。これは韓国の「地域総合センター」がかつて経験し、膠着状況に陥る直接の原因である財源調達問題（必要資金を誰が、どの事業部門が負担することが適切なのか）を避けて通ることができず、いつものように信用事業強化論と支援事業拡大論を繰り返す循環論から抜け出すことができない。

地域農協の「地域総合センター」の理想型は本書で度々指摘したように、地域価値の取り合いを巡る対立構図を鮮明にしている。それに対応することができる地域と農業の中核組織としての農協が期待されている。相応しいベンチマーキングモデルとしては歴史的経験を通じて体験したスペイン・モン

ドラゴン企業体があげられるが、簡単に紹介すると、モンドラゴン企業体は外部政治・経済環境変化にもかかわらず地域内部で資産と取引関係を分野別協同組合に集中させネットワーク形態で連結することで、地域と住民の資産価値を増大させる一方、外部の経済環境変化による衝撃にも急激に資産価値が流出されない構造を維持してきた協同組合の成功モデルとして評価できる（Macleod, 1997; Clamp, 2003; Errasti et.al., 2003; Williams, 2007）。

　スペイン・モンドラゴン企業体までの発展は見せないものの、その概念は本書で取り上げた事例でも一部通じるところがあるのではないかと考える。そこで本書の事例から得られた「地域総合センター」概念の示唆点と争点を整理すれば次のようである

　まず第1に、現実において地域農協の類型による「地域総合センター」の詳細類型のずれが生じる点を前提に考える必要がある。表8-2は都市化進展による立地空間と農業条件を基準にして8パターンの地域農協の類型化を行った。本書の分析ではこのうち①成長型大都市組合、⑥衰退型中小都市組合、⑧非主産地農村組合の類型で形成されている「地域総合センター」の萌芽を見てきた。これらの分析によれば、地域農協が立地空間と農業立地条件によってそれぞれの類型ごとに農業・農村・生産者のニーズを満たすための活動を展開している。理論のうえでは、8つの類型の地域農協の「地域総合センター」が現われることを示唆しているが、現実的には4つの類型として現れている。

　この過程で1つの争点が導出される。当初、韓国農協法では組合員資格を農業生産者に制限した理由として、農協に対する非農業生産者の支配を遮断し、独占禁止法の適用除外条件を満たすためという現実の要請から始まった。ところで農協事業に対し、独占禁止法の適用除外を許容した背景は農協の競争促進以外にも社会的厚生の増大を目指すという側面も歴史的な展開から見れば無視できない。これはある意味で、農協の業務領域が必ずしも職能的協同組合の領域に制限されなければならないものではないとする推論の余地を提供する。実際、本書で見た事例はその推論が現実に適用可能であることを

終章　総括と展望

表8-2　立地空間と立地条件による農協の類型区分と事例研究の位置づけ

区分		立地空間				組合事業連合類型仕分け
		都市			農村	
		大都市	中級都市	地方中小都市		
立地条件	成長型/主産地	①成長型大都市組合ソウル冠岳農協	③成長型中級都市組合	⑤成長型地方中小都市	⑦主産地農村組合	⑨主産地品目連合事業新安天日塩
	衰退型/非主産地	②衰退型大都市組合（現実的不可能）	④衰退型中級都市組合	⑥衰退型中小都市組合全北井邑農協	⑧非主産地農村組合古三農協	⑩非主産地多品目連合事業団安城地域農協連合体

資料：筆者作成。

示唆している。地域農協の「地域総合センター」の活動を見ると、非農業生産者の支配を心配することなく、独占禁止法適用除外を受けるために職能的アイデンティティーを維持しなければならないという必要はない。地域のニーズをとらえた新しい市場を創出して、これまで市場が欠如してきた「潜在的新規市場」に対し、諸活動を行ううえでそれぞれの農協とは別途の「協同組合複合事業体」による事業展開は非常に有効である。このような協同組合複合事業体が発展することで「地域総合センター」としての農協の役割はさらに無理なく拡大される。またそのような活動範囲を広く確保した方が組織運営上、大きな力となる。このような地域農協の「地域総合センター」に対しても過去の職能的認識（系統組織の内部見解）から脱し、組合員資格を地域住民にまで拡大するような方向で転換した方が、地域はもちろんのこと国民経済の厚生増進のためにも望ましいのではなかろうか。

２つ目の示唆点は「地域総合センター」に期待される役割である。第３章で取り上げた事例である古三農協は地域の農業・農村・生産者の要請を受け入れ、それを農協の事業として開発し実現したことで地域農協の業務領域を広げることができた。これを見ると地域農協の「地域総合センター」としての業務領域は、まだ地域市場として形成されない地域農業市場（投入財、営農委託、消費（小売））のほかにも、地域雇用市場、地域の生活レベル改善

215

に関わる福祉関連市場など、地域において財・サービスについての潜在市場が存在し、それが主要な市場として形成される可能性を示唆している。

　3つ目の示唆点は地域農協の「地域総合センター」としての発展戦略である。本書の内容で導出されるものではないが、事例で確認したように地域農協の「地域総合センター」が、地域の資産価値拡大および流出の抑制に関わることが望ましい場合、スペイン・モンドラゴン企業体（協同組合グループ）の成長戦略から学ぶことが重要であると考えている。スペイン・モンドラゴン企業体は地域内で多様な産業部門において協同組合を設立し、これらをネットワーク組織で連結し地域の協同組合複合事業体を組織することに成功している。この過程を見ると、地域に必要な事業を探し出し、これを事業体として発展させるための技術教育と資金提供を行っており、それが成功要因となっている（Williams, 2007: 123）。このような戦略は韓国地域農協の「地域総合センター」にも同様に適用できる。技術教育、資金提供、技術開発支援システムは農協系統組織を通じて十分構築し実行することが可能である。

2．「地域総合センター」概念の発展方向

　以上で考察したように韓国地域農協の「地域総合センター」概念は結果的に有効な地域農協の生き残り策を提示している。国民経済の成長期に形づくられた従来の地域農協運営の方式から脱することが重要であり、何よりも自由市場経済（自由主義：liberalism）の変化に対応することができる戦略を構築し、実行できる組織構造を作っていくことが重要である。**図8-1**は韓国地域農協の時代的課題を自由主義のパラダイム変化に照らして図式化したものである。

　図で見るところのように、自由主義のパラダイム変化とともに産業界の支配方式も変わって来たことが分かる。産業界の支配方式（conception of control）は閉鎖的カルテルを結成することで競争相手を物理的に制した直接的支配（direct control）時代から生産力を圧倒的に飛躍させ競争優位を

終章　総括と展望

```
自由主義パラダイム ──→ 産業界支配方式       ──→ 農業・地域影響
      │              conception of control
      ↓
自由主義時代    ──→ カルテルを通じた直接支配 ──→ 農業・地域
                                                全般的未成長
      ↓
                ┌→ 生産能力を通じた支配 ─┐
ケインズ主義時代 ─┤                      ├→ 農業・地域
                └→ 営業能力を通じた支配 ─┘   別途成長
      ↓
新自由主義時代  ──→ 金融能力を通じた支配 ──→ 農業・地域同伴
                                              沈滞（地域格差）

組合員のニーズ形成   地域農業組織化対応 ←── 農業・地域対応
地域農協の対応    ←                        対立構図形成

技術・経営指導    ←── 農業技術指導    ←── 個別的対応
作目班・共販場育成 ←── 生産組織化・団地化 ←── 生産占有率拡大
専業農・流通体系育成←── 商品化・差別化   ←── 市場差別化対応
地域総合センター跳躍←── 資産価値再構造化  ←── 資産価値防御
```

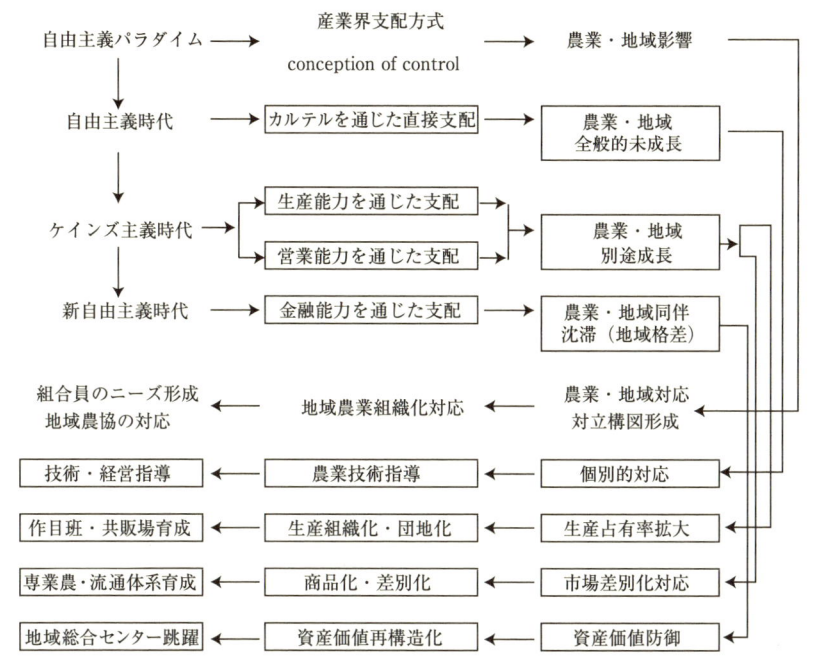

図8-1　自由主義パラダイムの変化と地域農協の変化方向の概念整理
資料：筆者作成。

確保した生産力を通じての支配（manufacturing control）時代へ、市場で販売・マーケティング力を圧倒的に駆使することで産業界における競争優位を確保した販売・マーケティング力を通じる支配（sales and marketing control）時代へ、また資産市場において圧倒的に高い流動性を確保することで、産業界における競争優位を確保する金融能力を通じた支配（finance control）へと続々と変わりつつある（Fligstein, 1990）。

このような資本主義を巡る発展形態は、農業や地域への影響力を増しており、金融能力を通じての支配方式が支配的な現代社会では韓国の地域農協もそれに合わせた戦略を構築する必要がある。従来の技術・経営指導、共販場育成、専業農による流通体系育成などといった水準から脱し、新しい戦略と基盤を構築する必要が強く求められている。本書ではそういう新たな段階へ

の跳躍が「地域総合センター」としての地域農協にあると見ている[1]。

韓国農協系統組織体制における単位農協である地域農協が地域社会で協同組合として成長していくためには、本書で考察した「地域総合センター」概念で見られるような認識転換が前提である。認識転換過程において何より重要なことは、新自由主義経済の正しい理解（観念）を如何に持つかということに直結する。

新自由主義では市場の変動性を誘発させる要因によって市場が二分される。1つは交換価値によって取引きされる市場、もう1つは使用価値によって取り引きされる市場である。これら市場では「市場の失敗」の性格も違っており、地域的にも分化されている。

主に交換価値が取り引きされる市場は需要が金融化（securitization）を通じて収縮・膨脹されるので国際金融資本の参加が拡大されまた変動性が増した。農業部門の「市場の失敗領域」も商品の価値連鎖（バリューチェーン）と供給連鎖（サプライチェーン）両面で拡散していく。他方、主に使用価値が取り引きされる市場は金融化されにくい商品の市場であり、取引主体の属性によって実需要を通じて収縮・膨張が行われる。したがって相変らず一定量の実需要者が存在し、変動性も小さく、市場の失敗領域も伝統的な供給連鎖（サプライチェーン）経路で形成されている。これは農産物市場が金融化の対象になった領域とそうではない領域に区分されていることを物語っている。このような市場の区分はアメリカの新世代農協（NGC: New Generation Cooperative）発展事例で確認することができる（Williams & Merrett, 2001）。従来アメリカの農家は生産物をグローバル市場と大都市市場に向けて出荷する形態であった。しかしグローバル市場と大都市市場における急激

---

[1] 編者である李は地域社会で協同組合複合事業体を志向する発展経路を探る努力をしているが、柳は迂回的に新たな次元の地域農協主導の市場形成がその中間的な発展経路のなかにあると想定しており、最終的に複合事業体は想定すべきでないと考える。これについては必ずしも筆者たちの間で共通的な見解を持っていないが、韓国の現状を考えれば李の意見が最も正しい。柳はこれについて全く異論はないうえ、将来展望としてそうなると予想している。ただし、現実問題としての追認と、社会正義という側面を重視する柳としてはあくまで反対の姿勢を堅持したいと考えている。

終章　総括と展望

な需要変動性に堪えることができない地域と生産者が急速に増加し、従来の競争領域に進入することができなくなる事態が起きた（Egerstrom, 2001）。

　その時からアメリカ国内の中西部地域の生産者は地域市場であるメキシコ市場を開拓し、その地域需要によって新世代農協を組織して地域市場に集中するようになる。これは金融化進展に伴い交換価値が取り引きされるグローバル農産物市場や大都市農産物市場が存立する一方、実需要に基盤をおいて使用価値が取り引きされる地域市場に二分されていることを見せてくれる。

　このような世界的な潮流は多くを示唆している。すなわち交換価値や使用価値が取り引きされる市場領域に二分されている現状に対し、市場の失敗の様相も変わってくるということを念頭に置く必要がある。それぞれの市場領域に対し、市場対応の様相を変える必要があることを示唆しているのである。しかし、農協はこのように現実に直面しているのにもかかわらず、伝統的な供給連鎖（サプライチェーン）の強化戦略でグローバル市場変化に対応しようとする。もしその対応が失敗したとしても自立経営のための独自的生存方法を追求する。もちろんその過程で成功事例を見せる場合があるものの、多くの農協は事業の縮小・再編を余儀なくされる。

　韓国農協の場合も同様な状況に直面している。とくに地域市場の場合、最近学校給食に対する関心が高まるなか、地域の実需要を基盤とする取引関係が形成・発達されていないことに気づき、地域の実需要とこれまで市場が欠如してきた「潜在的新規市場」の解消に注目している。一方、金融化の進展に伴う市場の失敗（全国単位の農産物流通体系に市場の失敗領域が拡大）に対し、その対応ができるように農協自らの商品の価値連鎖（バリューチェーン）の再構築の必要性が台頭してきている。これら戦略の必要性は地域農協と農協中央会、農協系統組織体系全体の企業戦略に分けて、その対応を細分化する必要性がある。地域農協の「地域総合センター」への発展方向は地域の実需要とこれまで市場が欠如してきた「潜在的新規市場」の問題を解消するためには、新しい協同組合運動でその発展方向を見出す必要があり、新しい時代の財産権、市場の変化に対する資産と取引関係の結合関係の維持に関

わる戦略として見るべきである。これは決して上からの農協改革を果たすための方策として見るべきではない。対応の仕方は細分化しつつも、中央会がすべての事業を細かくカバーするのではなく、その主体を分けて、地域においては「地域総合センター」としての地域農協が展開できるように支援業務だけに限定すれば良いと思われる。系統組織の都合でうまく取り組めない場合、天日塩の「連合事業団」方式のように中央会・地域農協が一定の役割を配分していくことも考えるべきだろう。

　市場の二分化（分断化）が進めば、政府の政策的手法に対しても多くの示唆点を提供する。これまですべての農家や農協は、全国単位の農産物市場を「目標市場」として想定し、農産物を流通してきたが、農産物流通体系や農協系統組織の販売事業の骨格も形成された。今後、全国農産物流通体系と区別される地域農産物流通体系に対する研究が本格的に進めば、政府の農産物流通政策と農協系統組織の販売事業体制も変わってくることが期待できよう。

＊　　＊　　＊

　最後にこのような急速に変化している経済状況下で韓国農協の展開方向について概観し、本書の成果を踏まえて、韓国農協とりわけ地域農協の発展方向についての展望を述べたい。本書で重ねて強調した点は、農業と地域経済の萎縮は農業と地域内部だけの問題ではなく新自由主義下の金融化進展に伴う価値争奪戦に農業と地域が巻き込まれているという認識に立っていることである。また新自由主義時代に農業と地域の発展のためには、自らの地域資産を内部で増大させ、価値の外部流出を防ぐ発展戦略を樹立し、組織体を整備する必要がある。しかし伝統的な見解では地域農協は政府の政策によって全国単位で構築された伝統的農産物流通体系に農協の経済事業を一律的に結合させることに焦点を合わせてきた。全国単位の農産物流通体系に結合できず、脱落した農家はもっと規模拡大（韓国では「規模化」）して生産性を改善するように指導される一方、全国単位の農産物流通体系に進入することができない零細農家に対し、農協が支援事業をあきらめてはいけないという社会的圧迫も同時に受けることとなった。しかしながらこれまで韓国農協中央

終章　総括と展望

会としては合併を通じての地域農協の大規模化を図るという一方的な方策しか提示できなかった。それも合併すれば、信用事業の健全性が向上し、農業と地域への支援財源をもっとたくさん供給できるという理屈のもとで推し進められている。

　大規模化された農協は全国農産物市場の効率性を高めることができるかもしれないが、地域資産は全国農産物市場に適応した資産のみを保有するような結果となる。また食品加工業者と大型農産物流通業者が国内農産物を海外農産物に切り替える場合、大規模農家が全国農産物市場から一気に脱落し、地域が共有できる地域資産は持続的に減少するだろう。新自由主義下の農業の弱体化のメカニズムは、このような状況を念頭に置かないと正しく説明できない。

　本書は地域農協の新しい発展方向として「地域総合センター」を想定し、その概念を明確にすることに傾注してきた。まだモデルとは呼べないかもしれないが、本書を通してその経済モデル化に向けて一層の努力を注ぎたい。そうなれば、現時点で体験できる協同組合複合体としての発展経路も見つけることができるだろう。ただし、組合員の問題を解決しない限り、その発展経路に辿りつけないと考えている。本書では組合員制度について詳しく論じてはいないものの、事例分析で確認したとおり、農協の運営を閉鎖的職能協同組合に縛っていくことには反対である。それを意識する限り、「地域総合センター」としての地域農協は崩れて成立しえなくなる。1つのキーポイントとして地域資源の維持と拡大を想定し、そこで地域農協として何ができるかというところから議論を始める必要がある。

　本書は韓国農協で提示した地域農協の「地域総合センター」概念が多様な展開過程にもかかわらず新自由主義下の農業・地域・生産者が生き抜く必然的な組織であることを分析することができたと考える。

　日本においても韓国農協が置かれた状況と本質的にはほとんど変わらないと思われる。であれば、総合農協として唯一残された日本と韓国の農業・農協の知恵をお互いに共有すべきではないだろうか。韓国農協の経験から少し

でも学んでいただけることがあれば幸いである。それが本書執筆の真の狙いでもある。

3．「組合員の視点に立つ新たな農協づくり」への道

　編者の1人である吉田は、1991年5月に転職して日本の全国農業協同組合中央会（全中）に入会した。当時は、GATT・ウルグアイラウンド農業交渉の最終盤であった。その7月1日には、全中は東京ドーム（全天候型球場）に全国から5万人の農業生産者を集めて大会を開いて、農産物の輸入自由化への反対を表明していた。この農業交渉は、農産物の過剰と輸出補助金の多用による国際市場の混乱を背景として、市場アクセス（国境措置）、国内支持、輸出競争の3分野にわたり、各国が共同して保護水準を引き下げていくことを主な内容としていた。世界最大の農産物純輸入国であるわが国は、こうした包括的関税化に反対し続けていた。ところが、急激な円高で拡大した「内外価格差」が問題にされ、「海外旅行に行くと食料品価格がものすごく安い」といった情報がマスコミや政府文書などで大量に流され、国民が割高な農産物を買わされているのは農業が保護されすぎていて農業の生産性の向上が進まないことが原因であるとし、農業の保護の必要性を訴えて自由化に反対する農業・農協組織への批判・攻撃が執拗に繰り返されていた。経済界やマスコミは、ウルグアイラウンド交渉の成功、ひいては世界経済の発展および自由貿易体制の維持強化によってもたらされる幅広い国民的利益という観点から、農業交渉の妥結が必要だと主張していた。

　また、1991年という年は、バブル経済の崩壊の打撃が相当深刻であることが一般の人々にも明らかになりはじめたばかりで、その後のデフレ下の深刻な不況から見れば、まだ幾分バブルの余熱が残っていて、政府も国民の誰もがしばらく我慢すれば景気が回復するという根拠なき期待を抱いていた頃でもあった。

　こうした時期に、JAグループでは、1991年10月8日に開催された第19回

終章　総括と展望

全国農業協同組合大会（JA全国大会）の議案『農協・21世紀への挑戦と改革』のなかで「農業・農村振興を基本とした『快適なわがむら・まちづくり』」を決議した。

その内容は、①「快適なわがむら・まちづくり計画」の策定、②地域農業振興対策の強化、③土地利用対策と農住都市建設・農村型リゾート整備対策[2]、④生活総合センター機能整備・強化と地域環境保全の取り組み、の4本柱である。

なお、「生活総合センター機能」という用語は、その3年前に開催された第18回全国農業協同組合大会の議案に登場し、その取り組みが決議されている。

第19回JA全国大会で決議した「快適なわがむら・まちづくり運動」では、それぞれの農協が、行政・地域関係機関等と連携しつつ、「行政による地域づくりビジョン」と「農協による農業・農村振興ビジョン」とを合わせて「『快適なわがむら・まちづくり』基本構想」を策定し、行政・農協・関係機関等が調整・役割分担を行い、農協が主体的に担う分野については農協版の「快適なわがむら・まちづくり計画」を作り総合的・一体的に展開するとした。

こうした「農業・農村振興を基本とした『快適なわがむら・まちづくり』」運動の理由を議案では次のように述べている。

「農業・農村をめぐる環境は、都市的地域における農地の都市的利用の増大や山間地域等における過疎化やリゾート開発の展開など、地域別にさまざまな変化がすすんでいます。

こうしたなかで、組合員は、営農面だけでなく、老後問題、健康問題、後継者問題、農地等資産管理問題、生活環境問題など、多様な要望や悩みを抱えるようになっており、農業・農村振興を総合的にすすめる取り組みが求められています。

このため、組合員の営農・生活等の将来設計・意向についての調査と相談

2　大規模リゾート開発に対し、農家民宿等のグリーンツーリズムによる「6次産業化」対策を指す。

活動を行い、行政等と密接に連携しながら、土地利用対策、地域農業振興対策、農住都市建設・農村型リゾート整備対策、生活総合センター機能整備対策など、農協が主体的に担う分野について総合的・一体的に展開する「快適なわがむら・まちづくり運動」に取り組みます。」

しかしながら、この決議は、GATTウルグアイラウンド農業交渉の妥結（1993年12月）後の混乱や、国際規律に適合した新たな農業政策への転換にともなう困難な現場の実務、あるいは住専問題の混乱、バブル崩壊以後の「失われた10年」とその後も続くデフレ経済、公共事業激減など地域経済の衰退、地方自治体財政悪化と市町村合併（平成の大合併）、そしてそれらとは無関係ではいられないJAの経営の悪化、広域JA合併の増加や支店統廃合と人員抑制などあまりに激しい環境変化のなかで、運動として広がることはなかった。

ただし、この運動を必要とした諸課題や問題は、現在さらに深刻化して存在している。またそれが目指した理想はわが国の地域経済、地域社会のなかでJAの役割発揮のための理念として色あせてはいない。だが、やはりこの運動そのものが、本書の序章で柳が述べた「非現実な夢想家」の理想論なのだろうか。

こうしたわが国の状況を頭の片隅において読むと、本書が描いた韓国の単位農協の「地域総合センター」概念の出現と、それへのさまざまな取り組みはたいへん興味深い。

現在、韓国では、ソウル都市圏への急激な人口集中と猛烈なスピードで農地転用（かい廃）が行われている。そうしたなかで、地域農協では大都市農協の金融農協化が進む一方で、地域経済の衰退と農村の地域農協の衰退が続いている。この点は、わが国と同様である。

その韓国経済は1997年7月にタイを中心に始まったアジア通貨危機で極めて深刻な経済危機を経験している。IMF（国際通貨基金）が韓国の経済に介入し、現代グループなどの財閥解体が行われ、企業倒産と失業が大量に発生した。韓国では、この1997年の経済危機を朝鮮戦争以来、最大の国難となっ

終章　総括と展望

た「IMF危機」と呼んでいる。これは、わが国のバブル崩壊に伴う経済的な打撃が、国家の経済破綻という事態にまでは至らなかったこととは比べ物にならない非常事態であった。

　本書で紹介した地域農協の「地域総合センター」としての様々な取り組みは、目の前で崩壊しつつある地域社会再建に向けて、地域農協が何らかの貢献をしたいと願う使命感から出たものである。いずれも、単位農協が自ら知恵を絞って、あるいはネットワークを活用し、または連合事業団を作り、自らの協同組合としてのアイデンティティーを確立して、「組合員の視点に立つ新たな農協づくり」への道を切り開こうとする取り組みである。

　表面的な違いにではなく、取り組みの基本にある理念に触れていただき、わが国の総合農協が、これから進むべき指針づくりに役に立てれば幸甚である。

参考・引用文献
キム・ギテ「地域農協はこの道に行かなければならない」GS&J Institute『視線集中GSnJ』第113号、2011年1月25日
シン・キヨプ監修（李仁雨、ソン・ジェイル、パク・ヒチョル、チョ・ヒウォン）『中央会構造改革に伴う会員支援事業効率化方案研究』農協経済研究所　2010年研究報告書、2010年。
Clamp, Christina A..2003. "The Evolution of Management in the Mondragon Cooperatives." A Paper presented at the ICA Research Congress: Mapping Co-operative Studies in the New Millenium, May 28-30, 2003 in Victoria, Canada.
Errasti, Anjel Mari, Inaki Heras, Baleren Bakaikoa, and Pilar Elgoibar. 2003. "The Internationalisation of Cooperatives: The Case of the Mondragon Cooperative Corporation." Annals of Public and Cooperative Economics 74（4）: 553-584.
Williams, Chris and Christopher D. Merrett. 2001. "Putting Cooperative Theory into Practice: The 21st Century Alliance." Merrett, Christopher D. and Norman Walzer （eds.）. A Cooperative Approach to Local Economic Development. Quorum Books. Westport, Connecticut, London. pp.147-166.
Williams, Richard C..2007. "Chapter 6. Mondragon: The Basque Cooperative Experience." The Cooperative Movement:Globalization from Below. Ashgate Pub Co..
Macleod, Greg. 1997. From Mondragon to America. Sydney, Nova Scotia: University College of Cape Breton Press.
Fligstein, Neil. 1990. "The Transformation of Corporate Control." Harvard University Press.
Egerstrom, Lee. 2001. "New Generation Cooperatives as an Economic Development

Strategy." Merrett, Christopher D. and Norman Walzer (eds.). A Cooperative Approach to Local Economic Development. Quorum Books. Westport, Connecticut, London. pp. 73-90.

Merrett, Christopher D. and Norman Walzer (eds.). 2001. "A Cooperative Approach to Local Economic Development." Quorum Books. Westport, Connecticut, London.

Merrett, Christopher D. and Norman Walzer (eds.). 2004. "Cooperatives and Local Development." M. E. Sharpe. Armonk, New York.

全国農業協同組合中央会『第19回全国農業協同組合大会議案「農協・21世紀への挑戦と改革」』p.3、pp.19-34、1991年10月8日。

全国農業協同組合中央会『第18回全国農業協同組合大会議案「21世紀を展望する農協の基本戦略―国際化のなかでの日本農業の確立と魅力ある地域社会の創造―」』pp.44-45、1988年10月5日。

あとがき

　筆者たちはお互いの交流に当たって各自が属した研究機関から多大の助力をいただいた。柳は社団法人JC総研（旧JA総合研究所）に所属していた時、今村奈良臣研究所長に学問的手解きをいただいた。また韓国農業・農協問題研究会（旧JA総合研究所に設置）の結成からその活動に至るまで温かい関心と研究活動維持に関わる様々な協力をいただいた。さらに本書の企画段階の2010年9月に柳と一緒に韓国に赴き韓国農業と農協を見て回る機会まで作っていただいた。当時、今村研究所長から筆者に鋭い2つの質問を投げかけていただき、本書の内容をさらに深化させるきっかけとなった。1つの質問は単位農協（地域農協）の「地域総合センター」概念が公式的に使われている概念か否かについてであり、もう1つの質問は理論的背景を知りたいということであった。これらの質問は筆者たちが「地域総合センター」概念をさらに具体化し、新自由主義時代の単位農協の今後の方向として「地域総合センター」が理論的必然性を持つように分析を発展させる契機となった。この場を借りてお礼を申し上げたい。

　またJC総研の主席研究員である吉田成雄基礎研究部長も今村研究所長や柳とともに韓国に赴き、韓国研究者との交流を深めた。さらに韓国農業・農協研究会で招集した韓国の研究者とも議論を深め、日韓農協制度の違いからくる様々な疑問や課題を適切に解説していただき、研究の視点を定めるうえで大変お世話になった。さらに本書の編者としても参加していただき、筆者たちを励ましてくれたこと、本当に感謝したい。

　黄は韓国地域農業研究院に属していた時に、研究院の宋炳朱理事長と黄萬吉院長に大変温かい声援をいただきながら研究に専念することができた。宋理事長から全北地域の高山農協が広域親環境農業団地を運営している事例を紹介していただき、地域農業組織化の成功事例の背景には必ず地域社会の人的ネットワークがあるというご助言をいただいた。黄院長には筆者たちが全

北地域の農業者リーダーたちと見解を共有するような議論の場を設けていただき、様々な手解きをしていただいた。この場を借りて両氏に感謝したい。

とくに柳は、韓国調査の際、韓国地域農業研究院から多大な協力と支援をいただいた。計5回に及ぶ講演会の機会を設けていただき、韓国の農業生産者との議論の場を得る機会を与えていただいたことは一生の財産となった。心より厚くお礼を申し上げたい。

李は韓国農協経済研究所に所属し、辛基燁博士（農協経済研究所経営研究室長）の助力をいただいた。辛博士は筆者たちに農協研究の創意的な視点の形成に時には厳しい眼差しで、時には温かく励ましてくれた。辛博士は農協が難しい状況に直面している時だからこそ基本原則から点検し新しい視点を定立するようにご指導をいただいた。生産者との共通の認識を持つことや行動を共に行ううえで、そのための基盤を再確立するためには、学問的情熱だけではなく、絶え間ない努力が必要であるという助言をいただいたこと、改めて感謝したい。さらに単位農協（地域農協）の「地域総合センター」への展開について理論的に仮説化できた直接のきっかけを与えていただいた。この場を借りて厚くお礼を申し上げたい。

また本書の事例研究の対象となった農協の関係者にお礼を申し上げたい。

古三農協、安城地域連合、井邑農協、冠岳農協、新安天日塩連合事業団長にも感謝したい。古三農協の趙顯宣組合長は農協経済研究所の李との交流を通して、さらなる農業への理解を助けるために2003年から古三農協隣近に農地（田250坪〈825㎡〉、畑50坪〈165㎡〉）を貸していただき、耕作できる機会を与えていただいた。また農村型社会的企業の必要性と運営に対する概念を整理するように現場の経験を惜しみなく説明していただいたこと、改めて感謝したい。井邑農協の柳南榮組合長は地方中小都市農協の福祉事業展開方向について大いに刺激を与えていただいたこと、お礼を申し上げたい。

冠岳農協朴俊植組合長から大都市農協の役割について自らの取り組み姿勢や体験を教えていただいたことで、農協の新たな可能性について多くの示唆を与えていただいた。お礼を申し上げたい。

あとがき

　大変恥ずかしいものながら本書を最後に、韓国農業経済研究シリーズ３部作の完成を見ることができた。JC総研の今村研究所長をはじめ、元専務理事の岩城求氏、また黒滝達夫常務理事の温かい声援なしではこのような喜びはなかったと思う。

　また５年という短い期間ではあったが、研究所の創設間もない時期から組織再編によってJA総研からJC総研となるまで在籍したことは私（柳）の誇りである。

　最後になったが本書が完成するまで日本語の修正やあらゆる雑務を快く引き受けていただいた吉田基礎研究部長には大変お世話になった。本書の作成中ですらも何回か止めようと思っていたが、その都度、いつも温かい言葉をかけていただいた。今本書の完成を見ることができたこと、この場を借りて厚くお礼を申しあげたい。吉田部長がいなければこの３部作は世に出せなかったと思う。

　校正と編集では実に多くの人にお世話になった。ハングル原稿から日本語訳および図表の作成については東京農業大学博士課程の李裕敬氏に大きな力を借りた。この場を借りてお礼を申し上げたい。

　また大変お粗末な文章にも関わらず快く出版を引き受けていただい筑波書房の鶴見治彦代表取締役に感謝したい。その他、お世話になった諸先生方や関係機関の皆さんに感謝したい。

　最後に、本書の原稿が完成に近づいた2011年７月24日付の『日本農業新聞』の一面に「韓国　2020年食料自給55％に　FTA視野、攻めの政策」と題する記事が掲載された。韓国政府は、今後、農業基本法などを改正して、食料自給率（カロリー換算）を2009年の50％より５ポイント高い目標を設定し、2020年には55％を目指すという。このなかで韓国政府が、初めて「穀物自主率」の概念を打ち出したことを報じている。穀物自主率とは、「食料供給量のうち、国内生産と韓国系企業などが海外で生産・流通する食料の占める割合。穀物自給率の指標だけでは、海外を含めた供給能力を過小評価する恐れ

があるため、打ち出した」ものであるという。

　しかしそれは、国内の自給率低下をごまかすために「穀物自主率」を持ち出したのではないだろうか。これは今後、国内農業生産の放棄にもつながる危険性を内包しているといえよう。

　韓国には安全保障上の高い緊張が存在している。韓国政府は、「不作や北朝鮮の需給逼迫（ひっぱく）など食料安全保障に深刻な問題が発生することに対応するため新たに『有事時の食料安保対応マニュアル』を作る」という。

　その一方で、韓国政府は国家の戦略として「巨大経済圏とのFTA」の推進を決意し、実現させている。こうしたことを考えると「このような農業政策の急速な転換はFTAによる一層の自由化基調の中、農業はもう要らないとの政府方針があったのではないかと考える」（柳・吉田編著『韓国のFTA戦略と日本農業への示唆』筑波書房、2011年５月、p.24）と指摘したことが事実であったことを示しているように思えてならない。

　こうした韓国農業への猛烈な逆風のなかで「地域総合センター」としての地域農協の取り組みが、これからどうなっていくのだろうか。新たなイノベーションとともに現実の厳しさを乗り越えていくことを願ってやまない。

　2011年７月31日　筆者一同

[編著者]

柳　京熙（ユウ　キョンヒ）
博士（農学）
酪農学園大学　酪農学部　食品流通学科　准教授
1970年生まれ
1999年　　　北海道大学大学院農学研究科博士後期課程農業経済学専攻修了
1999年4月　北海道大学大学院農学部外国人研究員
2000年1月　北海道栗山町農政課嘱託研究員
2001年1月　科学技術振興事業財団特別研究員（農林水産省農業総合研究所勤務）
2004年10月　日本学術振興会外国人特別研究員（農林水産省農林水産政策研究所勤務）
2007年1月　JA総合研究所（現JC総研）主任研究員
2011年4月より現職

関心分野：協同組合、農政学、地域経済、農産物市場・流通論など
代表的著書・論文：
『韓国のFTA戦略と日本農業への示唆』（共編）筑波書房、2011年。
「米韓FTA交渉における韓国政府の農業の位置づけを検証する－日本が韓国の轍を踏まないために－」『TPP反対の大義』（農文協ブックレット）、農山漁村文化協会（農文協）、2010年。
『韓国園芸産業の発展過程』（共著）筑波書房、2009年。
「第1章　食品循環資源の飼料化による経済的効果」『エコフィードの活用促進―食品循環資源飼料化のリサイクル・チャネル－』農山漁村文化協会（農文協）、2010年。
『和牛子牛の市場構造と産地対応の変化』（単著）筑波書房、2001年。

李　仁雨（イ　インウ）
韓国　農協経済研究所　経営研究室　首席研究員

1965年生まれ
1993年3月　韓国東国大学校大学院社会学科博士課程歴史社会学専攻入学
1993年9月　韓国農協中央会広州郡支部書記
1997年　　　韓国農協中央会調査部調査役
2004-2008年　亜太食糧肥料技術中心（FFTC/ASPAC）農業経済専門スタッフ（Agricultural Economist: Professional Staff for Agricultural Economics）
2008年2月より現職

関心分野：協同組合、地域農業、農協システム変化、経済社会学、歴史社会学など
代表的著書・論文：
「古三農協の組合運営事例と地域総合センター農協モデル」『2008年韓国協同組合学会秋季学術大会論文集』、2008年10月。
「アメリカ農務部の 21世紀農協展望」（韓国農協中央会調査部 CEO Focus）、2003年3月。
「中国農業の変化展望と影響」（韓国農協中央会調査部 CEO Focus）、2002年5月。
「ヨーロッパ連合農協の変化展望と示唆点」『農協調査月報』（韓国農協中央会）、2002年6月。
「台湾農会信用部の改編論議動」（韓国農協中央会調査部 CEO Focus）、2002年12月。

黄　永模（ファン　ヨンモ）
博士（経済学）
（財団法人）全北発展研究院　副研究委員

1972年生まれ
1998年　　韓国慶熙大学校英語英文学科卒業
1998年２月　韓国全国農民会総連盟政策担当
2004年９月　韓国地域農業研究院　政策企画室長
2008年　　韓国全北大学校大学院農業経済学科博士課程終了
2009年３月　北海道大学大学院農学部研究員
2011年４月より現職

関心分野：協同組合、地域経済、地域リーダー育成など。
代表的著書・論文：
「第１章　農産物自由化下の韓国農業政策の展開過程」『韓国のFTA戦略と日本農業への示唆』筑波書房、2011年。
「韓国農政の最近動向と農業協同組合改革」（共著）全国協同出版（経営実務）、2009年11月。
「農業生産者組織コンサルティング、どうすべきであるか、農業経営コンサルティング事業の検討と発展のために」、第８次地域農業研究院、定期セミナー主題発表文（2008年５月）。

吉田成雄（よしだ　しげお）
社団法人JC総研　基礎研究部長　主席研究員

1959年生まれ
1983年　　宇都宮大学農学部農業経済学科卒業
1983年４月　農林水産省入省（食品流通局市場課）
1984年11月　経済企画庁国民生活局国民生活調査課へ出向
1987年４月　農林水産省大臣官房企画室
1989年２月　農林水産省経済局農業協同組合課
1991年４月　農林水産省を退職
1991年５月　全国農業協同組合中央会入会
2006年４月　社団法人JA総合研究所の設立を担当し設立と同時に出向。
2011年１月　社団法人JC総研（旧・財団法人協同組合経営研究所を吸収合併し、名称変更）
　　　　　　発足に伴い現職

関心分野：農業協同組合、６次産業、医療・介護福祉、経営戦略論、人材育成・経営継承、
　　　　　森林・林業政策、環境マネジメントシステムなど
代表的著書・論文：
『お父さんの「幸せ度」チェック』（共著）経済企画庁国民生活局国民生活調査課監修、日本経済新聞社、1987年。
『新 農業協同組合法（第１版）』（単著）全国農業協同組合中央会、2006年。
『韓国のFTA戦略と日本農業への示唆』（共編）筑波書房、2011年。
「農業の６次産業化の先端から見えるもの――イノベーション、ネットワーク、コーディネーター」『JA総研レポート』vol.16［2010年・冬号］、㈳JA総合研究所。

「現地レポート 農業の将来展望を切り開く農業経営者を求めて——長野県飯島町㈱田切農産 代表取締役 紫芝勉氏ヒアリング」『JA総研レポート』vol.11［2009年・秋号］、㈳JA総合研究所。
「JAにおける環境経営への取り組みの必要性（特集 環境を重視した経営戦略とJA事業・経営の今後のあり方）」『月刊JA』49巻3号（通号577）、2003年3月号、全国農業協同組合中央会。
「国民の福祉の水準を現す指標について」（共著）『ESP』No.158、社団法人経済企画協会、1985年6月。

［執筆協力者］

趙　顯宣（チョ　ヒョンソン）
古三農業協同組合　組合長

1956年生まれ
㈳韓国環境農業団体連合会長（2008年2月～現在）
韓国有機農業学会　常任理事（2009年1月～現在）
韓国農林水産食品部　農漁業先進化委員会　委員（2009年3月～現在）
韓国協同組合研究所　副理事長（2009年3月～現在）
関心分野：農村社会的企業の活性化、地域協同組合、親環境農業（有機農業）

新自由主義経済下の韓国農協
「地域総合センター」としての発展方向

2011年10月30日　第1版第1刷発行

編著者　柳　京熙・李　仁雨・黄　永模・吉田成雄
発行者　鶴見治彦
発行所　筑波書房
　　　　東京都新宿区神楽坂2-19 銀鈴会館
　　　　〒162-0825
　　　　電話03（3267）8599
　　　　郵便振替00150-3-39715
　　　　http://www.tsukuba-shobo.co.jp

定価は表紙に表示してあります

印刷／製本　平河工業社
©柳　京熙・李　仁雨・黄　永模・吉田成雄 2011 Printed in Japan
ISBN978-4-8119-0393-4 C3033